하우징 트렌드 HOUSING TRENDS

HOUSING TRENDS

하우징 트렌드

김미경 · 김은정 · 김효정 · 박경옥 · 박지민 · 이상운 · 이현정 · 최윤정 · 황지현 지음

교문사

PREFACE
머리말

주택은 사람이 살기 위한 장소이다. 그러나 일단 사람이 들어가 거주가 시작되면 그 곳에서 사람들끼리 만들어내는 독특한 문화가 형성된다. 물리적 건축물인 주택은 인간이라는 유기체와 만나는 그 시점부터 살아있는 의미체계로 기능을 발휘하게 되는 것이다. 이러한 측면에서 주거(housing)란 그 시대의 문화를 담는 중요한 그릇으로, 다양한 요인들이 상호작용하면서 고유하고 독특한 주거문화를 형성하게 된다.

최근의 주거문화는 새로운 국면을 맞이하고 있다. 비혼과 고령화로 인한 1인 가구의 증가는 작은 주거유형에 대한 수요를 증가시키고 있고, 다양한 기술이 주택 속으로 들어와 거주자에게 최적화된 삶을 창출시킨다. 한편, 인류의 삶을 위협하는 기후변화는 인간의 안락한 삶의 터전 자체가 사라질 수도 있다는 위기감을 심각하게 느끼게 한다. COVID-19라는 감염병 사태로 인한 언택트(untact) 문화가 만들어지는 등 사회, 문화, 기술, 환경 등 다양한 요인이 주거의 모습을 하루가 다르게 변화시키고 있다.

이 책은 대학에서 주거와 관련된 내용을 학습하는 학생들을 위한 교양교재 사용을 목표로, 주거와 관련된 주요 트렌드를 파악하고, 이를 통해 앞으로 더 나은 삶과 주거에 대한 방향을 고민해 보고자 하는 의도로 기획되었다. 특히 주거에 대해 주체적인 결정을 해야 하는 연령이 낮아지면서, 대학생을 포함한 청년층이 주택과 관련된 중요한 결정을 해야 할 시점에, 적절한 지식과 정보를 갖고 효율적인 의사결정을 할 수 있도록 주거와 관련된 11가지 트렌드를 설정하고, 내용을 구성하였다.

이 책의 주요 구성과 내용을 살펴보면, 먼저 전반부인 1장부터 4장까지는 오랜 세월을 거치면서 그 나라의 고유한 주거가 현대생활에 맞게 변화되어 문화로 축적된다는 측면에서, 현대로 이어지는 한국의 전통주거문화, 한국과 유사하면서도 서로 다른 특성을 지닌 중국과 일본의 전통주거문화, 한국에서는 다소 부족하다고 보이는 다양성의 측면에서 서양의 유명한 주택 특성을 살펴보았고, 한국의 대표적인 주거유형인 아파트의 변화과정과 오늘날 진화하는 아파트의 양상을 서술하였다. 중반부인 5장에서 8장까지는 아파트라는 주거유형에서 탈피하여 현대에 다변화되고 있는 주거유형에 대해 서술하였는데, 5장에서는 주거복지 관점에서 취약계층 청년가구와 노인가구의 주거, 6장에서는 소형주거공간의 변화와 다양한 인테리어 디자인 트렌드, 진화하고 있는 소형주거의 양상을 살펴보았고, 7장에서는 1인 가구의 증가 속에서도 나타나는 주거공동체 트렌드, 8장에서는 저출산 현상이 심화되고 있는 오늘날 아이 키우기 좋은 주거와 마을은 어떤 것인지에 대해 서술하였다. 후반부에서는 앞으로의 주거 트렌드에 대해 살펴보았는데, 9장에서는 기후변화의 위협 속에서 우리가 살고 있는 주택이 왜 친환경주택이 되어야 하는지, 또 어떻게 계획되어야 하는지를 서술하였고, 10장과 11장에서는 스마트홈 및 신공법과 신기술이 적용된 주거 트렌드에 대해 살펴보고, 미래의 삶과 주거의 변화에 대해 생각해 보고자 하였다. 서술하는 과정에서 보충되어야 하는 설명은 '더 알아보기' 코너를 통해 독자에게 추가적인 정보를 주고자 하였다.

책을 저술하는 기간에도 주택 관련 정책이 새롭게 발표되었고, 사상 초유의 감염병 사태 등으로 저자들이 생각했던 것보다 주거와 관련된 트렌드가 급속하게 변화함을 새삼 실감할 수 있었다. 이러한 급속한 변화 속에서 다양한 주거 트렌드를 최대한 담고자 노력하였으나, 지면의 한계 속에서 여러 가지 미흡한 부분은 향후 독자들의 지적을 참고하여 개정판에서 충실하게 보완해 나갈 예정이다.

누구도 예측하지 못했던 감염병 사태가 시작된 겨울과 봄을 뒤로 하고, 그 어느 해보다 긴 장마와 무더위로 힘든 여름 내내, 좋은 책을 만들기 위해 애써주신 교문사의 사장님 외 직원 여러분께 진심으로 감사의 말씀을 전한다.

2020년 8월

저자 일동

CONTENTS
차례

CHAPTER 1

현대로 이어지는 전통 주거문화

CHAPTER 2

중국과 일본의 주거문화

CHAPTER 3

서양의 주택

CHAPTER 4

변화하는 아파트

CHAPTER 5

특수계층을 위한 주거

CHAPTER 6

작지만 개성 있는 소형주거

CHAPTER 7

따로 또 함께 사는 주거

CHAPTER 8

아이 키우기 좋은 주거와 마을

CHAPTER 9

친환경주택

CHAPTER 10

스마트홈과 미래 주거

CHAPTER 11

신공법, 신소재를 활용한 주거

HOUSING TRENDS

CHAPTER 1

현대로 이어지는 전통 주거문화

1. 주거문화의 정체성
2. 현대로 이어진 전통 주거문화
3. 전통 주거문화의 현대적 적용

전라남도 영암 한옥호텔 영산재 객실

고층 아파트는 우리나라를 비롯한 외국의 대도시에서 일반화된 주거형태이므로 주거문화가 보편화, 세계화된 것처럼 보인다. 그러나 아파트 실내에 들어가 보면 각 국가마다 실의 유무, 면적, 구성 등에 차이가 있고, 한국인이 다른 나라의 아파트에서 생활하면 불편하고 원하는 생활이 충분히 이루어지지 않는 것을 느낀다. 주거는 문화적 산물로 오랜 세월을 거치면서 그 나라 고유의 주거가 현대생활에 맞게 변화해왔기 때문이다. 이 장에서는 지속적으로 이어지는 우리 주거문화의 본질적인 요소에 대해 알아보기로 한다.

1. 주거문화의 정체성

1) 주거문화의 개념

주택이 건축적인 생산물로 구체적인 물리적 형태로 나타나는 것이라면, 주거는 주택에서의 생활양식, 의식, 가치 등을 포함한 비물리적 개념을 포함하는 것으로 두 용어를 구분한다. 주택보급률이 낮아 주택을 대량 공급해야 할 사회적 상황에서는 주택정책, 주택공급이라는 표현을 주로 사용하였다. 주거라는 용어는 사회적으로 2010년대 들어서 국민의 주거안정과 주거수준 향상을 목적으로 하는 「주거기본법」(시행 2015.12.23)이 시행되면서, 대상계층의 바람직한 생활상이 구현될 수 있도록 청년주거, 주거복지, 주거지, 주거정책 등을 사용하는 경우가 많아졌다.

문화라는 용어는 연령적 집단과 결합하여 청년문화, 노인문화, 밀레니얼세대 문화로 사용하기도 하고, 어떤 생활양식 전반에 대해 여가문화, 독서문화 등으로 사용하기도 한다. 문화의 사전적 의미[1]는 '사회구성원에 의해 공유되고 이어지는 물질적, 정신적인 소산물'이다. 그러므로 주거문화는 '사회구성원이 거주하는 공간과 그 공간에 대한 의식, 생활 등에 대해 공유하고 지속되는 산물'의 개념이라는 것을 알 수 있다.

지리적인 주거문화의 특징을 설명할 때 물리적인 환경으로 주거형태(housing form)에 우선적으로 주목한다. 각 국가나 지역의 주거형태에 영향을 주는 요소가 무엇인지에 대해서 지리학, 민속학, 문화인류학, 건축학, 주거학 등의 분야에서 연구되어 왔다. 환경이 주거형태에 영향을 주는 정도에 따라 환경결정론·환경가능론·환경개연론 등의 관점으로 제시된다. 주거형태는 주택을 둘러싼 자연적 요소, 기술적 요소, 사회·문화적 요소의 상호관계에 의해 영향을 받으며 시간적 흐름에 따라 변화한다. 극한 기후지역을 제외한 온난기후지역에서 사회문화적 요소인 가족, 가치관, 생활양식 등이 주거형태의 1차적 요소 또는 결정요

1 문화는 "자연 상태에서 벗어나 삶을 풍요롭고 편리하고 아름답게 만들어 가고자 사회구성원에 의해 습득, 공유, 전달이 되는 행동양식. 또는 생활양식의 과정 및 그 과정에서 이룩해 낸 물질적, 정신적 소산을 통틀어 이르는 말. 의식주를 비롯하여 언어, 풍습, 종교, 학문, 예술, 제도 따위를 모두 포함한다."로 정의한다(국립국어원 우리말샘 https://opendict.korean.go.kr/ 검색일 2020.2.17).

소로 작용하고, 자연환경적 요소인 기후, 지역에서 얻을 수 있는 재료, 이러한 자연적 요소를 제어할 수 있는 인간의 기술, 공법 등이 2차적 요소 또는 수정 요소로 작용한다고 하는 것이(아모스 라포포트, 1985) 일반적인 관점이다.

주거문화를 보는 물리적인 환경은 주거형태에 한정되지 않으며, 주택이 지어질 때는 주택이 입지하는 주거지(마을) 속에서의 관계와 내재된 사회적·개인적 주거규범을 따르게 된다. 근대화·산업화가 진행되어 주택산업도 발전하면서 주택 수요자와 공급자가 분리되고, 수요자의 요구에 맞춘 주택공급이 이루어지기도 하지만, 공급자의 의도가 우선되어 주택공급이 이루어지는 경우도 나타난다. 이런 점에서 보면 주거문화의 개념은 주택 및 주거지의 물리적 환경, 주거수요자의 의식을 포함한 주거공급과정에 참여하는 여러 주체들의 주거에 대한 의식과 요구, 생활양식, 주택을 둘러싼 규범·제도·정책·공급 및 금융 시스템 등의 사회적 체계의 4가지 요소로 정리할 수 있다(염철호·하지영, 2011). 즉 주거문화는 건축적으로 주택 및 주거지가 어떤 형태(주거형태, 주거지형태)이고, 사회구성원이 주택에 대해 어떠한 가치를 부여하며(주거가치), 어떠한 의식(주거의식)과 요구(주거요구)가 있는지, 주택을 선택할 때 수요자가 어떤 요소를 중시하는지(주거선택), 주택에서 거주자가 어떠한 생활양식(주거생활양식)이 영위되는지를 포함하는 의미이다.

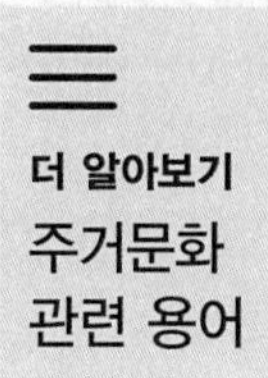

더 알아보기
주거문화 관련 용어

- 주거요구(욕구): 개인이나 가족이 주거를 실현하기 위해 기본적으로 갖고 있는 요구. 매슬로우(Maslow)의 5단계 욕구(생리적 욕구, 안전의 욕구, 사회적 욕구, 자아존중 욕구, 자아실현 욕구) 위계로 구분하는 인간동기이론이 사용된다.
- 주거규범: 주택이 갖추어야 할 기본요건으로 사용되는 기준이나 표준. 정부가 주택정책 수집 시 주거의 기준이 되고, 개인이나 가족이 달성하고자 하는 이상적인 주거수준이 된다.

자료: 주거학연구회(2017). p.13, pp.79-81.

2) 생활과 주거형태

주거문화의 물리적 환경인 주거형태는 외관, 구조, 재료, 공간구성, 의장 등으로 이루어지며 이 중 공간구성은 어떠한 활동이나 생활이 이루어지는가에 따라 구분할 수 있다. "주택은 생활을 담는 그릇이다."라는 명제는 생활의 변화에 따라 주거형태가 달라질 수 있다는 것으로 주택과 생활의 대응관계를 강조한다. 주택에서 이루어지는 생활은 시대 변화에 따라 사회화되어 활동이 축소되거나 사라지기도 하며, 새롭게 나타나기도 한다. 전통사회에서 주택에서 이루어지던 통과의례였던 혼례, 상례는 현재는 거의 주택에서 하지 않으며, 가족의 돌잔치, 생일모임, 손님접대도 주택에서 하는 경우가 최소화되었다. 반면 여가시간, 재택근무의 증가로 주택에서 취미활동, 업무를 수행하는 시간은 증가하였다.

개인이나 가족의 생활은 반복적으로 일어나는 주기에 따라 일상생활과 비일상생활로 구분한다. 현대 주택에서 이루어지는 일상생활은 다시 세부적으로 분류하면 개인생활(취침, 업무, 공부 등), 가족생활(식사, 담소 등), 일상적 접객, 가사(취사, 세탁 등), 위생(세면, 용변, 목욕 등)으로 분류된다. 비일상생활은 일년 중 1회 또는 단지 몇 번 정도 하는 활동, 연중행사, 개인에게 평생 한번 일어나는 일생행사를 말한다. 비일상적 접객에 속하는 가족의 생일, 종교적 모임 등과, 연중행사인 설날, 추석 등의 친인척 모임, 제사 등이 해당된다. 비일상적 접대나 의례적 행사를 하기 위해 필요한 비일상적인 가사활동도 비일상생활에 속한다(표 1-1). 주택을 지을 때는 각각의 분류된 생활이 기능적·정서적으로 잘 이루어질 수 있도록 공간규모, 공간구성, 내외부 마감재를 계획하며, 거주하면서 공간 이용방식, 가구배치, 의장의 변경 등으로 생활과 공간의 대응이 원활하게 이루어지도록 한다.

표 1-1 생활의 분류

구분	내용
일상생활	개인생활: 취침, 업무, 공부 등
	가족생활: 식사, 단란 등
	접객: 일상적 접객 등
	가사·위생: 취사, 세탁, 세면, 목욕 등
비일상생활	접객: 생일, 접객, 종교적 모임 등
	의례적 행사: 설날·추석 모임, 제사 등
	비일상적 가사: 접대·의례용 취사, 김장 등

개인을 포함한 가족구성원 모두에게 일어나는 총체적인 생활방식을 주생활양식이라고 한다. 좌식인지, 입식인지를 구분하는 기거양식, 주택 내부에서 신

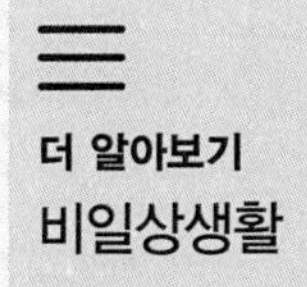

- 연중행사: 한 해 동안의 행사와 풍속. 세시풍속은 사람들이 제때 철을 인식하는 철갈이 민속이다. 여름철이 오면 여름에 맞게 철의 바뀜에 따라 주기적으로 때맞춰 살아가려는 삶의 다양한 적응이다.
- 통과의례: 인생의 고비(일생의례)와 계절의 변화(세시의례)에서 나타나는 위기를 잘 넘기기 위해 짜낸 구상과 그 과정에서 벌어지는 행위들. 반 게넵(A. Van Gennep, 1873~1957)은 개인 삶의 과정에 초점을 맞추어, 태어나고 어른이 되고 결혼하고 자녀를 생산하고 죽음을 처리하는 과정[産-冠-婚-葬]들을 고려하여 삶을 설명하려고 하였다. 의례는, 의례를 준비하거나 의례의 과정에 참여하여 연행하는 사람들이 서로의 사회적 관계를 인식하도록 한다.

자료: 국립민속박물관 한국민속대백과사전 홈페이지

발을 벗고 생활하는지 아니면 신발을 신고 생활하는지의 행동양식, 취침·식사·손님접대와 같은 행위별 공간을 독립적으로 또는 유사기능끼리 묶어 사용하는가의 공간사용방식 등에서 주거문화적 차이가 나타난다.

일상생활 중 가사·위생과 관련된 부엌, 욕실 등의 기능적인 공간은 기술의 발달에 따라 편리성을 우선시하여 빠르게 변화가 일어나며, 개인·가족 생활, 접객을 하는 방이나 마루는 주의식과 주생활양식의 변화가 천천히 일어나므로 공간의 변화가 느리게 진행된다[2]. 기술발달의 결과로 대체되지 않는 주거공간에 대한 의식, 주생활양식, 주거공간이 주거문화로서 정체성이 강한 부분이다.

3) 주거문화의 변동과 주거형태

과거 또는 현재의 어떤 일정한 시점에서 문화를 보면, 세 가지 기본요소가 내포되어 있다. 세 가지 요소는 오랜 기간 동안 지속되고 남아 있는 전통적 요소, 과거에는 전통이었으나 시간의 흐름에 따라 변화하고 새로운 것과 혼융되어 생성되는 요소, 새롭게 도입되는 문화요소로 구분된다. 그림 1-1과 같이 시간차원의 T1에서 근대화 수준(m1)과 비교하여, 시간차원의 T2에서 근대화 수준(m2) 사이는 변화가 적은 정체기이며, 세 가지 문화요소가 차지하는 상대적 비중이

2 한스 로슬링 외 2인(2019)은 사람의 생활에 영향을 미치는 주된 요소를 소득수준으로 보았고, 전 세계를 4단계로 나눌 수 있다고 하였다. 이 구분 기준요소는 공간과 생활의 기능적인 부분이다. *자료: 한스 로슬링·올라 로슬링·안나 로슬링 뢴룬드(2019). pp.53–59, pp.218–223.

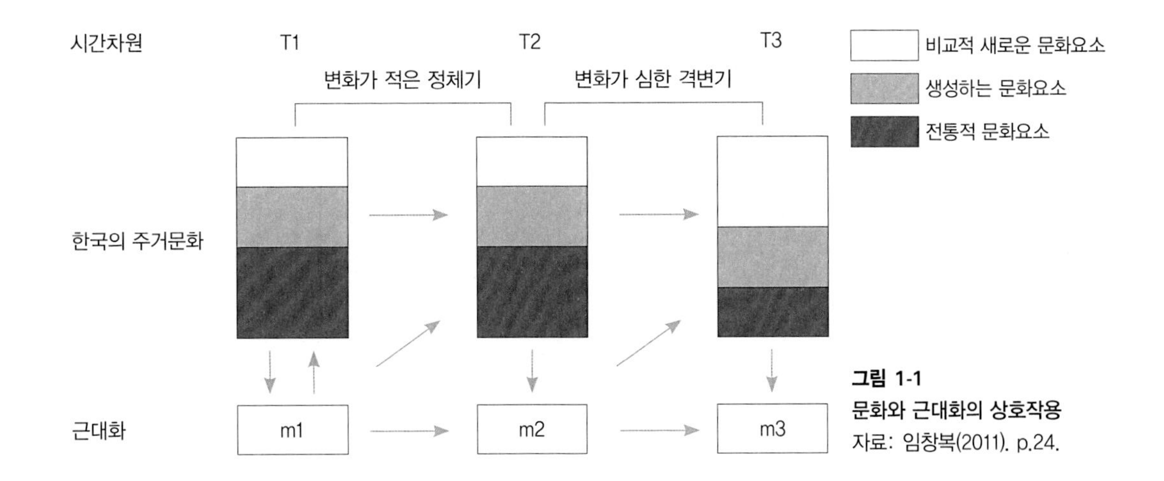

그림 1-1
문화와 근대화의 상호작용
자료: 임창복(2011). p.24.

큰 차이가 없다. 그러나 격변기에는 세 가지 문화요소의 차이가 클 뿐만 아니라 새로운 요소와 전통적 요소의 비중이 역전될 가능성도 있다(임창복, 2011).

주거문화 측면에서 보면, 근대화 초기인 1800년대 말부터 1960년대 이전 까지는 주거문화의 변화가 적은 정체기이며, 1960년대 후반 이후 2000년까지는 주택의 대량공급이 우선시되는 시기로 격변기에 속하며 전통적 주거문화가 빠르게 축소되었다. 격변기에 주거형태가 양식 단독주택이나 아파트로 변화되었다고 해도, 본질적인 속성으로 지속되는 공간적인 구성방식이나 생활양식은 전통적 주거문화요소로 남아 있으며 문화의 정체성을 드러내고 있는 부분이다.

주택은 그 시대의 주거문화를 반영한다. 전통한옥은 조선시대의 전통적 주거문화가 주거형태로 표현된 것이다. 1876년 개항 이후에 부산, 원산, 인천 등의 개항장을 중심으로 외국인 거류지가 형성되어 양식, 일식주택이 건축되었지만, 한옥은 도시에서도 1920년대부터 1960년대까지 목가구조의 도시형 한옥으로 건축되었다. 도시형 한옥은 도시의 소규모 필지에 적합하게 대지 경계를 주택으로 둘러싸고 가운데 마당을 두는 중정형이었다.

1960년대 이후는 일제 강점기하의 근대화에서 벗어나 자주적인 근대화, 공업화가 이루어진 시기로 급격한 사회 변동을 겪으면서 대량 주택공급이 이루어지고 양식의 단독주택과 아파트가 건설되었다. 공공이 최초로 공급한 아파트는 1962년의 마포아파트이다. 중산층에게 아파트라는 주거형태에 대한 인식을 높이고 대량공급하기 위하여 난방, 온수사용, 입식 부엌, 수세식 화장실 설치 등의 시설·설비의 현대화를 도모하였다. 1980년대부터는 주택공급이 중산층 선

그림 1-2
서울 도시형 한옥
자료: 서울역사박물관 (https://museum.seoul.go.kr)

호의 아파트 위주로 이루어지면서 단독주택 공급은 현저히 줄어들었다. 1970년대부터 한옥은 중산층을 위한 주거형태로 더 이상 건설되지 않았다. 한옥이 건설되지 않았다고 해서 우리 전통적인 주거문화는 사라진 것일까? 주거문화의 지속되는 부분과 변화해가는 부분이 무엇인지를 탐색해보면 우리 주거문화의 정체성에 대해 이해할 수 있다.

2. 현대로 이어진 전통 주거문화

1) 전통 주거문화의 특성

전통한옥은 우리의 전형적인 전통 주거문화를 보여준다. 한옥은 목구조의 흙벽으로 지어졌으며, 기본적 공간은 흙바닥인 부엌, 흙바닥과 구분하여 단차를 둔 바닥에 온돌방과 마루로 구성되어 있다[3]. 원시시대의 주거는 흙바닥에 나무를 엮어 세우고 내부에 화덕을 만들면서 시작되었다. 점차 흙바닥과 구분하여 단 차이가 있는 바닥구조를 만들게 되어 위생적인 생활이 가능해졌다. 한옥은 흙바닥과 단 차이를 둔 생활공간이 대륙성 기후의 특성인 여름의 무더위에 적합한 마루와, 겨울의 맹추위를 견디는 온돌로 구성되었다는 것이 특징이다.

3 전봉희·권용찬(2012). pp.63-67. 이 책에서는 한옥의 원형적 요소가 온돌, 마루, 부엌이라고 해석하였다. 주거 및 생활의 요소로 생활공간, 생산공간, 재생산공간으로 구분하고, 주택의 공간요소로 사적공간, 지원공간, 공용공간으로 구분한 후, 온돌은 생활공간이면서 사적공간, 부엌은 생산공간이면서 지원공간, 마루는 재생산공간이면서 공용공간으로 보았다.

주거 및 생활의 요소	주택의 공간요소	한옥의 공간형식	바닥형식
생활공간	사적 공간	온돌	온돌바닥
생산공간	지원공간	부엌	흙바닥
재생산공간	공용공간	마루	마룻바닥

한국 주택의 역사는 온돌, 마루, 부엌으로 공간형식이 완성되기까지의 전근대 시기와 그것이 외부 조건의 변화에도 기본적 성격을 유지하면서 적응해나가는 근대 이후의 역사로 나누어 논점을 정리하였다.

한옥이 전면 4칸형으로 확대되면, 마루는 방과 방 사이에 배치되어 방과 같은 칸 규모가 되며 대청(안청)으로 부른다. 대청은 방과 방 사이, 방과 마당을 연결해주는 전이공간으로 자연과의 상호관입이 되는 반(半) 내부·외부공간으로서 완충공간이 된다. 방은 개인생활 공간이고, 마루는 여름철 가족의 생활공간으로 공적 공간이며, 의례공간이기도 하였다. 부엌에서는 취사, 방의 난방이 주로 이루어지며, 목욕, 겨울철 빨래 등의 물을 사용하는 공간이었다.

한옥의 기본적 요소로 온돌방, 마루, 부엌 3공간을 배치한 예로 이황의 도산서당을 들 수 있다. 이황은 40대 중반에 은둔과 학문생활을 추구하면서, 주거의 입지와 공간구성을 학문생활에서 중요한 실천적 문제로 생각하여 15년간 10번의 시도로 도산서당을 완공하였다. 도산서당은 부엌 1칸, 방 1칸, 마루 1칸으로 구성하였다. 3칸은 성리학자의 최소공간이며 좌우 덧대어 4.5칸으로 하였다. 방은 거주, 마루는 교육과 예(禮)를 갖추는 공간이었으며, 방의 출입은 예의 공간인 마루를 거치게 하였다. 주변의 연못, 담장, 대문, 정원 등의 요소가 주택과 관련을 맺고 배열되도록 하고, 각 요소에 이름을 붙여 영역을 확장하고, 주거와 자연 사이에 의미 있는 관계를 설정하여, 자연과 인간의 합일을 이루도록 하였다. 퇴계는 주거공간을 자연요소로 규정하고 광역적인 자연과 연계시켜, 일상생활이 이루어지면서 철학적 사유가 일어나는 장소로 보았다(강인호·한필원, 2000).

한옥은 조선시대 사회전반의 규범인 유교의 남녀유별, 조상숭배의 이념이 공간에 반영되었다. 또한 계급사회였으므로 양반가와 민가로 구분되어 구조, 공간구성, 의장 등에 차이를 나타냈다. 민가는 공간구성에 지역성의 영향이 큰 데

그림 1-3
도산서당 전경
자료: 도산서원 선비문화수련원

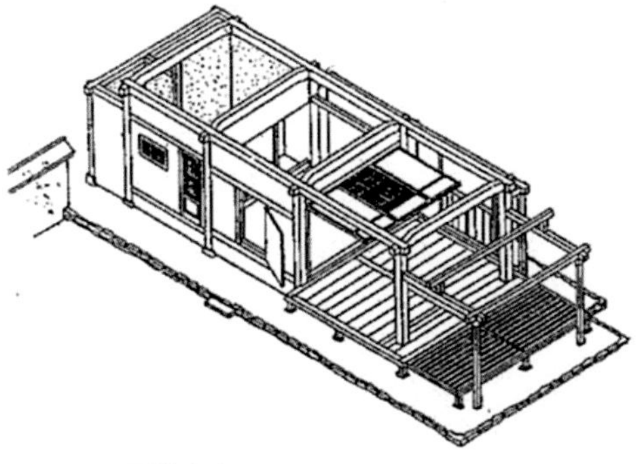

그림 1-4
도산서당 엑소노메트릭
자료: 김동욱(1996). p.28.

비해, 반가는 유교적 이념을 반영한 공간구성의 특징이 있다.

반가는 외부에 대해서는 담으로 둘러싸서 폐쇄적이며 여러 채로 구성되었다. 각 채는 기능에 따라 안채, 사랑채, 문간채, 행랑채, 사당 등으로 구성되며 채에 딸린 마당이 만들어진다. 지역적으로나 시대적으로 안채와 사랑채가 분리되지 않고 ㅁ자형으로 배치되기도 한다. 채의 위계는 사용하는 사람에 따라 안채와 사랑채는 상(上)의 공간, 행랑채는 하(下)의 공간이며, 사당은 조상을 기리는 의식공간이다. 안채를 여성의 공간, 사랑채를 남성의 공간으로 구분한 것은 조선후기 한옥의 특징이다.

한옥은 사람과 자연환경이 서로 조화되며 공생할 수 있는 체계를 갖춘 생태주거이다. 흙, 나무, 한지와 같은 자연적인 환경조절 기능이 있는 재료를 사용한다. 처마 길이는 비바람으로부터 벽체를 보호하며 계절적인 태양고도에 따라 실내에 햇빛을 들이기 위해 적절하였다. 방과 대청의 높이는 인간척도를 기준으로 하여, 방은 좌식생활에 맞는 높이로 하고, 대청은 서 있는 높이에 맞추어 방과 마루 내·외부를 이동하면서 거주자에게 다양한 공간감을 느끼도록 하였다.

한옥은 점적인 요소로 독립적으로 지어지는 것이 아니라 마을 안의 구성요소가 된다. 전통마을은 지형을 보는 전통적인 사고방식인 풍수지리를 적용하여 배산임수(背山臨水)의 입지에 자리 잡았고, 자연지형에 맞게 유기적으로 주택이 지어지면서 형성되었다. 마을 주변의 지형지세에 따라 길의 구조 및 주택의 향과 배치가 결정되며, 집들을 지형에 맞추어 유기적으로 배치하였다. 마을 사람들은 지연공동체이면서 농업생산을 기반으로 한 생활공동체로 유지되었다.

전통마을은 외부에 대해 강한 영역성을 가지며 마을 입구부터 마을 안쪽까지 길의 위계가 단계적으로 구성되어 있다. 마을 길은 마을 밖의 큰길에서부터 어귀길, 안길, 샛길, 골목길, 텃길로 나누어져 있다. 큰길에서 어귀길까지는 구부러져 있어서 큰길에서 마을이 들여다보이지 않도록 하였다. 길을 따라서 이웃 간의 결속력을 높일 수 있는 물리적인 장치가 있다. 마을 동구(洞口)에는 장승, 솟대를 세워 경계 역할을 하며, 마을 안길이 시작되는 곳에는 당산나무를 세워서 마을의 상징이 되도록 한다. 당산나무 주변은 빈터로 두어 마을의 공동마당으로 사용된다. 전통마을 안의 막힌 듯 돌아가는 길, 자연적인 재료들의 집, 담, 조형물들은 인간적인 척도이며 재료의 통일성이 있다.

2) 전통 주거문화의 현대적 지속성

근대화 이후 서구 문화를 받아들이면서 한옥이 양옥의 공간요소를 받아들여 절충되기도 하였다. 1950년대의 공공의 소규모 단독주택은 주택 공급의 시급성과, 경제성을 우선시하여 양옥으로 건설되었다. 1960년대 이후 대중적인 양옥 단독주택에는 전통적 주거문화적인 특성이 나타나 있다. 1970년대에 조적조나 콘크리트구조로 건설되면서 외관상 상품가치를 높이기 위해 서구적 전면 박공지붕이나 평슬라브지붕이 나타난 적은 있으나, 점차 주택전면에서 수평적인 선이 강조되는 모임지붕이나 우진각지붕 형태로 정착하였다. 평면은 장방형이나 ㄱ자형 변형의 겹집형이었는데, 전면 열은 방과 방 사이에 마루(거실)가 배치되었고, 후열에 부엌, 화장실 등이 배치된 평면으로 수렴되어서 전형적인 거실중심형 평면유형으로 정착되었다. 이런 특성은 1980년대까지 민간건설 단독주택에도 이어진다.

우리나라의 주택유형은 단독주택과 아파트가 차지하는 비율이 높다. 1970년대 이후 아파트의 대량건설로 아파트에 거주하는 가구는 현재 우리나라 전체 가구의 60%를 넘었다. 아파트는 서구에서 유입된 주택형태임에도 불구하고 수요자의 선호가 높다. 재산증식 수단으로 유리하다는 이유 이외에 거주자의 주거의식, 주거생활양식에 맞추어 아파트에 전통 주거문화적인 요소가 적용되어서 한국적 아파트로 정착되었기 때문이다. 시대적 변화에도 불구하고 현대에 지속적으로 이어져 내려오는 고유의 정체성을 가진 전통 주거문화는 다음과 같다.

(1) 방과 방 사이에 거실이 있는 평면

1950년대~1960년대에 걸쳐 한국전쟁 후 서민의 주택난을 해소하기 위해 공적으로 표준주택안을 만들어 단독주택을 대량공급한 시기에 수요자에게 가장 선호되었던 평면은 전면 중심에 마루를 가운데 두고 주변에 방과 다른 실들을 배치하는 평면형이었다. 당시 근대화의 영향으로 마루는 거실의 기능으로 계획하고 여름에 식사와 가족생활공간으로 사용되었다. 이러한 평면은 경상남도 지역과 경기·서울지역의 전통주택에서 방과 방 사이에 대청을 중앙에 두는 평면

형에서 형태적 맥락을 찾을 수 있다. 1962년 건설된 마포아파트 단지를 시작으로 본격화된 아파트 단위평면계획은 사적 공간인 방과 방 사이에 공적 공간인 거실을 두는 평면과, 다른 한편에서는 평면의 좌우로 서구적인 공적 공간과 사적 공간을 양분하는 서구적 계획규범의 침실집중 구성방식으로 하는 것이었다. 이 두 가지 평면유형은 상당한 기간 동안 혼재하지만, 후자의 침실 집중방식은 1970년대 중반 이후로는 점차 사라지면서, 전자의 거실을 중심으로 한 개방적인 구성방식의 거실중심형으로 정착한다.

그림 1-5
거실중심형 평면(2018)
자료: (주)예인건축연구소 평면 제공

현재 공급되는 아파트 평면유형에서도 다수를 차지하는 것은 거실중심형이다. 특징적인 것은 전면의 거실과 후면의 식당, 부엌이 연결되어 개방된 평면(거실, 식당, 부엌이 개방적으로 계획되는 LDK형)으로 계획되었다는 점이다. 거실중심형 평면은 양옥 단독주택에서 근대적 생활양식을 받아들이면서 가족공간으로서의 거실과 가사의 효율성을 위해 입식부엌이 배치되고 바닥 난방의 발달로 부엌이 식당과 바닥높이가 같아지면서, 거실, 식당, 부엌이 남북으로 연결되는 방향으로 배치되었다. 거실이 '마루'의 위계를 이어받아 전통적 인식의 연장선에서 발달해 왔고, 부엌은 효율성이라는 근대적 가치가 적용되면서, 식당은 전통적 식사개념과 근대적 효율성을 모두 만족시키는 위치로 거실과 부엌의 중간지점에 배치되었다. 1980년대 이후 현재까지 한국 아파트에서 LDK 통합형을 가장 선호한다는 것은, 한국의 전통적 주거문화와 근대적 생활가치를 모두 담을 수 있는 유형으로서(도연정·전봉희, 2017), 집약적이며 효율적인 평면구성이고 공간을 넓어 보이게 하는 개방감에 대한 심리적인 요소가 더해져 정착된 것이다.

(2) 바닥 난방

실내에서 신발을 벗는 문화권에서는 주로 좌식생활이 이루어진다. 우리나라 주택 내 모든 실들에 바닥 난방을 하는 것은 입식화가 이루어졌어도 좌식생활을 하는 경우도 있기 때문이다. 특히 거실에 대부분 입식가구를 배치하지만 사용방식에 있어서는 바닥에 앉는 경우도 있다. 명절의 친인척 모임, 특별한 행사, 손님을 위한 정중한 식사는 좌식으로 하는 경향이 남아 있다. 바닥 난방에 대한 선호는 복사 난방을 이용한 패널 히팅(panel heating)방식의 진보된 온돌로 유지되고 있다.

(3) 방의 위계

전통 주거문화에서 방(실)의 호칭은 평면에서의 위치뿐만 아니라 방을 사용하는 사람의 지위, 역할에 대해 내재된 의미를 표현한다. 전통적 주거문화에서 '안방'은 안주인의 생활공간이면서 집의 중요한 상징적 중심공간으로 여겨져 왔다. 현대의 단독주택과 아파트에서도 안방은 개인생활공간인 '침실'이 아닌 '방'으로서, 다른 방에 비해 면적이 넓으며 향이 가장 좋은 위치에 배치된다. 서양에서 침실은 사생활의 독립성이 우선되는 곳이어서 거실과 같은 공적 공간과 분리되어 배치된다. 그러나 안방은 부부가 사용하지만 가족단란, 손님접대, 제사행위 등 공적 생활이 함께 이루어지는 공·사 혼재된 공간으로 가족구성원들에게 개방되는 방으로서의 의미가 강하게 지속되어 왔다.

주택에는 안방이 있어야 한다는 주거관으로 현대주택에서도 여전히 안방이라는 호칭이 존재하고 있다. 현재는 안방이 부부침실로 사적공간화 된 경우가 증가되었지만, 앞으로도 주택 내 안방의 위상이 상징성을 가진 중요한 공간으로서 유지될 수 있을지는 주거의식과 사용 측면에서 지켜보아야 할 부분이다.

(4) 비일상생활을 위한 공간

전통 주거문화에는 비일상생활인 연중행사와 통과의례가 주택에서 이루어졌으며, 주거가 일상생활을 위한 공간이지만 매년 반복적으로 이루어지는 연중행사(절기풍속, 설날, 추석, 제례 등)나 개인의 일생을 통해 한 번만 일어나는 행사(관례, 혼례 등)를 위한 예비적 공간으로 준비되어 있었다. 집의 중심공간으로서의 안방과 격식적인 공간으로서의 대청이 이러한 비일상생활을 위한 가장 중요한 공간으로 기능했다. 현대주택에서는 생활의 근대화, 서구화에 따라 비일상생활이 상당부분 소멸, 축소되었지만 민속 또는 관습에 의해 지켜지는 생활이 여전히 남아있다.

현재는 거의 모든 가족모임, 연중행사가 거실을 중심으로 이루어지는 것으로 변화하였다. 거실 사용이 증가한 것은 안방에 침대와 가구가 도입된 것, 전통주거의 마루(대청)에서 수행되던 기능이 관념적으로 현대의 거실로 이어진 것, 거실이 주택 내에서 가장 면적이 넓어서 다인수의 가족, 친인척이 모일 수 있는 장소로 적합한 점이 반영된 것이다.

(5) 다용도실

우리 식생활은 조리 방식이 복잡하고 길며 저장음식을 많이 사용하는 특징이 있다. 식재료 중 다듬고 준비하는 과정이 필요한 경우가 많고, 오랜 시간 푹 삶고 끓여야 하는 음식이 있으며 강한 냄새를 풍기는 음식도 있다. 계절에 따라 말리고 저장하는 식품들을 위한 그늘지고 바람이 잘 통하는 공간이 필요하다. 김치, 간장·된장과 같은 식품을 집에서 만들지 않더라도 보관하기 위한 공간도 필요하다. 명절의 친인척이 모이는 비일상적으로 일어나는 가정행사의 음식준비를 위한 갖가지 가사도구를 보관해야 한다. 주택이 바닥 난방식이며 바닥에 앉는 좌식생활이 남아 있어 청소할 때 걸레로 바닥을 닦으며 걸레는 손빨래한다. 세탁기를 사용하면서도 주물러 빨고 삶는 세탁방법도 계속 지속되고 있다. 이러한 생활에 관련된 활동을 위해 부엌보다 넓은 별도의 습식·건식공간이 필요하다.

전통 주거문화에서는 식생활의 준비가 부엌 이외에 마당, 뒤꼍(집 뒤에 있는 마당이나 뜰)에서 이루어졌다. 근대화 이후의 양식 단독주택에서는 마당이 사용되었고, 아파트에서는 부엌과 연결된 위치에 다용도실이 배치되었다. 가사지원공간인 다용도실은 1962년 마포아파트를 시초로 1970년대 보편적인 주거공간으로 자리 잡았다. 현재는 다용도실의 기능이 확장되어 아파트에서 부엌 뒤 발코니에 보조주방을 배치하기도 한다.

3. 전통 주거문화의 현대적 적용

전통 주거문화를 현대에 계승하는 방법에는 한옥형태와 요소를 직설적으로 표현하는 방법, 디자인적 요소로 전통적 건축요소를 부분적으로 사용하거나 단순화하여 이미지를 사용하는 방법, 전통 주거문화에 내재된 전통 건축규범을 현대적 계획원리로 표현하는 방법이 있다. 이러한 적용방법은 하나의 주택 전체에 적용되기도 하고, 일부 공간에 여러 표현방법이 혼합되어 사용되기도 한다.

1) 한옥의 직설적 표현

한국적인 주택으로 한옥을 계승하기 위해 현대에 한옥을 그대로 건축하는 방식은 개인적인 선호에 의해 지속되기 어려우며 정책적 지원이 있어야 하는 부분이다. 2000년대 이후 우리나라가 국가 경쟁력이 높아지고 선진국에 진입하면서, 국가적 차원에서 국격을 높이기 위해 전통문화를 보존하고 현대화하는 작업을 진행하였다.

한옥 등 건축자산을 보전·활용하거나 미래의 건축자산을 조성하여 국가의 건축문화 진흥 및 경쟁력 강화에 기여하기 위해 「한옥 등 건축자산의 진흥에 관한 법률」 (약칭: 한옥등 건축자산법) (2014.6.3 제정, 2015.6.4 시행)이 제정되면서 정책적 방향이 정비되었다.

지자체별로도 한옥등록제를 시행하고, 전통한옥에 대한 수선비용, 신한옥 건축 시 지원하는 내용을 담은 한옥건축 지원에 대한 건축조례 제정이 증가하고 있다. 신한옥은 전통적인 목구조 방식과 외관을 기본으로 하면서, 현재의 기술을 적용한 복합적인 구조방식, 시공방식, 성능이 향상된 재료 등으로 구축되는 건물이다. 즉, 「한옥 등 건축자산법」의 한옥건축양식으로 건축된 건물이다. 공

더 알아보기
한옥등 건축자산법

「한옥 등 건축자산의 진흥에 관한 법률」 (약칭: 한옥등 건축자산법) (2014.6.3 제정, 2015.6.4 시행) 제2조에서 '건축자산'은 현재와 미래에 유효한 사회적·경제적·경관적 가치를 지닌 것으로서 한옥 등 고유의 역사적·문화적 가치를 지니거나 국가의 건축문화 진흥 및 지역의 정체성 형성에 기여하고 있는 것으로 폭넓게 정의하였다.

'한옥'을 주택에 한정하지 않고 주요 구조가 기둥·보 및 한식지붕틀로 된 목구조로서 우리나라 전통양식이 반영된 건축물 및 그 부속건축물로 하였다. '한옥건축양식'은 한옥의 형태와 구조를 갖추거나 또는 이를 현대적인 재료와 기술을 사용하여 건축한 것으로 정의하여, 경제성, 내구성, 기능성을 높인 현대적인 신한옥이 건축될 수 있게 되었다.

공 기관은 도서관, 박물관, 주민센터 등 공공건축과 어린이집 등을 한옥으로 건축하였고, 개별 한옥이 점적 요소가 아닌 마을단위의 면적인 요소로 위치하도록 한옥마을을 조성하여 정책적으로 지원하고 있다.

2000년대 이후의 신한옥은 한옥 외관을 유지하는 조건으로 지자체나 정부 부처의 지원을 받으므로 개별 신축, 한옥마을 내의 신축, 한옥밀집지역에 재건축하는 방향으로 진행되었다. 신한옥에 대한 경향은 건축되는 입지 조건에 따라 다른 경향으로 나타났다. 기존 한옥밀집지역에 신한옥을 건축하는 경우는 기존한옥과 비슷한 규모로 맞춰야 하는 제약조건 때문에 주로 단층으로 하면서 지하층과 다락이 적극적으로 적용되었다. 새로이 조성된 한옥마을이나 신축인 경우는 내향적 중정형 배치보다는 2층 한옥이 많고 외부로 열린 마당으로 계획되었다. 생활방식 변화에 따른 필요 면적의 증가, 실 역할의 변화, 내부통합화 등으로 칸 구성의 규칙과 내부에서의 칸 경계는 이전시대의 한옥에 비해 약화되는 경향이다(김성하·전봉희, 2019).

현대 주택의 일부에만 한옥의 건축적 구성요소인 기단, 기둥, 창호, 지붕, 담 등을 전통형태적 요소 그대로 복원 또는 차용하기도 한다. 아파트 단지에 동을 현대적 건물형태로 하고 정자, 주민공동시설을 한옥으로 하는 경우도 있다. 건물뿐만 아니라 마당, 정원 등의 외부공간도 전통적인 조경원리에 의해 조형물을 배치하고 대나무, 소나무, 석류나무 등의 전통수종을 이용한 조경을 하는 방법도 있다. 현대적 건축과 부분적으로 적용한 전통적 건축요소가 조형적으로 조화를 이루기 위해서는 두 건축양식을 연결하는 세심한 디자인 계획이 이루어져야 한다.

2) 전통요소의 변용적 표현

전통요소의 변용적 표현은 전통마을·주택의 건축요소 일부를 단순화하거나, 반추상적 또는 추상적으로 표현하는 방법이다. 현대주택의 거실 천장에 일정 간격의 목재를 배치하여 대청 천장의 서까래와 유사한 이미지를 느끼게 하거나, 전통적인 문양이나 공포, 배흘림 기둥 등을 간략히 반추상화하여 표현하는 방법이다.

전통요소의 변용적 표현은 첨단기술 환경에서 사용자에게 아날로그적 감성으로 접근하기 위해 상업공간에 복고적으로 전통 건축적 요소가 적용되어 마케팅 수단으로 사용되기도 한다. 레트로(retro)는 레트로스펙티브(retrospective)의 줄임말로서 과거의 양식과 취향에 대해서 향수를 느껴 과거의 것을 재현하는 일종의 복고주의적 경향을 나타내는 것을 말한다. 중장년층에게는 레트로로서 과거에 대한 그리움·노스탤지어를, 밀레니얼세대에게는 새로움(New)과 기존에 있던 익숙함(retro)이 합쳐진 뉴트로(New-tro)로서 참신하게 장소가 받아들여지게 되는 것이다. 소비자는 상업공간에서 장소성을 느끼고 개인화하여 장소애착을 느끼면 그 장소를 반복적으로 재방문하게 되기 때문이다(라선아, 2018).

레트로 또는 뉴트로로 전통 건축요소가 사용되는 방법은 부분적으로 전통적 문양 패턴과 전통색의 사용, 기와·창호 사용, 전통가구 사용 등의 방식이다. 한옥의 목구조를 그대로 유지·보수하는 것을 기본으로 하여, 전통지붕의 형태를 중량감을 줄이거나 벽체의 확장을 위해 현대적 재료를 사용한다.

그림 1-6
한옥으로 리모델링한 아파트 거실
자료: 이헌진(2015). p.31.

3) 전통적 건축규범의 적용

전통적 건축규범의 적용은 전통 주거문화의 본질적 요소인 전통건축의 사상, 가치관, 규범이나 방식을 분석하고 이를 현대적인 방식으로 건축에 적용하는 방법이다. 건축가들은 한옥의 주거형태에 주목하여 채 나눔, 중정형 배치, 내부공간과 마당과의 연계, 마당의 분화 등을 단독주택 계획에 적용하려는 시도를 하였다.

전통적인 건축규범이 현대 단독주택에 적용된 초기 사례로 승효상의 수졸당(1993년)이 있다.[4] 이 주택의 공간구성방식에는 전통적 공간구성원리가 내재되

4 이로재 홈페이지 참조(http://www.iroge.com)

그림 1-7
수졸당의 중정
자료: © Osamu Murai, 이로재 제공

어 있다. ㄱ자의 본채와 별채가 전체적으로 ㄷ자로 배치되어 중정이 만들어졌다. 중정은 본채와 별채 사이에 내외담을 배치함으로써 본채 앞마당과 별채 마당으로 나누어졌다. 내외담은 전통주택에서 안채와 사랑채 사이의 형식적인 구분을 하는 기능인데, 수졸당에서는 본채와 별채에서 바라보는 거주자의 상호 시선을 차단하고 생활의 독립성을 확보해준다. 전통주택에서 안채 뒤에 뒷마당이 있어 부엌과 장독대의 접근성을 좋게 하고 안주인의 휴식공간이 되는데, 수졸당에서도 본채의 안방과 부엌 사이에는 뒷마당을 두어 장독이 놓이는 가사보조공간의 기능과 정원을 겸할 수 있도록 하였다. 이 주택은 서울 단독주택 주거지에 건축된 2층 철근 콘크리트 구조의 주택인데, 전통 건축규범으로 채 분리와 채에 딸린 마당의 구성을 채택하면서, 전통 건축요소로 툇마루, 내외담, 정(井)자살의 대문, 창호지문, 한지 벽지를 사용하였는데 이런 요소들이 조화롭게 현대의 한옥스러움을 느끼게 하였다.

다른 사례로 농촌지역에 지어진 노은주·임형남의 금산주택(2010년)이 있다. 건축가의 계획의도와 공간구성을 살펴보면, 이 주택은 이황의 '도산서당'의 집에 대한 사상과 공간구성 방식을 적용하여 계획되었다.[5] 이황의 도산서당이 작고 소박하지만 우주를 담는 집이었던 것을 현대 주택에 실현하고자 하였다. 금산주택은 부부를 위한 방과 손님방, 최소한의 부엌과 화장실, 서재가 되는 다락의 공간구성으로 단층건물을 짓고 마당을 넓게 비워두었다. 금산주택의 건축가들은 한국건축의 특징이 공간과 공간 사이로 움직이는 흐름이 있다고 보고 마당에서 마루, 그리고 방으로 흐름이 이어지며 이러한 공간들은 빛과 바람 같은 자연요소들이 지나가는 흔적을 담도록 계획하였다고 한다.

단독주택은 전통 주거문화를 표현하기에 용이하나, 공동주택은 근대적 주거 형태이므로 전통 주거문화의 내재적 건축규범을 표현하기에 어려움이 있다. 점

5 가온건축 홈페이지 참조(http://www.studio-gaon.com)

차 전통 건축규범에 대한 연구가 축적되어 아파트 단지 계획에 전통적 계획요소를 적용하는 사례가 증가하였다. 아파트 단지 주변의 자연환경을 파괴하지 않고 뒷산을 정비하여 등산로를 만든다거나 구릉을 그대로 두면서 동의 높이를 조절하는 것, 실개천을 메우지 않고 최대로 살리는 것 등이 있다. 전통마을의 주택배치에 안대를 고려한 점을 응용하여 동의 배치 시 다양한 경관을 볼 수 있도록 동의 각도를 조정하기도 한다.

그림 1-8
금산주택
자료: © 박영채, 가온건축 제공

전통마을 길과 집의 자연스러운 유기적인 흐름을 반영하여 아파트 단지 길의 형태와 폭에 단계적으로 차이가 나도록 한다. 마을 입구에 있는 장승이나 솟대, 정자, 느티나무 등을 현대적으로 해석하여, 아파트 단지 입구에 조형물, 쉼터를 만들어, 외부와의 경계를 암시하면서 입구부터 통과도로까지의 연속성과 상징

더 알아보기
아파트에 적용한 한옥

한국토지주택공사는 건축물 동 형태, 계단실 창호에 전통문양, 패턴 도입, 지하주차장 전통색채 활용 패턴, 기단부 외장재에 전통 소재나 패턴 사용, 평면구성에 전통주택의 사랑방, 찬마루, 대청마루, 안마당의 적용, 단지구성에 마을 어귀길, 공동마당, 후원 등을 적용하는 디자인을 개발하여 적용하고 있다.

자료: 주재영(2013). p.64.

성을 부여하고, 외부공간에서 주민들의 교류를 유도할 수 있는 점적인 계획요소로 적용한다.

4) 앞으로 되살려야 할 전통 주거문화

전통 주거문화가 현대 주거문화로 이어진 부분은, 거주자의 주거의식·생활양식에 바탕을 둔 부분과 산업화로 고속성장을 추구하면서 정책적으로 유도된 부분이 있다. 국민 1인당 소득수준이 높아지면서 주거문화 수준을 높이기 위한 방안이 모색되어 왔으며, 앞으로 중점을 두고 고려해야 할 부분도 있다. 이웃과 더불어 살아가야 하는 공동체성을 강조하고, 집이 가족만을 위한 편안한 공간인 것이 바람직한가에 대한 논의가 이루어져야 할 시점이다.

농업중심의 전통마을이나 도시화가 진행된 1990년대까지 대도시 단독주택 주거지에는 골목을 사이에 두고 매일 마주치며 자연스럽게 형성된 이웃이 있었다. 도시생활이지만 이웃들은 지역공동체로 연결되어 일상생활에서 상부상조하는 생활공동체로 이어져 왔다. 도시에 아파트 단지가 차지하는 비율이 높아지면서 이웃으로서의 공동체의식은 도시생활에 적합하지도 필요하지도 않은 것으로 여겨져 왔다. 아파트 공급자의 영리와 수요자의 요구가 일치되어 단위세대 주택의 전용공간 중심으로 평면계획이 이루어졌고, 거주자는 주거의 의미를 외부공간과 단절된 내부공간 지향적 관점으로 한정하여 인식하게 되었다.

그러나 현대사회의 1~2인가구의 증가, 고령화 등으로 발생하는 개인 간의 고립성, 외로움, 범죄에 대한 불안감 등의 사회적 문제를 1차적으로 사람과의 관계를 통해 해결해야 할 필요가 높아졌다. 2000년대 이후 아파트에서도 이웃 간의 폐쇄성을 극복하고 아파트 단지를 현대의 마을로서 주민들의 공동체성을 높일 수 있는 공간계획에 중점을 두게 되었다. 최근의 아파트 단지 설계에서는 마을로서의 아파트 단지에 대한 계획이 더욱 강조되고 있다. 공공택지의 아파트설계공모의 당선안 사례를 보면, 용적률 범위 내에서 아파트 동 높이를 일률적으로 하지 않고 높이와 규모가 큰 동과 작은 동으로 나누며, 저층 동에는 공동체성을 높일 수 있는 동네마당을 만들어 외부공간으로 확장되는 생활을 지향하는 공간구성을 지향하고 있다[6]. 현대사회에서도 외로움의 해소, 가까운 거리에서 상호 교환적으로 도움을 주고받을 수 있는 점 등의 이웃의 순기능이 작동할 수 있다. 이웃이 모일 수 있는 공간을 만들어도 의도한 대로 사용되지 않는 경우가 많으므로 거주자가 이러한 공간에서 어떻게, 무엇을 하며 누구와 사용할지에 대한 주거의식이 생기도록 해야 한다. 즉 주거공간 운영에 대한 프로그램, 주거서비스의 내용이 함께 계획되고 제공되어야 한다.

주거공간에 대해서도 가족중심적인 생활로만 이루어지는 것이 편안하고 좋은 것인지에 대해 고려해보아야 한다. 집이 가진 기능 중 사회에 열려 있는 공간을 마련하는 것은 전체적인 주거수준을 높이는데 중요한 관점이다. 전통주택에서 사랑채는 남성에 한정되기는 하였지만 외부인에게 열려있는 대(對)사회적 공간으로 준비되어 있었다. 준비된 공간은 외부인에게 보여지고 사용되는 것을 전제로 정돈되고 형식에 맞춰지며 장식적인 요소도 갖추게 된다. 공간이 누구에게 보여지는 것일 때 공간의 질적 수준은 높아진다. 소셜 네트워크에서 자신의 집을 고치고 보여주는 일이 많아지면서, 온라인이긴 하지만 집이 타인에게 열려지는 시기가 된 것은 아닐까? 2020년 코로나가 전 세계적으로 확산되어 공포가 된 시점에 재택근무와 화상회의, 비대면 활동이 빠른 속도로 안착되고 있다. 비대면 대화자들이 소통을 위해 화상 연결 전에 화면의 배경으로 보여지는 공간을 정리하는 일이 일상화되면서, 사라졌던 손님접대의 대사회적 공간이 이미 다른 방식으로 진행되기 시작한 것일 수 있다는 추론을 해본다.

6 공공택지의 택지공급방식에서 민간에 분양할 때 가격입찰을 하는 것이 아니라 설계안으로 선정하는 방식(서울시 강동구 고덕 강일지구, 1블록·5블록)이 시도된 경우를 보면, 규모가 큰 동을 배치하지 않고 작은 동으로 나누며, 휴먼스케일을 고려하여 6층 이하의 저층 동과 29층의 고층 동을 조합시키면서 저층 동에는 마당과 동네 커뮤니티가 살아 있는 단지를 만들었다.
자료: 중앙일보(2019.6.23. 규제 하나 풀었더니…아파트 단지에 마당·골목길, https://news.joins.com/article/23503940)

CHAPTER 2

중국과 일본의 주거문화

현재의 주택문화가 드러내는 특성을 제대로 이해하기 위해서는 과거의 전통문화를 파악하는 것이 핵심이며, 어떠한 요인에 의해 고유한 주거문화를 형성하게 되었는지 살펴보는 것이 중요하다. 한국과 인접한 동북아시아의 중국과 일본은 한국과 유사하면서도 서로 다른 특성을 지닌 채 고유한 주거문화를 발달시켰다. 전통 주거문화의 형성에 영향을 미친 요인과 대표적인 전통주택 사례, 그리고 현대에 이어지는 전통적인 주거문화의 특성을 살펴본다.

1. 중국, 질서를 강조한 주거

1) 중국의 전통 주거문화

중국의 전통 주거문화는 매우 오랜 역사를 지니고 있다. 기후, 지리적 특성, 민족의 고유한 문화, 유교·도교·풍수 등의 종교와 사상이 복합적으로 영향을 미치면서 중국 고유의 독특한 주거문화를 발달시켰다. 일본은 전 국토에서 유사한 형태와 구조를 지닌 획일화된 주택문화가 발달한 반면, 중국은 지역마다 고유하고 독특한 주거가 등장하였다. 그 이유는 넓은 대륙별로 기후조건과 지역재료의 특성이 다양하여 그에 대응하는 방식이 다르게 나타났고, 지역별로 거주하는 다양한 민족들이 각기 고유한 문화를 이루고 살았기 때문이다. 또한, 종교와 사상적 의미를 반영하여 주택의 방위와 위치, 배열 등이 결정되기도 하였다. 이와 같이 중국의 전통 주거문화에 영향을 미친 다양한 요인들을 구체적으로 살펴보면 다음과 같다.

중국은 크고 넓은 땅으로 인해 지역에 따라 다양한 기후조건을 지닌다. 또한, 지역마다 서로 다른 문화를 지닌 민족들이 분포하여 생활하고 있기 때문에 그에 따른 거주환경과 주거문화가 매우 다양한 방식으로 발달하였다. 기후는 북쪽에서 남쪽으로 갈수록 추운 한대 기후에서 열대 기후에 이르기까지 점진적인 변화를 나타내며, 남서쪽은 고원과 산맥으로 인해 고온 기후가 나타난다. 이러한 기후적인 차이는 지역별로 기후에 대응할 수 있는 적절한 구조와 형태로 주거가 발달하는데 영향을 주었다. 예를 들어, 북쪽의 대륙성 한대 기후 지역에서는 추운 바람을 피하고 따뜻한 햇빛을 최대한 집 안으로 많이 끌어들이기 위해 폐쇄적인 형태의 담장을 두른 외벽 구조를 발달시켰다. 덥고 습한 남쪽의 아열대 기후 지역에서는 북쪽의 폐쇄적인 구조와 달리 통풍 조건을 극대화하기 위해 땅에서 일정 공간을 띄워 바닥을 설치하고, 대나무를 엮어서 안이 들여다 보이는 형태의 개방된 구조로 집을 지었다.

기후조건과 더불어 그 지역에서 흔하게 접할 수 있는 풍부한 자연 재료 역시 주거의 형태와 구조에 큰 영향을 주었다. 중국의 주택은 재료에 따라 흙, 돌, 나무 등을 사용하였는데, 삼림이 풍부한 지역에서는 주로 나무를 이용하여 집을 지었고, 황토 고원 지역에서는 흙을 사용하였으며, 지역에 따라 돌을 사용하거나 흙과 벽돌, 나무 등을 섞어서 건물을 짓기도 하였다.

중국 대륙에 거주하는 민족의 수는 50여 개가 넘을 정도로 다양한데, 이 중에서 대부분을 차지하고 있는 민족은 한족이다. 각각의 소수민족들은 고유한 생활문화를 바탕으로 자신만의 주거문화를 발전시켰으나, 현재까지 이어지고 있는 중국의 전형적인 주거문화의 바탕은 한족의 고유한 문화에서 비롯되었다. 한족은 이민족으로부터 자신의 가족을 보호하고 추운 기후로부터 따뜻하게 지낼 수 있도록 가운데 마당을 중심으로 네 면을 둘러싼 형태의 폐쇄적인 주거문화를 발달시켰다. 또한, 유가적 이념을 바탕으로 좌우대칭 구조의 건물 배치를 이루었는데, 이러한 내향적이고 대칭적인 건축의 특성이 중국의 대표적인 주거 형태로 정착하게 되었다.

사상적인 이념으로는 유가 및 도가사상 이외에 민간신앙과 풍수사상, 대가족제도 등이 주거문화의 형성에 영향을 미쳤다. 예와 질서를 강조한 유가사상은 건물의 크기와 규모, 건물의 배치, 거주자의 위계 등에 직접적인 영향을 주었다. 권력의 위계에 따라서 주택의 규모가 결정되었고, 모든 건물과 실은 질서를 지켜 중심축을 따라 좌우대칭으로 배치되었다. 각 실에 거주하는 사람들은 위계를 따져 정중앙에서부터 좌우로 내려오면서 공간을 배정하였다. 이에 비해 도가사상은 주택건물보다는 정원의 조성에 영향을 주어 비대칭성과 곡선적인 유연한 형태를 강조하게 되었다. 풍수사상은 건물의 방위에 따라서 좋은 곳과 나쁜 곳을 구분하여 좋은 기가 흐르는 곳에 현관 대문을 배치하도록 하는 등 주택의 구조적 방향과 흐름에 영향을 주었다. 대가족제도는 유가사상에서 비롯되어 장유유서, 남녀유별 등의 이념을 바탕으로 건물에 거주하는 가족들의 위계질서 형성에 기여를 하였다. 예를 들어, 건물의 공간은 중앙, 좌측, 우측의 순서대로 위계를 지녔다. 그에 따라 중앙에 위치한 공간은 공적인 영역으로 방문객을 맞이하는 용도로 활용되었고, 양 측면에 위치한 공간은 사적인 영역에 해당하여 가족이 거주하는 개별실로 사용되었다.

이처럼 중국의 전통 주거문화는 여러 가지의 요인이 복합적으로 어우러져 형성되었음을 알 수 있다. 그 중에서도 특히 예와 질서를 중요시한 유가사상은 좌우대칭, 위계질서 등의 원리를 바탕으로 중국의 대표적인 주거문화를 발전시키는 기본 틀을 마련하는데 큰 역할을 하였다.

더 알아보기
중국 전통주거에 나타난 공간개념

- 외부의 침입과 추위로부터 가족을 보호하기 위한 폐쇄적인 구조
- 유가사상의 이념에 따라 가운데 수직 축을 중심으로 좌우 건물의 동일한 대칭적 배치
- 도가사상의 영향으로 건물 가운데 정원 또는 마당을 두어 각 건물에서 비어 있는 마당을 바라볼 수 있도록 한 여유
- 풍수사상에 따라 햇빛이 많이 들어오고 좋은 기가 흐르는 동남쪽에 주택 출입문을 배치
- 여러 세대가 어우러져서 화목하게 생활할 수 있도록 도덕과 규율을 강조하고 이에 따라 거주하는 공간을 배정하는 방식

자료: 손세관(2002). pp.157-187.

2) 중국의 전통주택과 실내공간

(1) 중국의 전통가옥

중국의 전통가옥은 지역과 민족에 따라 다른 방식으로 발달하였다. 중국의 전통가옥은 구조와 형태에 따라 크게 세 가지로 구분할 수 있다(샨더치, 2008).

첫째는 가운데에 마당이 있고 그 마당의 네 면을 둘러 건물이 배치된 정원식 가옥이다. 네 방향에서 정원을 둘러싸고 높은 담을 쌓아 외부에서 건물 내부를 들여다볼 수 없도록 한 폐쇄적인 구조는 유가사상의 예와 질서에 따라 위계질서를 엄격하게 주택에 적용한 사례이며, 중국의 대표적인 주택으로 알려져 있는 사합원(四合院)이 이에 해당한다.

둘째, 중국 서남부 지역의 산 지대에 발달한 혈거식 동굴집으로, 태풍이나 지진 등 잦은 자연재해의 발생에 대비하여 동굴을 직접 파거나, 지면보다 낮은 곳에 위치한 땅에 집을 짓고 생활하였다. 자연재해로부터 가족을 보호하기 위해 독립된 가족단위로 생활하지 않고 여러 가족이 모여서 한데 어우러져 생활을 하였다. 이러한 동굴식 주택은 현재까지도 남아 있으며 여전히 그 지역의 소수민족이 현대식으로 개조하여 생활하고 있다.

셋째, 비가 자주 내리고 습도가 높은 산 지대에서 발달한 누거식 가옥으로, 이 주택은 일본과 마찬가지로 높은 습도를 조절하기 위해 통풍 조건을 고려하여 벽면과 천장을 막지 않고 최대한 개방적인 구조를 취하였다. 산림지대의 풍부

한 목재를 이용하여 기둥과 뼈대를 형성하고, 바닥도 지면에서 한 층을 띄워 아래 층을 비워두는 등 앞서 소개한 사합원과는 대조되는 형태와 구조를 지닌다.

이러한 대표적인 세 가지 유형의 전통가옥은 지역적으로 차이가 나는 기후와 재료적인 특성이 사상적 이념과 더불어 가옥의 형태와 구조를 결정하는 중요한 기준으로 작용하였음을 잘 보여준다.

이 외에도 중국의 각 지역에서 발견되는 전통가옥에는 외부의 도적으로부터 가족을 보호하기 위해 3층 이상의 높은 담으로 둘러 집을 성곽처럼 지은 토루, 돌이나 황토, 대나무 등으로 지은 주택이 있다.

(2) 위계질서와 가족 중심의 주거, 사합원

중국의 전형적인 주택 유형으로 알려진 사합원은 그 구조와 형식적인 틀이 기원전 3세기 한 대에서부터 비롯되었다. 이 시기에 중국은 규모가 큰 건물 및 목구조 건축에 대한 기술이 뛰어났으며 현재의 사합원에서 볼 수 있는 중정을 따라 둘러싼 복도(회랑)와 좌우대칭의 구조가 일찍이 형성되었다. 이러한 형식적인 구성은 명·청대에 이르러 유가사상과 풍수사상의 영향을 받으면서 더욱 예와 질서를 강조하여 대칭적이고 수직적인 구조로 발달하게 되었다. 사합원은 현재 중국의 북경 지대에서 그 원형을 다수 확인할 수 있는데, 특정한 지역에 한정되지 않고 중국 전역의 궁궐에서부터 민가에 이르기까지 규모와 구조에 있어서 다소 차이는 있으나 보편적인 주택의 기본 구조로 널리 적용되었다.

베이징에 위치한 사합원은 후통(胡同)이라고 불리는 가로 세로의 격자 무늬로 반듯하게 계획된 골목에 면하여 지어졌다. 이 골목은 주로 동서 방향으로 길게 뻗어 있어 주택은 자연스럽게 남북의 방향으로 위치하게 되는데, 이러한 방위는 따뜻한 햇빛을 남쪽에서 최대한 받아들일 수 있어 채광조건을 좋게 하는 이점이 있다.[1]

사합원의 일반적인 구조는 앞서 소개한 바와 같이 가운데 마당을 두고 네 면

1 겨울철을 대비하여 '강'이라고 불리는 온돌구조가 발달한 북경 지역에서는 남향의 주택이 난방에 유리하기 때문에 남북으로 긴 구조의 주택이 발달하였다. 이에 비해 남쪽 지역에서는 기후가 따뜻하고 습한 기운이 있기 때문에 남북보다는 동서 방향으로 긴 형태의 사합원이 주로 발달하였다(이재정, 2011).

을 건물이 둘러싼 ㅁ자 형태를 취하며, 가운데 수직축을 중심으로 좌우가 동일하게 대칭적인 구조를 지닌다. 외부와 면한 벽에는 창문을 별도로 계획하지 않고 담을 높게 둘러 외부에서부터 건물 내부를 쉽게 들여다볼 수 없도록 하였다. 이렇게 폐쇄적인 구조를 취한 이유는 외부의 차가운 대륙성 기후로부터 최대한 따뜻한 온기를 유지하기 위한 기후적인 측면도 있지만, 가족의 프라이버시를 우선적으로 보호하기 위한 가족중심제도의 이념이 반영된 것으로도 볼 수 있다(그림 2-1).

그림 2-1
사합원의 건물 배치 구조
자료: © Pubuhan, 위키피디아

사합원의 각 건물들은 크게 당(堂), 실(室), 방(房)의 세 가지 유형으로 이루어진다(장서·장범성, 2007). 당(堂)은 주택에서 제일 위계가 높은 곳으로 사람이 거주하지 않고 조상의 신위를 모시거나 결혼식, 장례식, 제사 등을 지내는 의례를 위한 공간으로 활용되었다. 실(室)과 방(房)은 사람이 실제로 거주하는 공간으로 위계에 따라서 정방(조부모 거주), 상방(부부 거주), 후조방(미혼 여성 거주), 도좌방(하인과 손님의 숙소, 화장실 등) 등이 순서대로 배치되었다. 이러한 건물들은 모두 가운데 마당을 바라보도록 문을 내었고, 각 건물의 앞에 회랑을 두어 복도를 따라 건물이 물 흐르듯이 연결되도록 하였다.

사합원의 출입문은 유일하게 좌우대칭 구조에서 벗어나 건물의 동남쪽에 위치하는데, 그 이유는 풍수사상에 의해 따뜻하고 좋은 기운이 넘치는 방위에 따라 위치를 선정하였기 때문이다. 대문을 들어서면 또 하나의 중간 대문을 거쳐 건물 내부로 들어갈 수 있는데, 수화문이라고 불리는 이 대문은 외부인의 출입을 통제하고 가족의 프라이버시를 보호하기 위한 방편이었다.

(3) 중국의 입식 생활과 가구의 발달

중국은 주변 국가인 한국, 일본과 달리 일찍이 입식 생활문화가 정착하였다. 서구 문명의 영향을 받기 이전부터 유목민과의 잦은 교류가 일어나면서 자연스럽게 그들의 입식 생활 방식이 전파된 것인데, 중국의 대다수 인구를 차지하는 한족은 원래 바닥에서 생활하는 좌식 문화를 지니고 있었다. 위진남북조 시대에 이르러 처음으로 의자가 등장하였고, 당대에는 탁자와 의자를 중심으로 한 입식 생활문화가 자리 잡게 되었다. 의자와 탁자를 중심으로 발달하기 시작한 중국의 가구는 명대에 이르러 침대와 장, 그리고 다양한 유형의 의자와 탁자 등이 용도에 따라서 세분화되어 나타났다.

중국의 전통 입식가구에는 대표적으로 침대, 탁자, 의자, 장 등이 있으며, 이들 역시 주택의 구조와 마찬가지로 유가사상의 영향을 받아 좌우대칭의 배치와 형태를 띠게 되었다. 의자는 일반적으로 한 쌍으로 제작하여 탁자 양 옆에 배치하였고, 장식적인 목적으로 사용하는 가구의 경우 벽면에 등받이를 붙여서 방 안을 바라보게 놓았다(그림 2-2).

침대의 경우, 침대 프레임을 벽으로 둘러 침대 자체가 하나의 독립된 방처럼 꾸민 가자상(그림 2-3)에서부터, 등받이와 팔걸이가 있는 커다란 소파 형태의 나한상, 한국의 1인용 평상처럼 생긴 탑 등 크게 세 가지의 유형이 발달하였다. 이러한 형태는 지역에 따라 기후조건을 고려하여 개방감을 조절하거나 재료를

그림 2-2
좌우대칭으로 배열된 가구
자료: © 用心阁, 위키피디아

그림 2-3
침대(가자상), 명대
자료: 위키피디아(CC0)

그림 2-4
권의
자료: 위키피디아(CC0)

그림 2-5
부수의와 탁자
자료: 위키피디아(CC0)

달리하는 방식으로 나타났다.

탁자는 의자와 더불어 입식 생활에 있어서 필수적인 가구이며, 용도에 따라서 크기와 형태가 다른 구조를 지녔다. 정사각 또는 직사각 형태의 큰 탁자(탁)는 여러 사람이 둘러앉아 식사와 담소, 취미활동을 즐기는 등 다양한 용도로 일상생활에서 사용되었고, 일반적으로는 의자와 함께 사용되었다. 온돌 위에서 사용할 경우에는 높이가 낮은 형태의 좌식 테이블로도 활용되었다. 책상과 의례용 탁자(안)는 폭이 좁고 가로로 긴 형태를 지녀 서적이나 그림 등을 펼쳐놓고 학문활동을 하는 데 주로 사용되었으며, 의례적 행위로 실내에 향을 피워 올려두는 장식용 소형 탁자(궤) 등이 발달하였다. 의자 역시 등받이와 팔걸이의 유무[2] 및 용도와 기능에 따라서 다양한 형태와 구조를 지녔다(그림 2-4, 그림 2-5).

3) 전통 주거의 현대적 재해석 – 수평적 질서에서 수직적 확장으로

중국의 전통 주거 형태인 사합원은 원래 10인 이상의 대가족이 함께 생활하

2 의자는 용도와 기능에 따라서 그 형태와 구조가 다르게 제작되었다. 등받이와 팔걸이가 있는 것은 부수의, 등받이만 있는 것은 고배의, 등받이와 팔걸이가 하나의 곡선으로 연결된 형태는 권의, 등받이와 팔걸이가 없는 간단한 형태의 의자는 등자라고 불렸다. 권의는 시각적으로 세련된 미를 강조하여 실내에서 장식 및 의례를 위한 용도로 사용되었고, 부수의나 고배의는 관료의 업무 또는 문인의 학문활동 등에 쓰였다.

던 곳으로, 위계질서와 가족의 화합이 매우 중요한 덕목으로 여겨졌다. 그러나, 현대에 이르러 이러한 유교적 질서와 이념은 더 이상 현대인의 라이프스타일에 적합하지 않게 되었고 실용적인 거주생활에 어려움이 있어 새로운 변화를 맞이하게 되었다.

북경 지역의 사합원은 원래 좁은 공간에 가운데 마당을 두어 다용도로 활용을 할 수 있도록 하였고, 외부로부터 프라이버시를 보호하기 위해 높은 담과 외벽을 둘렀다. 최근에 이르러 마당은 그 쓰임새가 줄었고 가족의 수는 줄었으나 공간의 용도와 수요는 증가하게 되었다. 이에 따라 기존의 사합원이 지닌 높은 층고를 여러 개의 층으로 분리하여 수직적으로 공간을 확장하고 활용도를 높이고자 하는 시도가 이루어지고 있다. 좁은 공간의 답답함을 해결하기 위해 방마다 통유리창을 마당쪽으로 설치하여 외부의 자연적인 요소와 실내의 연계를 강조하고 있다. 전통적으로 위계질서에 따라 수평적으로 좌우대칭 구조를 엄격하게 강조하였던 공간의 질서와 배치는 좁은 공간의 적극적인 활용을 위해 수직방향으로 레이어를 확장하고, 층의 높이 조절을 통해 다양한 공간의 흐름과 연계를 제안하게 되었다.

2. 일본, 계층별 생활양식을 반영한 주거

1) 일본의 전통 주거문화

일본은 기후와 지형적인 특성에 의해 동북아시아의 주변국가인 중국, 한국과는 다른 고유한 주거문화를 발달시켰다. 기후적으로는 전반적으로 온화하고 따뜻하며 습도가 매우 높은 특성을 지닌다. 이러한 온난다습한 기후는 중국과 같이 추위로부터 가족을 보호하고 난방을 유리하게 하기 위해 두껍고 높은 외벽과 담장을 두를 필요가 없으며, 오히려 더위와 습도를 조절하기 위해 통풍 조건이 매우 중요한 건축의 고려사항이 되었다. 높은 습도는 원활하게 환기가 이루어지지 않을 경우 바닥에 습기가 고여 썩을 수 있기 때문에 일찍이 바닥면을 지면에서 일정 높이(30~45cm)를 띄워 반(半)고상식 주택의 구조를 발달시켰다. 또한, 벽면을 고정식 벽체로 막기 보다는 미닫이문 등으로 열고 닫아 개방성을 부여하였고, 민가에서는 천장도 꼭 필요한 곳에만 설치하는 경우가 많았다. 잦은 비와 높은 습도로부터 건물을 보호하기 위해 지붕의 처마를 깊이 내어 외벽을 보호하였다. 이처럼 일본은 따뜻하고 습도가 높은 기후조건으로 인해 건물을 오래 보호하고 쾌적하게 생활할 수 있는 방향으로 전통 주거문화가 발달하였으며, 습도 조절을 위한 통풍 조건이 매우 중요한 요소로 작용하였다.

기후와 더불어 일본의 지형적 조건 역시 주거의 발달에 큰 영향을 미쳤는데, 일본은 국토의 70% 이상이 산림지대로 목재가 매우 풍부하였으며, 곧고 결이 아름다운 목재를 구하기가 유리하였다. 이에 일찍이 목재를 활용한 목조건축이 크게 발달하였는데, 목재 표면에 화려한 색으로 도장을 하는 중국의 건축양식과는 달리 목재 그 자체가 지닌 나뭇결과 자연적인 색채를 그대로 드러내는 방식을 고집하였다. 이처럼 화려한 채색 대신 목재의 자연적인 재료 특성을 살려 건축에 활용하는 목조건축의 기술은 에도 시대의 대표적인 상류주택의 외관에서도 여실히 드러나는데, 인위적인 색채는 배제하고 자연재료의 소박한 색채와 표면질감이 강조되었다.

일본은 시대적으로 고대, 중세, 근세로 나뉘는데 각 시기마다 정권이 교체되면서 권력층에 따라 다양한 주거양식을 발전시켰다. 각 정권의 세력들은 시대마다 각기 중국, 불교, 신사, 무사도 등 다양한 요인의 영향을 받아 특정한 건축양식을 완성하였다. 초기에는 불교의 영향으로 고대 건축문화가 발달하기 시작하였고, 중국의 건축문화가 전래되면서 중국풍의 주택양식이 지속되었다. 이후 무사계급의 권력이 강화되면서 서원조(書院造, 쇼인즈쿠리)와 같이 예와 도를 강조한 일본 고유의 주거양식이 점차 완성되었다.

더 알아보기

일본 전통 주거문화의 특성

- 수직적 표현이 아닌 수평적 방향의 강조
- 의도적으로 계획한 비대칭적인 공간 배치와 구조
- 목재가 지닌 고유한 색채와 독특한 나뭇결을 숨기지 않고 있는 그대로 드러낸 자연미
- 습도 조절을 위해 기둥을 제외한 벽면은 이동식으로 유연하게 계획한 개방적 구조

자료: 윤장섭(2000). pp.16–22.

2) 일본의 전통주택과 실내공간

(1) 일본 전통주택양식의 발전

일본 전통 주거는 시대에 따라서 다양한 형태로 발전하였다. 경제와 문화가 번성하였던 에도 시대에는 무사를 중심으로 한 상류주택인 서원조(書院造, 쇼인즈쿠리)와 상인계층인 조닌이 거주하는 마치야 주택(상가와 주거가 결합된 유형)이 크게 발달하였다. 이 중에서도 일본 전통주택의 원형으로 알려진 서원조는 무로마치 시대(1336~1573년)에 그 양식이 형성되기 시작하였는데, 실제 그 원형은 중세의 헤이안 시대(794~1185년)로 거슬러 올라간다. 헤이안 시대의 대표적인 주택양식은 신덴즈쿠리라 불리는데, 이 건물은 귀족 계급의 주거로 건물 내부 공간에 벽체를 없애고 간이식 병풍으로 공간을 구분하여 개방적인 구조를 지녔다. 이 주택은 각 건물이 연결되지 않고 한국의 전통 한옥과 유사한 형태로 집주인, 아내, 자녀 등 거주자에 따라 각각 독립된 채로 존재하였다. 이후 무사계급이 지배계층으로 등장하면서 봉건제도가 발달하였고, 무로마치 시대에 이르러 일본 전통주택양식인 서원조가 등장하게 되었다. 이 주택은 무사 계급을 위한 상류주택으로 접객을 위한 공간과 기능을 매우 중요하게 여겼으며, 장식이 없는 단순한 외관과 달리 실내공간을 매우 화려하게 장식하였다. 모모야마 시대(1568~1603년)에는 다이묘(영주)가 거주하는 호화로운 궁전양식으로 발전하였다가 점차 그 화려함을 벗어나 소박하고 절제된 형식으로 변하였고, 에도 시대(1603~1868년)에 이르러 양식적 구조가 완성되었다.

에도 시대는 봉건제도의 발달로 인해 병사(무사), 상인(조닌), 농민(하쿠쇼)의 계층을 구분하고 역할을 분담하였다. 이 과정에서 병사들과 상인계층은 성곽 주변을 따라 형성된 조카마치라 불리는 도시에서 거주하였으며, 무사계급과 상인계급이 거주하는 지역도 철저하게 분리하였다. 이에 따라 무사계급은 쇼인즈쿠리라 불리는 상류주택을 발전시켰고, 상인들은 점차 경제적 부를 누리면서 마치야라는 상가와 주거지가 결합된 2층 건물의 주택을 발달시켰다. 농촌에서는 초가지붕을 씌우고 바닥엔 다다미 대신 흙바닥의 토방과 마룻바닥의 방이 연결된 구조의 민가가 주를 이루었다.

(2) 무사계급의 상류주택, 서원조(쇼인즈쿠리)

서원조는 앞서 소개하였듯이 헤이안 시대의 신덴즈쿠리 양식에서부터 비롯되었다. 귀족사회에서 무사계급의 정권으로 넘어오면서 주거 내에서는 가족의 의례적인 행위보다는 예를 갖추어 손님을 맞이하고 응대하는 것을 매우 중요하게 여겼다. 이에 주택의 중심부에 접객공간이 배치되었고, 가족의 거주공간은 안쪽 깊숙한 곳에 자리하는 것이 일반적인 구조가 되었다. 서원조는 하나의 건물로 이루어져 사면에 출입문을 내었는데 동남쪽의 주몬이라 불리는 현관문은 의례적인 행사 때 사용하는 전용 출입구로 사용되었다. 주인은 접객공간을 포함하여 주택의 중심부에서 생활하였으며, 가족과 하인은 그 뒤쪽으로 구분하여 생활공간이 위치하였다(그림 2-6).

주택의 실내 공간은 손님접객공간, 사무공간, 가족거주공간으로 크게 구분되며, 무사들의 접대 활동이 잦은 것을 고려하여 손님 접대 공간의 기능을 강화하였다. 이때 무사들은 계급에 따라 상하 위계질서를 강조하여 자리 잡는 바닥의 높낮이를 다르게 하였고, 각 공간들은 독립된 채나 방으로 분리되지 않고 긴 복도를 중심으로 연결하였다. 또한, 벽체는 고정식으로 막지 않고 미닫이문을 달아 필요시 공간 확장 및 축소가 가능한 구조로 개방감과 유연성을 부여하였다. 그림 2-7은 에도 시대의 대표적인 서원조에 해당하는 교토의 니조성 실내로, 손님접객공간에 해당하는 니노마루고텐의 내부를 그림으로 그려놓은 것

그림 2-6
쇼인즈쿠리 양식의 무가 전통주택
자료: © Keith Pomakis, 위키피디아

그림 2-7
쇼인즈쿠리의 손님접객공간
자료: 위키피디아(CC0)

이다. 집주인이자 최고 계급의 무사는 실내의 단이 높은 곳에 앉아 있고, 나머지 무사들은 계급에 따라 순서대로 자리한 것을 볼 수 있으며, 벽면과 천장은 금색으로 화려하게 장식되어 있어 이 공간이 무사들의 주택에서 매우 중요한 의미를 지니고 있음을 확인할 수 있다.

(3) 소박한 농가주택, 민가

전통적으로 농경사회였던 일본은 농민계층이 인구의 대다수를 차지하였으며 자연스럽게 이들을 중심으로 민가가 발달하였다. 민가의 일반적인 구조는 짚으로 만든 초가지붕에 토방과 마룻방으로 구성된 단순한 형태로, 지붕은 습기로부터 목재건물을 최대한 보호하기 위해 기울기를 높여 처마가 깊이 생기도록 하였다. 실내는 현관에서 들어서면 흙바닥으로 된 마당 개념의 토방이 나오고, 신을 벗고 올라가서 생활하는 마룻방이 연결되었다. 마룻방은 일반적으로 다다미를 깔지 않고 널빤지를 깔고 주로 생활하였으며, 공간은 고정식 벽체 없이 간이 병풍이나 칸막이를 이용하여 네 칸으로 나누어 구획하였다(그림 2-8).

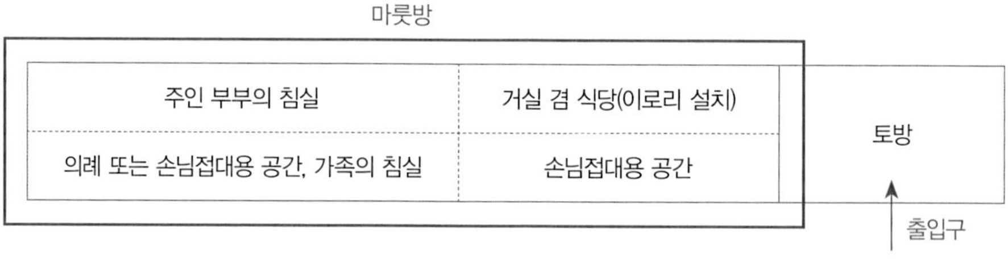

마룻방

주인 부부의 침실	거실 겸 식당(이로리 설치)	토방
의례 또는 손님접대용 공간, 가족의 침실	손님접대용 공간	

출입구

그림 2-8
일본 민가 주택의 일반적인 실내 구성

토방은 흙바닥으로 되어 있어 부엌과 다양한 일상적 행위가 이루어지는 다용도 공간의 마당으로 활용되었는데, 한국과 달리 개방된 외부 공간이 아니라 건물 내부에 마당이 들어온 개념으로 이해할 수 있다. 토방에서 마룻방으로 올라서면 전면에는 의례 또는 손님접대용 공간이 배치되고, 그 안쪽으로는 가족의 휴식활동이 이루어지는 거실 겸 식당 공간과 침실이 위치한다. 거실에는 전통적인 난방기구인 이로리(그림 2-9)가 바닥 한 가운데에 설치되어 습기 조절 및 난방, 조리 등의 기능을 하였으며 가족들은 이 주변에 모여서 잠을 자기도 하였다. 민가 역시 상류주택과 더불어 벽이 고정되거나 막히지 않고 개방식으로 조절이 가능하도록 계획되었다.

그림 2-9
고정식 난방 구조물, 이로리
자료: © Bernard Gagnon, 위키피디아

(4) 상가와 주거지가 결합된 주택, 마치야

마치야는 성곽 주변에 형성된 상인계층의 주택으로 1층에는 상가가 위치하고 2층은 가족의 거주공간으로 사용하는 독특한 주거양식에 해당한다(그림 2-10). 상인계급인 조닌은 무사들에 비해 계급이 낮아 주택의 내외부에 호화로운 장식을 꾸미는 것이 공식적으로 제한되었다. 그러나, 기본적으로 실내의 공간 구조는 무사들의 주택과 유사한 방식을 취하였다. 벽은 고정식 벽체가 아닌 미닫이문을 이용하여 필

그림 2-10
상인들의 주택, 마치야
자료: © 663highland, 위키피디아

요에 따라 확장이 가능하도록 유연하고 개방된 형식을 취하였으며, 바닥에는 다다미 또는 널빤지를 깔고 생활하였다. 2층의 주거공간은 가족의 프라이버시를 보호하기 위해 외부에서 안이 들여다보이지 않도록 폐쇄적인 형태로 외형이 발달하였다.

(5) 이동식 가구의 발달

일본의 전통 가구는 중국, 한국과 매우 다른 방식으로 발달하였다. 일본은 전통적으로 고정된 벽체 대신 미닫이문으로 개방감을 조절하는 유연한 공간 활용을 강조하였으며, 이에 따라 무겁고 부피가 큰 가구를 벽에 붙여 고정시켜 사용하는 대신 이동이 간편하고 쉽게 쌓아올려 보관이 용이한 구조로 가구가 발달하였다.

일본의 전통적인 이동식 가구에는 수납장에 해당하는 단스가 대표적이며, 개방된 공간을 구획하는 간이식 벽체로 병풍이나 츠이타테라 불리는 가리개 등이 발달하였다. 단스는 수납하는 물품에 따라 그 명칭과 형태가 다양하게 나타났는데, 일반적으로 비대칭적인 구조와 장식을 선호하였고, 기능에 따라 바퀴를 달아서 이동에 유리하게 하거나 계단식으로 제작하여 상인들이 공간을 효율적으로 활용할 수 있도록 하였다(그림 2-11).

그림 2-11
바퀴가 달린 이동식 단스
자료: © Pekachu, 위키피디아

3) 현재까지 이어지는 일본의 전통 주거문화

일본의 전통 주거는 외부의 영향을 거의 받지 않고 독자적인 양식을 발전시켜왔다. 그러나, 메이지 시대에 이르러 서양과의 문화 교류가 일어나면서 점차 현대인의 라이프스타일을 반영하게 되었고 그에 따라 주택의 양식과 구조에서도 점진적인 변화가 일어나기 시작했다.

앞서 살펴본 일본의 전통주택양식은 거주하는 계층에 따라 무사의 상류주택, 농촌의 민가, 상인의 마치야 등으로 구분되었는데 이들은 외형적 구조는 다르지만 공통적으로 목조식 주택, 미닫이문을 활용한 가변형 벽 구조, 일부 바닥의 다다미 적용 등의 특성을 지니고 있다. 이러한 특성은 현대에 이르러서도 일본의 고유한 주택양식으로 남아서 전통적인 요소가 전해지고 있다. 특히, 다다미 바닥은 실내공간 전체에 깔지 않고 특정한 방 하나에만 적용하여 손님을 맞이하거나 묵어가는 접객 공간으로 이용하고 있는데, 그 이유는 다다미 재료가 장시간 보존이 어렵고 잦은 교체와 관리를 해주어야 하는 번거로움이 있기 때문이다. 그러나, 이러한 불편함을 감수하고서도 현대의 주택양식에 여전히 선호되는 것을 볼 때 일본의 전통 주거문화의 양식이 현대에 뿌리 깊게 남아서 영향을 주고 있음을 알 수 있다.

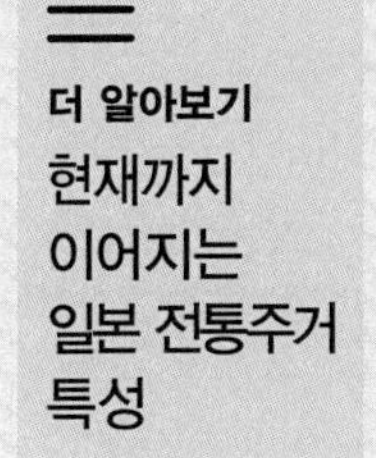

더 알아보기
현재까지 이어지는 일본 전통주거 특성

- 가변형 벽체 구조로 정원까지 개방감 확장
- 자연 목재의 결과 색을 그대로 사용
- 규격화된 다다미 구조의 적용
- 실용적이고 이동 가능한 가구의 배치

자료: 하쿠타로 오타(1994). pp.194-195.

USING
NDS

Habitat 67

CHAPTER 3

서양의 주택

우리나라 주거는 다양성이 부족하다. 이는 아파트 중심의 주거문화가 여전히 크게 자리 잡고 있기 때문일 것이다. 아파트도 과거에 비해서는 다양성을 추구하고자 하는 노력들이 늘어나고 있음에도 불구하고 말이다. 하지만 최근 주택을 자기표현의 수단으로 사용하는 주택 수요자들이 많아지고 있다. 이러한 주택 수요자들은 주택의 질적 수준 향상뿐만 아니라 다양성을 추구하는 경향도 나타낸다. 이에 주거문화도 단독주택, 듀플렉스 주택, 타운하우스, 디자인 된 다세대, 다가구 주택 등 다양화되어가고 있다. 이에 본 장에서는 우리 주변 주택의 모습들이 다양해지기를 기대해 보며 서양의 다양한 주택에 대해 알아보고자 한다.

1. 아름다움을 만들어 내는 공식, 비례와 모듈

비례는 고대로부터 아름다움을 표현하기 위한 수단으로 많이 사용되었다. 우리에게 잘 알려진 황금비도 그리스인들에 의해 발견되어 사용되기 시작한 비례로 아름다움을 표현한 좋은 예로 볼 수 있다. 건축에서도 비례는 많이 사용되고 있는 원리이다. 로마의 건축가인 비트루비우스는 현존하는 고대 유일의 건축서적인 『건축십서』라는 저서에서 대칭과 비례라는 원리 없이는 신전의 설계도 불가능했을 것이며, 인간 신체의 비례처럼 각 부분들 사이의 비례를 통해서 좋은 신전 건축이 가능하다고 보았다. 비트루비우스가 쓴 『건축십서』에 강조된 비례와 대칭의 중요성은 레오나르도 다빈치가 그린 '비트루비우스적 인간'이라는 소묘 작품에서도 잘 묘사되어 있다.

그림 3-1
파르테논 신전의 황금비
자료: https://www.flickr.com(CC0)

더 알아보기
비트루비우스적 인간 (Vitruvian Man)

인체 비례도라고도 불리는 레오나르도 다빈치의 소묘 작품으로, 『건축십서』 3장 신전 건축편을 바탕으로 그렸다고 전해진다.

레오나르도 다빈치는 사람의 손가락과 손바닥, 발바닥과 머리, 귀와 코의 크기 등을 숫자로 계산하면서 사람 몸을 기하학적 관점에서 수학적으로 계량화하는 고대 사상을 실험하면서 고대의 인체비례론을 그대로 받아들이지 않고 실제로 사람들을 실측하였다.

자료: 위키백과

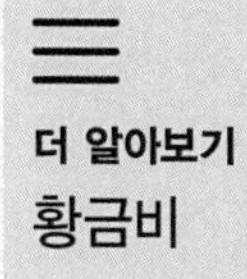

더 알아보기

황금비

황금비는 어떠한 선으로 이등분하여 한쪽의 평방을 다른 쪽 전체의 면적과 같도록 하는 분할이다. 즉, 선 AB 위에 점 C가 있을 때 (AC)^2=BC×AB 또는 AC:CB=AB:AC가 되도록 분할하는 것이다. 이 비의 값은 거의 1.61803398…:1 또는 1:0.61803398…이 되는데 이것을 황금비라 한다. 황금비는 고대 그리스인에 의하여 발견되었고, 이후 유럽에서 가장 조화롭고 아름다운 비례(프로포션)로 간주되었다(자료: 위키백과).

반면, 황금비율이 단순한 수학적 수치일 뿐이며, 기존에 황금비율로 알려진 다양한 사례들의 허구성을 입증하는 연구나 학자도 있다. 예를 들면, 파르테논 신전은 황금비율인 것으로 알려져 있으나 복원을 위해 그 크기들을 측정해 게리 마이즈너가 개발한 황금비율 소프트웨어로 분석해 본 결과 황금비를 나타내는 부분은 극소수인 것으로 나타났다(자료: EBS 다큐프라임 황금비율의 비밀 - 2부 절대적이고 상대적인 진리).

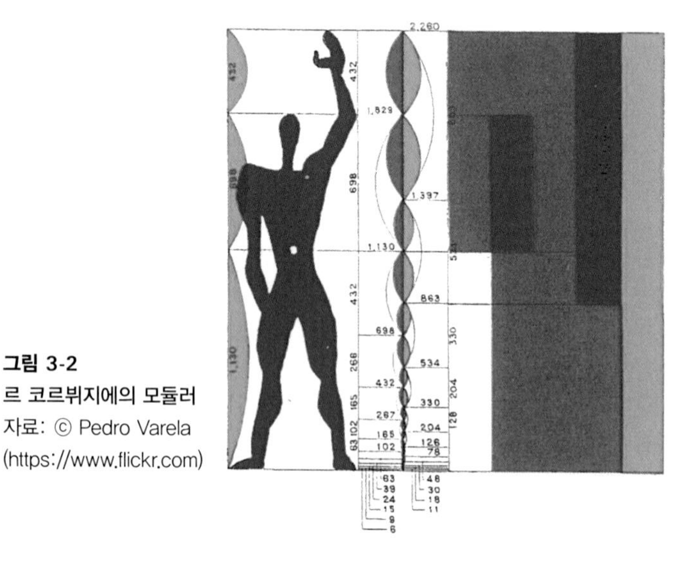

그림 3-2
르 코르뷔지에의 모듈러
자료: © Pedro Varela (https://www.flickr.com)

비례는 단순한 단위 치수의 조합이 아니라 기하학적 체계이다. 이러한 기하학적 체계는 건설이 산업화되면서 건설산업의 합리성을 추구하기 위한 수단으로 활용하고자 하였다. 이는 비례체계가 현대건축의 표준화 및 대량생산의 문제를 해결해 줄 수 있는 방안이었기 때문이다.

현대건축 비례체계의 시작은 르 코르뷔지에로부터 시작되었다. 르 코르뷔지에는 레오나르도 다빈치의 비례체계를 적극적으로 수용하여 1948년 비례 및 측정체계인 모듈러(Le Modulor)[1]를 발표하였다. 모듈러는 인간의 신체 및 행동반경을 수치화한 것으로 사용자의 생활을 고려한 설계가 가능하도록 해주었다. 르 코르뷔지에는 모듈러를 건축물뿐만 아니라 도시계획, 실내가구, 내·외장 마감 등 다양한 곳에 적용하고자 하였다.

르 코르뷔지에는 20세기에 가장 영향력 있는 건축가로 프랑스를 중심으로 주로 활동하였다. 그는 현대건축의 5원칙을 주창하는 등 현대건축의 기초를 다졌

1 Module(프랑스어로 표준) + Or(프랑스어로 황금) 합성어

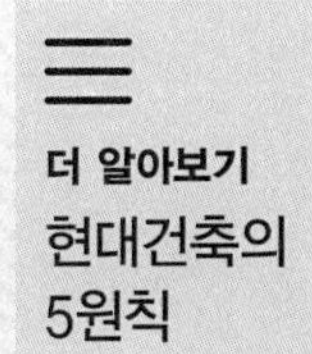

더 알아보기
현대건축의 5원칙

'현대건축의 5원칙'은 르 코르뷔지에가 주창한 것으로, 지금까지도 지속적으로 활용되면서 현대건축의 틀 형성에 기여하였다. '현대건축의 5원칙'은 ① 필로티 구조, ② 자유로운 입면, ③ 가로로 긴 띠창, ④ 열린 평면, ⑤ 옥상정원이다.

자료: 나무위키

으며, '모더니즘 건축의 아버지'라 불렸다. 또한 그는 건축에 한정되지 않고 도시계획으로부터 가구디자인에 이르기까지 폭넓은 활동을 하였다. 대표적인 작품은 빌라 슈타인, 빌라 사보아, 유니테 다비타시옹, 롱샹 성당, 라투레트 수도원 등이 있다.

르 코르뷔지에의 대표작품 중 모듈러 비례 및 측정체계가 사용된 대표적인 주택건축은 단독주택인 빌라 슈타인(Villa Stein), 공동주택인 유니테 다비타시옹(Unite d'Habitation) 등이다.

빌라 슈타인(Villa Stein)은 1926년 프랑스 가르슈에 지어진 주택으로 15ft 3in(4.65m) × 7ft 8in(2.34m)의 격자를 따라 배치된 기둥에 의해 지지되고, 주택의 평면, 입면 및 내부 구조의 비례는 황금비에 가깝게 계획되어 있다. 이 주택 내부 분위기의 형성은 고급스러운 재료에 의한 것이 아닌 단순한 공간의 구성과 비례체계에 의한 것이었다. 이 주택은 설계자인 르 코르뷔지에가 주창한 '현대건축의 5원칙'도 적용되었다. 내부의 평면구성상 벽은 단순한 칸막이벽에

그림 3-3
빌라 슈타인 외관
자료: © Ben Ledbetter, Architect(https://www.flickr.com)

그림 3-4
유니테 다비타시옹 전경
자료: ⓒ lantomferry(https://commons.wikimedia.org)

불가하며 열린 공간으로 자유롭게 구성되었다. 입면상으로는 자유로운 입면과 가로로 긴 띠창이 사용되었으며, 옥상정원도 만들어졌다.

공동주택인 유니테 다비타시옹(Unite d'Habitation)은 1945년 프랑스 마르세유에 지어졌는데, 1940년대 최초로 지어진 아파트이다. 이 공동주택은 길이 165m, 너비 24m, 높이 56m 규모로 총 23개 타입의 평면에 337세대로 구성되어 있다. 평면타입은 23개로 1인 가구부터 8명의 아이를 가진 가구까지 수용이 가능하도록 다양성이 확보되어 있다. 르 코르뷔지에는 모듈러의 비례를 통해 다이어그램을 사용하여 패널의 크기나 외관상의 다양성을 추구하였다.

공간구성상의 특징을 살펴보면, 1층은 필로티로 구성되어 자동차, 자전거 주차 및 보행자 순환 공간으로 활용되고 있다. 개별주택은 3층부터 3.66 × 4.80m의 큰 창과 함께 2개 층에 걸쳐 계획되어 있으며, 복도는 3개 층마다 형성되어 있다. 이 아파트는 오늘날의 주상복합아파트와 같은 개념으로 계획되어 7, 8층에는 쇼핑센터가 위치해 있다. 쇼핑센터에는 식료품점, 빵집, 약국 등 상가와 숙박시설, 레스토랑, 세탁 및 청소 서비스, 이발소 및 우체국 등 생활편익시설이 계획되었다. 17층과 마지막 층에는 유치원 및 보육시설이, 옥상에는 정원, 수영장, 체육관, 오픈 스페이스, 300m 단거리 트랙과 일광 욕실 등이 구성되어 있다. 이처럼 유니테 다비타시옹에도 설계자가 주창한 '현대건축의 5원칙'에 충실한 계획이 이루어진 것을 알 수 있다.

모듈은 비례와 마찬가지로 고전적 오더 등 고대 그리스에서부터 사용되었다. 현대건축에의 모듈 적용은 건설산업을 체계화하여 합리성을 확보하기 위한 방편으로 프랑스에서 시작되었으며, 이후 국제 표준화 기구에 의해 채택되었다. 이러한 모듈은 교차축과 그리드에 맞추어 건축의 구성요소를 부가할 때 사용되는 치수의 시스템으로 반복을 통해 리듬감을 부여하여 아름다움을 표현하게 된다. 현대건축에서 모듈은 일반화되어 있는 표준적 계획체계이므로 많은 건축가들이 계획 시 활용해 왔다.

해비타트 67(Habitat 67)은 이스라엘-캐나다 건축가인 모쉐 사프디가 설계하였다. 모쉐 사프디는 싱가포르의 랜드마크인 마리나 베이 샌즈(Marina Bay Sands) 호텔의 설계자로 유명하다. 해비타트 67은 몬트리올 엑스포 방문자의 임시 거처로 활용하고자 만들어졌으며, 교외주택이 갖는 장점(자연환경, 프라이버시 등)과 도시 아파트가 갖는 장점(밀도, 경제성 등)을 모두 갖도록 계획하였다.

이 공동주택은 모듈화되어 있는 유닛 354개를 사용·조합하여 12층 규모 158세대로 계획하였으나, 추후 일부 세대를 통합하여 146세대로 축소되었다. 이 공동주택에 사용한 공법은 현대건축에 가장 일반적인 건축재료인 콘크리트에 프리패브 공법을 적용한 프리패브 콘크리트 공법을 사용하였다. 프리패브 공법이란 건축현장에서의 생산성을 높이는 한편, 각 부재의 품질을 균일하

그림 3-5
해비타트 67 외관
자료: © Jon Evans(https://www.flickr.com)

게 유지하도록 함으로써 품질을 향상시키기 위해 건축 부재를 현장이 아닌 공장에서 생산하고 생산한 부재를 현장으로 옮겨 조립만을 통해 공사를 진행하는 공법이다.

2. 신기술과 장인정신의 만남, 아르누보

아르누보(Art Nouveau)는 19세기 말에 유럽에서 시작된 예술 사조로서 프랑스어로 '새로운 미술'이라는 의미이다. 아르누보는 아카데미 예술에 대한 저항으로 등장하였는데 19세기 말에서 20세기 초까지 유럽뿐만 아니라 미국에서까지 유행한 미술 사조로 신고전주의와 모더니즘을 연결하는 중요한 역할을 수행하였다. 아르누보라는 용어는 주로 영국과 벨기에에서 사용하였으며, 독일에서는 유겐트(Jugendstil), 이탈리아에서는 리버티(StilleLiberty), 프랑스에서는 기마르(Style Guimard)라는 용어가 사용되었다.

아르누보는 주로 순수미술 분야보다는 응용미술 분야인 공예, 가구, 건축 장식 등에 두드러지게 사용되었다. 아르누보 건축은 풍부하게 굽이치는 선을 장식으로 사용하는 것이 특징으로, 꽃이나 식물 등 자연물에서 차용한 곡선을 장식적으로 사용하고, 비대칭 등 역동성과 움직임을 강조한다.

아르누보 건축의 대표적인 건축가는 벨기에 건축가인 빅토르 오르타, 스페인 건축가인 안토니 가우디 등이 있다. 빅토르 오르타는 아르누보를 주택에 처음 적용하였으며, 아르누보의 전성기를 누리게 한 건축가로 유명하다. 안토니 가우디는 유럽에서 독창적이고 개성 강한 아르누보 건축가로 유명하다.

빅토르 오르타가 설계한 주택은 그 당시 주택 디자인으로는 새로운 시도였던 철과 유리를 주로 사용한 디자인이 특징이었으며, 계단실 채광창을 활용하여 복도공간의 채광문제를 해결하였다. 아르누보를 적용한 주택을 다수 설계한 빅토르 오르타의 대표적인 작품으로는 타셀 저택(Hotel Tassel), 솔베이 저택(Hotel Solvay), 반 에트벨데 저택(Hotel van Eetvelde), 오르타 저택(Maison & Atelier Horta) 등이 있다.

타셀 저택은 아르누보를 주택에 적용한 최초의 사례로 1893년 브뤼셀 자유대학 교수이던 에밀 타셀의 의뢰로 만들어졌다. 철과 유리를 적극적으로 활용한 빅토르 오르타 건축의 특징처럼 외부 기둥을 기존 주택들과는 달리 석재가 아닌 철재로 구성하였으며, 문이나 창 등 개구부 주위도 강과 프레임을 노출시켜 통일성을 유지하였다. 솔베이 저택은 건축주인 아르망 솔베이의 재력을 바탕으로 가구, 조명 등 주택의 세부적인 부분까지 아르누보의 화려한 장식이 적용된 사례로 계단장식의 경우 화가와의 협업까지 이루어졌을 정도로 화려함을 자랑한다.

반 에트벨데 저택은 건축주인 반 에트벨데의 의뢰로 계획하였다. 외교관이자 콩고의 사무총장이던 건축주는 가족과 해외의 손님들을 맞이하기에 적합한 분위기로의 계획을 희망했다. 이 주택은 건축주의 요구에 맞도록 만들기 위해 위엄 있는 분위기가 조성되어 1층 리셉션룸으로 연결된 계단의 디자인이 강조되었고 이를 위해 금속 세공된 돔과 채광창을 통해 건물 중심에 채광이 되도록 계획되었다.

오르타 저택은 전문가로서 본인의 저택 및 작업실을 직접 계획한 주택으로 현재 일부분은 오르타 박물관으로 활용 중이다. 오르타 저택은 빅토르 오르타 본인의 디자인 철학을 금속 난간, 가구 등 세부적인 부분까지 적용하였을 뿐만 아니라 그의 건축적 특징인 중앙 계단 위 천창도 계획되었다.

그림 3-6
오르타 저택 계단실
자료: © Kent Wang(https://www.flickr.com)

아르누보 건축가 중 가장 독창적이고 개성이 강한 건축가로 평가받는 안토니 가우디는 카탈루냐 출신으로 바르셀로나를 중심으로 활동하였는데, 자민족인 무데하르 건축에도 영향을 받았다. 안토니 가우디 건축은 기존에 사용되던 건축 원리[2]와는 상반된 건축방식으로 지배적인 곡선과 섬세한 장식적 요소 그리고 색채가 특징이다. 대표적인 주택작품으로 카사 비센스(Casa Vicens), 구엘 저택(Palau Güell), 카사 바트요(Casa Batlló), 카사 밀라(Casa Milà) 등이 있다.

안토니 가우디의 가장 대표적인 주택작품은 카사 밀라로, 채석장이라는 의미의 라 페드레라(La Pedrera)라는 별칭을 가지고 있다. 카사 밀라는 바르셀로나에 위치한 6층 규모의 아파트로 가우디가 설계한 마지막 주택이다. 이 주택은 '산(山)'을 주제로 디자인되었으며 2개의 안뜰과 2개의 건물로 구성되었다. 외관은 석회암과 철을 이용해 파도처럼 굽이치는 부드러운 곡선 모양을 하고 있다. 부드러운 곡선은 각 층의 내부까지 연결되어 내부공간도 비정형 형태를 이룬다. 옥상에는 6개의 채광창과 28개의 굴뚝 및 공조 덕트, 4개의 돔 등이 배치되어 있다. 가우디만의 독특한 특징 중 하나인 굴뚝은 도기 타일을 이용하여 마치 투구를 쓴 기사의 모습으로 디자인되었을 뿐만 아니라 높이를 다양하게 변화를 주어 경관을 형성하는 요소로 활용되었다.

구엘 저택(Palau Güell)은 가우디의 친구이자 후원자였던 에우세비 구엘을

그림 3-7
카사 밀라 외관

2 아르누보 건축 이전의 건축양식은 신고전주의 양식이었다. 신고전주의 건축양식은 18세기 후반에 계몽 사상과 혁명 정신을 배경으로 프랑스에서 유행했던 건축양식으로, 바로크나 로코코 건축양식에서 나타나던 과도한 장식성과는 반대로 건축물의 형태나 장식에 있어서 엄격하게 양식을 적용함으로써 장엄하고 숭고한 아름다움을 추구하였다(자료: 위키백과).

그림 3-8
구엘 저택 옥상 굴뚝
자료: © OK Apartment
(https://www.flickr.com)

위해 설계한 주택이다. 이 주택의 공간구성은 지하 1층 마구간, 1층 마차고, 중2층 서재, 2층 응접실, 3층 침실, 4층 하인방과 주방으로 구성되어 있다. 외관은 마치 궁전처럼 장중한 분위기가 연출되어 있다. 정면 파사드에는 아치형 입구가 마치 중세의 요새처럼 르네상스 양식으로 디자인되어 있으며, 구엘 가문의 문장인 철재 독수리도 장식되어 있다. 이처럼 가우디의 아르누보 건축의 특징이 느껴지지 않는 외관과는 달리 내부와 옥상에는 가우디의 독특한 특징들이 나타난다. 옥상에는 가우디만의 독특한 특징 중 하나인 굴뚝이 독특한 디자인으로 20개가 자리 잡고 있으며, 깨진 타일과 돌을 이용하여 장식되어 있다.

3. 'Less is more', 미니멀리즘

미니멀리즘(Minimalism)은 '최소의'라는 뜻의 '미니멀(minimal)'과 '주의'라는 뜻의 '이즘(ism)'의 합성어로 단순함과 간결함을 추구하기 위해 최소한의 요소만을 사용하여 대상의 본질을 표현하는 예술과 문화적인 흐름이다. 미니멀리즘은 1960~1970년대 미국의 시각예술과 음악을 중심으로 일어났으며 예술적 기교나 각색을 최소화해 본질만을 표현하고자 했다. 미니멀리즘은 생존에 필요한 최소한의 물건에 대한 소유만을 주장하는 금욕주의 철학에도 영향을 받았

더 알아보기
미니멀 게임 (Minimal Game)

미니멀 게임은 조슈아 필즈 밀번(Joshua Fields Millburn)과 라이언 니커디모스(Ryan Nicodemus)가 시작하였다. 그들은 물질로 내면의 공백이 채워지지 않음을 알게 되어 삶에서 불필요한 것을 없애면서 미니멀라이프를 시작하였다. 그들은 미니멀라이프를 "소중한 것에 집중하는 힘, 불필요한 것들을 제거하는 도구, 쓸데없는 것들에 나를 뺏기지 않을 자유, 내 삶을 만족으로 채우는 행복"이라고 정의했다. 그들은 2010년 웹사이트 '더미니멀리스트닷컴(www.theminimalists.com)'을 만들어 자신들이 실천한 미니멀라이프를 공개하는 한편 미니멀 게임을 제안하였다.

이 게임은 SNS 등에 화제가 되며 현재 전 세계의 수많은 사람들이 동참하고 있다. 게임 규칙은 첫째 날 1개, 2번째 날 2개, 3번째 날 3개, 4번째 날 4개와 같은 방식으로 물건을 비우는 것으로 30일 동안 진행한다. 이외에도 하루 한 가지 아이템 정리하기, 하루에 3개 버리기, 작은 상자 하나라도 꼭 한 곳은 정리하기, 마음 내키는 대로 비우기 등의 방법도 있다.

자료: www.theminimalists.com

는데, 최근에는 미니멀 게임과 같은 형태로 사회운동화되면서 대중들의 미니멀라이프에 대한 관심이 높아지고 있다.

미니멀라이프는 2010년 미국에서 시작되었는데, 20대 후반의 잘나가는 청년들이 갑자기 회사를 그만두는 등 모든 것을 버린 뒤 목적이 있는 분명한 삶을 살기 시작하면서였다. 미국과 비슷한 시기에 일본에서는 동일본 대지진이 일어나며 미니멀라이프를 실천하는 사람들이 늘어나기 시작했다. 그들의 미니멀라이프 시작은 지진과 쓰나미가 소중한 물건을 한순간에 못쓰게 만들 뿐만 아니라 흉기가 되기도 한다는 사실을 경험하면서 생존에 대한 절실함 때문이기도 했다. 우리나라의 경우 최근 공유경제의 대두와 함께 가치 중심의 소비 추구, 저성장으로 인한 물질적 가치보다는 정신적 가치의 추구 등이 중시되면서 미니멀라이프를 실천하는 사람들이 늘어나기 시작했다.

건축 분야에서는 소재와 구조를 단순화하고 효율성을 추구하는 방향으로 발전하였다. 미니멀리즘이 건축에 적용되어 발전되기 시작한 것은 1950년대이다. 이 시기에는 건물 형태를 순수기하학 형태를 사용하였으며, 건물에서 구조체인 벽이나 기둥을 최소화하고 필요에 따라 칸막이를 사용하는 공간을 추구하는 특성을 보이며 현대 미니멀리즘의 기반을 형성하였다. 1970년대에 들어서는 기능적 단순성으로 본질을 추구하고자 하는 방향으로 전개되었는데, 지역에 따라 차이를 나타내며 통일된 양식으로 발전하지는 못하는 한계가 있었다. 반면, 1990년대에 들어서는 통일된 양식을 나타내며 미니멀리즘 건축의 전성기를 맞이하는 한편 건축사조화되었다. 이 시기에는 통일된 양식을 갖추고는 있었지만 실용적 기능을 추구해야 하는 건축의 특성으로 예술에서 만큼 단순화로 발전하지 못한 한계는 있었다. 미니멀리즘 건축의 대표적인 건축가는 미스 반 데르 로에(Ludwig Mies van der Rohe), 루이스 바라간(Luis Barragán) 등이다.

미스 반 데르 로에(Ludwig Miesvan der Rohe)는 독일 출신의 건축가로 르 코르뷔지에와 함께 20세기를 대표하는 건축가 중 하나이다. 미스 반 데르 로에는 근대건축의 핵심적 관심사인 형태, 공간, 재료, 구조 등에 선구자적 역할을 한 건축가이다. 그의 작품은 단순하고 명쾌한 구조 개념으로 구조의 단순미와 순수 형태를 추구하는 것이 특징이다. 또한 미니멀리즘과 맥을 같이하는 'Less is more.'라는 격언을 남긴 건축가이기도 하다. 그의 대표적인 작품으로는 바르셀로나 파빌리온(Barcelona Pavilion), 판스워스 하우스(Farnsworth House) 등이 있다.

바르셀로나 파빌리온(Barcelona Pavilion)은 주택은 아니지만 미스 반 데르 로에가 추구한 단순하고 명쾌한 구조 개념으로 구조의 단순미와 순수 형태를 잘 드러내는 작품으로 단순한 형태와 화려한 재료로 귀결된다. 바르셀로나 파빌리온은 전시관으로 건축되어 철거 후 1983년 재건되었는데, 전시물 없이 공

그림 3-9
판스워스 하우스 외관
자료: © David Wilson (https://www.flickr.com)

간 자체가 전시물이 되는 전시관으로 방문객들에게 가장 고요한 공간이기를 희망한 건축가의 의도가 잘 반영된 건축물이다.

판스워스 하우스(Farnsworth House)는 모더니즘 및 국제주의 건축양식의 대표적인 사례로 미스 반 데르 로에가 건축가로서 최전성기였던 시기에 설계하였다. 이 주택은 얇은 바닥과 지붕 슬래브로 구성되고, 수직 스틸 기둥이 집 전체를 지면으로부터 떠받치고 있어 마치 자연 속에 둔 작품과도 같다. 하지만 생활을 해야 하는 건축주는 사생활 침해 등의 문제로 불만족하였는데, 이는 판스워스 하우스가 자유로운 설계와 미니멀한 디자인으로 생활을 위한 공간으로는 부족했기 때문이다.

루이스 바라간(Luis Barragán)은 멕시코 출신 건축가로 지역성을 건축에 반영하는 지역주의 경향의 건축가이다. 그는 지역성의 개념을 미니멀적 조형관으로 해석하였다. 그의 대표적인 작품은 루이스 바라간 집과 스튜디오(Luis Barragán House and Studio)이다.

루이스 바라간의 집과 스튜디오(Luis Barragán House and Studio)는 회반죽 랜더링 콘크리트로 건축되었는데 멕시코 전통적 요소와 현대적·예술적 요소를 접목하였다. 외관은 미완성에 가까울 정도로 소박한 모습을 하고 있다. 공간구성을 살펴보면, 1층에는 주인 침실과 손님방, '오후의 방(afternoon room)'이라고 불리는 공간이 배치되어 있으며, 2층에는 서비스 공간과 옥상 테라스로

그림 3-10
루이스 바라간 집과 스튜디오 외관
자료: © Thomas Ledl (https://commons.wikimedia.org)

구성되어 있다. 2층은 난간이 없는 좁은 계단을 통해 올라갈 수 있는 구조로 되어 있으며, 내부 공간은 매우 조화롭지 못한 색으로 장식되어 있다.

지금까지 살펴본 것처럼 서양의 주택은 우리나라의 주택들과는 달리 주택의 유형 및 형태에 있어서 다양성을 가지고 있다. 이와는 다르게 우리나라 주거의 다양성 부족은 양적 성장에 치우친 주택시장 때문일지도 모른다. 하지만 양적 문제 해결 후에도 아파트 위주의 주거문화가 만연하고 아파트를 중심으로 한 구조적·기술적 수준향상에만 집중되는 것은 단순히 주택시장만의 문제는 아니다. 이는 주택 수요자들의 주거에 대한 인식의 문제와 함께 다양한 주택에 대한 경험 부족 문제 때문인 것으로 보인다. 그러나 최근에는 아파트도 과거에 비해 다양성이 추구되어지는 경향이 있으며, 주택 수요자들 또한 주택을 자기표현의 수단으로 인식하면서 아파트를 벗어나 다양한 형태의 주택들에 눈을 돌리는 등 다양성을 추구하는 경향이 나타나고 있다. 이에 본 장에서 살펴본 다양한 유형과 형태의 주택과 이 주택들을 만들어 내는 다양한 원리들과 양식들을 통해 우리나라의 주택도 유형 및 형태가 다양해지는 한편, 주택 수요자들의 인식이나 주택을 바라보는 인식도 다양화되기를 기대해 본다.

HOUSING TRENDS

CHAPTER 4

변화하는 아파트

1. 아파트의 등장

2. 1970년대 대규모아파트 단지의 등장

3. 1980년대 아파트 열풍

4. 1990년대 새로운 도시개발의 양상들

5. 2000년대 변화하는 아파트

아파트는 우리에게 가장 친숙한 주거 유형이며, 삶의 공간이다. 60년이라는 짧은 기간 안에 우리의 주거문화는 얼마나 커다란 변화를 겪었으며 아파트 건설이 왜 그토록 급격하게 이루어질 수 있었는지 그리고 아파트라는 물리적인 환경이 우리에게 가져다 준 생활양식의 변화가 무엇인지 알아보고자 한다. 이 장에서는 우리의 보편적 주거인 아파트의 짧은 역사를 뒤돌아보고 변화하는 아파트 양상을 살펴보고자 한다.

1. 아파트의 등장

1960년대 제3공화국 정부는 체계적인 경제계획을 수립하여 근대화가 시작되었고, 더불어 체계적인 주택공급을 계획하였다. 급작스러운 도시의 인구집중 때문에 발생한 도시 주거문제를 해결하기 위하여 단독주택 건설을 지양하고 건물을 고층화시켜 토지이용률을 높이고 대지면적을 절약한다는 계획이었다.

1) 경제발전과 주거문화

한국전쟁 이후 이러한 주택난을 해결하고 토지를 효율적으로 사용하기 위하여 공동주택이 본격적으로 도입되었다. 당시 한미재단에서는 시범주택으로 서울 행촌동에 연립주택 8개동 52호, 공동주택 4개동 48호의 건설을 제안했다. 이때 제안된 공동주택은 지하 1층, 지상 3층의 건물로서 외벽과 내벽은 모두 콘크리트 블록조로 계획된 것이었다.

1957년 성북구 종암동에 한국 최초의 아파트인 종암아파트가 건립되면서 도시공동주택의 새로운 주거문화를 선보이게 되었다. 당시 중앙산업이 시공하여 2,200여 평의 대지 위에 3개 동을 지었고 총 152가구가 입주하였다. 해외에서 기술자를 초빙하고 최고급 자재를 이용한 신공법으로 건설되어 많은 사람들에게 선망의 대상이 되었다. 종암아파트는 4층 건물 3개동 17평형으로 복도형에 2LK 형식이었다. 현관문을 열고 들어서면 신발 벗는 공간과 화장실이 있고, 방 2개, 거실, 주방, 창고와 발코니가 있었다. 인조석의 싱크대가 설치된 부엌과 수세식화장실은 입주자들의 큰 호응을 얻었고 우리나라에 서구식 공동주거의 시대를 연 최초의 아파트라는 점에서 의의가 있다. 준공 당시 이승만 대통령이 직접 테이프를 끊어 여러모로 화제가 되었던 아파트이다.

경제성장을 거듭하면서 서울을 비롯한 대도시에서는 새로운 일자리가 늘어났다. 농사짓는 것을 그만두고 일자리를 찾아 서울로 이주하는 사람들도 같이 증가했다. 이에 따라 서울의 주택난은 심각한 상태에 빠지게 되었고 이러한 주택문제를 해결하기 위해서 1960년대 중반 이후 정부는 도시에는 아파트를 대량 공급하고, 농촌에는 주택을 개량한다는 주택공급정책을 추진하였다. 서울시

그림 4-1
종암아파트 전경
자료: © 중앙산업(주)
(https://ko.m.wikipedia.org)

는 도심 인근의 노후 불량지역에 사는 도시 서민들을 위해 시민아파트를 짓고 대한주택공사는 중산층을 대상으로 고급아파트를 공급하는 것을 계획하였다. 그 당시 시민아파트는 10~12평 규모로 6층 이상으로 건립되었다. 그러나 아파트에서만 볼 수 있었던 스팀, 엘리베이터, 욕실, 주방, 전화, 수세식화장실 등은 첨단의 문명의 이기로서 신선한 충격을 주었으며 우리나라에 아파트라는 주거문화가 본격적으로 시작되는 신호탄이 되었다.

2) 단지식 아파트 도입

대한주택공사에 의해 건설된 마포아파트는 한국 최초의 단지식 아파트이다. 1962년에는 Y자형 A, B, C, D형으로 6동, 1964년에는 판상형의 주거동 4동, 모두 10개 동이 있었으며 총 642가구가 입주하였다. 서민층을 위한 소규모의 아파트로 현대적인 생활양식을 도입하고 토지의 이용률을 최대한 높이기 위해 6층으로 건설되었다. 마포아파트의 기본개념은 근대 서구의 공동주택 계획에서 목표를 삼았던 녹지 위 고층주거(Tower in the park) 개념을 그대로 도입한 것으로 우리나라 주거의 단지식 개발을 견인한 선도적인 사례이다. 준공식에 참석한 박정희 대통령의 축사에는 생활혁명, 경제적 효율성, 부지를 절감하기 위한 고층아파트 건설 등에 관한 내용이 들어 있다. 심지어 마포아파트가 혁명한국의 상징이 되기를 바란다는 내용까지 들어가 있었다. 마포아파트는 본격적인 아파트의 시대를 여는 출발점을 제공했다. 그 이후 우리의 주거문화는 급속한 변화를 경험했다.

정부의 주택공급정책에 의해 공동주택이 공급되기 시작한 1960~1970년 초까지의 아파트의 특징은 재료, 생산기술, 제도 등 건축을 하는 데 기본이 되는 전 분야가 근대화되는 시기로 기술적인 측면에서도 RC라멘구조로 고층주거 형식이 가능해졌고 효율적인 시공을 위하여 건축자재를 규격화하려는 시도가 있었다. 이처럼 서구식 입식생활이 전통적인 좌식생활을 대체하기 시작하면서 많은 어려움도 있었다. 아직은 전통적인 식생활로 인한 장독대 및 수납, 가사작업공간이 필요하거나 온돌에 대한 요구도 지속되어 아파트 평면계획상 전통과 외래 주거 요소들이 혼재되어 있는 모습이 일반화 되었다.

그림 4-2
마포아파트 전경
자료: 나무위키

2. 1970년대 대규모아파트 단지의 등장

1960~1970년대에는 전통적인 생활양식과 아파트 평면 사이의 혼란과 갈등의 기간을 거쳐 우리의 삶을 담을 수 있는, 우리만의 특성이 있는 아파트를 만들어 내는데 주력하게 되었다. 역사상 유래 없는 경제 발전에 힘입어 새롭게 구매력을 갖게 된 주거수요자들은 주택구매를 희망하고 정부는 아파트를 공급할 계획을 세운다.

1) 중산층 주거로 자리매김한 아파트

1960년대 초 아파트 공급이 시작되던 초기에는 민간에 의한 영세한 아파트들도 많이 지어졌다. 따라서 아파트가 서민주거라는 선입견과 부실공사에 불신 때문에 그다지 큰 호응을 받지 못했다. 중산층을 겨냥한 대한주택공사의 한강아파트가 성공을 거두고, 이후 한강 이남에 최초로 공급한 반포아파트가 아파트가 중산층 주거라는 인식을 확실히 심어줌으로써 아파트에 대한 인식이 바뀌었다. 또한 도시화 현상과 핵가족화 같은 사회변화로 인해 아파트 생활은 도시생활과 현대인, 현대문명의 상징으로 부상하였다. 아파트에 대한 선호는 재산증식의 가장 확실한 수단으로서 아파트가 투기의 대상이 되는데 한몫하여 1970년대 부동산 투기라는 부작용을 몰고 오기도 했다.

2) 대규모 단지의 출현

서울 한강아파트(1966~1967년)와 서울 반포아파트(1972~1973년)의 건설을 통해 근대적 주거단지 개념을 적용한 계획 사례들을 차례로 선보였다. 한강아파트는 견본주택을 처음 도입한 중산층 아파트로서 1966년부터 3년간 건설한 공무원아파트 1,312세대, 1970년 건립된 한강외인아파트 500세대, 서민용 소형주택(12~13평) 784세대, 1971년 준공된 중대형 한강민영아파트 700세대와 더불어 한강변을 따라 총 3,220가구의 대규모 단지로서 국내 최초 근린주구론을 도입한 단지이다. 우리나라 최초의 입식구조를 채택해 마포아파트의 미진한 부분을 보완했다. 특히 침실과 부엌을 완벽하게 분리했고 중산층 아파트라는 점을 감안해 고급 자재를 사용했다. 단지 내에 학교, 상가, 공원 등의 생활편의시설 및 공공시설이 함께 계획되어 하나의 생활권을 이루고 있다. 또한 평수의 다양화(20~80평형), 기름보일러식 중앙난방, 대대적인 광고를 통한 마케팅 전략으로 성공할 수 있었다. 이때부터 아파트는 살기 편한 주택이라는 인식이 퍼져나가게 되었으며, 아파트 생활을 동경할 만한 주거문화를 만들어내는 계기가 되었다.

반포1단지는 최초로 '강남'의 서막을 열었다. 72~138㎡(22~42평) 3,786가구로 구성된 반포아파트는 처음으로 한강 남쪽에 건설된 대단지 아파트였다. 1970년대에는 아파트에 대한 수요가 늘어났고 중동에서 벌어들이는 돈이 넘쳐났다. 부유층을 겨냥해서 다양한 평형을 제공했고 주택 내부에는 주택공사가 처음으로 복층 설계를 도입했다. 1, 2층 연결주택이라고 불렸던 이 설계는 1호당 2개 층을 사용했다. 아파트는 6층 높이지만 1, 3, 5층에만 현관이 있었고 내부에 계단을 놓아 2, 4, 6층으로 이동할 수 있었다. 105㎡(32평C형) 주택형에는 아래층에 부부침실과 식당을 겸한 13평의 넓은 거실을 뒀고 손님을 위한 화장실도 별도로 마련했다. 부엌 옆에는 가정부방, 위층에는 서재와 가족실, 아동 전용 욕실이 있는 중상류층을 위한 집이었다. 단지 내에서 벗어나지 않고 생활할 수 있도록 다양한 시설을 갖춘 것도 빼놓을 수 없다. 단지 앞에는 상가점포 238개가 죽 늘어섰고 유치원, 동사무소, 전화국, 은행, 학교도 모두 단지에서 걸어서 10분 거리에 위치했다. 또 단지 내로 노선버스가 통과하기도 했다. 이런 점에서 마포, 한강아파트와 확실하게 차별성을 뒀다.

3) 잠실 초대형 아파트 단지

1970년대 중반 1차 석유파동으로 물가가 천정부지로 뛰고 불황이 엄습하자 정부는 건설경기 활성화를 통해 난관을 극복하고자 했다. 이런 취지에서 도로와 철도 등 토목 공사와 더불어 서울에 아파트를 공급하는 일을 서둘러 추진했다. 매립지를 매입해 건설된 잠실아파트 단지는 1975년부터 1978년까지 5단지로 총 364동, 1만9,180가구의 거대한 주택단지로 반포단지의 5배 규모이다. 주택공사는 처음부터 아파트 뿐 아니라 행정기관과 병원, 학교, 체육관과 오락시설, 새마을회관 등 모든 것을 갖춘 뉴타운을 염두에 두고 잠실지구를 조성했다. 잠실 단지는 아파트를 공급받을 서울 시민의 소득 수준에 따라 면적을 결정할 수 있도록 10개가 넘는 주택형으로 설계됐다. 한강아파트와 반포아파트와 달리 일반 서울 시민을 대상으로 공급된 것이라 12~16평형으로 공급되었고 내부가 소박한 편이었다. 잠실1~4단지는 중정을 형성하는 배치방식으로 채택하여, 단지 중앙은 놀이터나 작은 공원을 조성해 주민들의 커뮤니티를 형성하는 공용공간을 제공하고 동시에 토지이용을 고밀로 효율적으로 하고자 한 시도였다. 그러나 우리나라 거주자의 남향 선호의식은 이러한 단지배치에서 어쩔 수 없이 나타날 수밖에 없는 동서향의 주동을 잘 받아들이지 못했다. 그리하여 이후 건립된 5단지의 배치는 남향의 일자 판상형으로 다시 획일적으로 계획되었다. 단지의 출입구를 최소한으로 줄여 관리상의 편의를 도모하고 단지를 통과하는 교통을 억제하도록 했다. 각 단지를 한 개의 근린주구단위로 책정해 초등학교 1개씩을 유치하고 단지 중앙에 근린공원과 상가의 기능을 가진 커뮤니티센터를 배치했다. 평면 구성도 거실과 침실을 모두 강조해 1980년대 이후 거실 중심의 아파트 내부 디자인으로 이어지는 가교(架橋)역할을 했다.

4) 민영 회사의 참여

1970년 후반에는 대기업 건설회사도 아파트 단지 건설에 적극적으로 참여하였다. 서울시와 대한주택공사가 택지를 조성한 강남 땅의 대부분을 민영회사가 구입하여 중상류층을 대상으로 32~80평 규모, 중앙난방, 최고 15층 아파트를 건립하였다. 대규모 단지는 철근 콘크리트의 대량생산과 주택건설 기술의 발달에 힘입어 가능했다. 이 시기에는 주택을 건설할 때 대량생산과 공기단축, 비용절감, 합리적 시공을 매우 중요시하였다. 따라서 동일한 주동을 일자형으로 배치하고 같은 단위세대를 반복하여 똑같이 계획하였다. 그러나 이는 획일화라는 한국 주거문화의 부정적인 측면을 가져오게 되었다.

3. 1980년대 아파트 열풍

1980년대는 주택시장이 전반적으로 안정기였다. 1962~1987년에 걸친 25년간 8.3%의 경제성장률을 보였을 뿐만 아니라 국민 생활면에서도 커다란 변화가 있었다. 대체로 중류계층의식이 높아지고, 소비지출면에서는 교육비의 부담이 커졌으며, 점차 문화·오락비의 비중이 높아지는 경향이 나타났다.

1) 대형화, 고층화

1980년대에는 지난 1970년대의 개발억제 정책으로부터 벗어나 올림픽 개최도시로서 개발촉진적 시책이 추진되었고, 지하철 3, 4호선의 개통, 자가용 승용차 보유율의 증대 등으로 인해 서울의 공간구조는 대변혁의 시대를 맞이하였다. 산업노동자를 위시한 저소득 가구의 사회적 동요를 완화하기 위하여 저소득층을 위한 주택공급이 중요한 문제로 등장하였으며 1980~1986년까지 500만호, 1988~1992년까지 200만호 주택건설계획을 수립하고 강력하게 추진하였다. 과천 신도시 건설을 시작으로 상계동, 목동 지구 개발과 함께 25층 이상의 고층아파트가 주로 건립되었다.

1983년, 우리나라 공동주택 설계 역사에 의미 있는 이벤트가 열렸다. 서울시가 1986년 열리는 아시안게임 기간 중 선수와 코치, 심판 등 참가자들이 묵을 아파트 단지 조성을 위한 국제현상설계공모를 실시하였다. 개인이 짓는 단독 건축물이 아닌 일반 아파트를 대상으로 현상설계를 하기로 한 것은 매우 이례적인 시도였다. 아시아선수촌아파트는 9, 12, 15, 18층, 전용면적 99~178m^2의 다양한 주택형으로 구성된 총 1,356가구로 대단지에 속한다. 'ㄷ'자 형태의 2~3개 주거동 가운데 부분은 마당의 개념으로, 주차장 뿐 아니라 입주민들이 다양한 활동을 하는 공간으로 사용된다. 특히 필로티 구조는 일반 아파트의 단점인 주민간 단절을 극복하는 장치다. 1층 빈 공간을 통해 주민들이 주거동 사이를 자유롭게 다닐 수 있도록 해 공동생활의 활성화를 유도한 것이다. 또한 벽돌을 사용하여 외벽디자인에 변화를 주었고, 엘리베이터 홀의 돌출, 계단실의 램프처리, 스카이라인의 변화 등 기존 아파트와는 다른 모습을 보여주었다. LDK구성은 부엌과 식사실은 거실과 완전히 분리시키고 거실 쪽에 부엌을 배치하여 식사실에서 외부를 조망할 수 있게 하였다.

올림픽선수촌아파트는 건물을 방사형으로 배치하여 거미줄과 같은 모양을 하고 있다. 이는 남향이 좋다는 기존 관념을 깨고 조망권을 중시했다. 6층부터 24층까지 일정한 스카이라인을 보여 주기 위해 중심부에는 저층이 자리 잡고 외곽으로 나갈수록 층이 높아지는 특징이다. 중앙에는 상가 시설과 광장을 배치해 공동생활의 편의성을 높였고, 주민들이 주거동을 자유롭게 다닐 수 있도록 순환도로가 단지 외곽을 감싸고 있다. 다른 단지와 비교해 용적률이 낮은데다 한강물을 이용한 단지 내 하천을 비롯해 산책로와 자전거길 등 쾌적한 환경을 조성하였다.

1984년 대한주택공사에서는 그동안의 획일적이고 개발 중심의 아파트에서 벗어나기 위하여 구릉지가 많은 부산지역에 경사진 지형과 수영만의 조망을 그대로 살린 환경친화형인 테라스형 아파트로 망미주공아파트를 계획하였다. 테라스 아파트는 계단을 중심으로 양쪽으로 연결된 2세대 사이에 안방, 거실과 연결된 중정이 선큰처럼 위치하고 있으며, 각 세대에 딸린 테라스는 데크와 잔디공간 및 화단으로 구성하였다.

2) 신도시 건설

1980~1984년에 이루어진 과천 신도시 개발은 수도권의 인구분산과 무주택 국민 및 공무원에 대한 주택공급의 일환으로 1~11단지 13,522호의 신시가지가 조성되었다. 이것은 단지의 개념이 도입된 아파트 단지로 영국의 뉴타운 개발 방식을 모델로 하여 전원 속의 쾌적한 단지를 조성하고자 하였다. 7.5~45평 규모를 다양하게 건설하였고 스카이라인을 고려하여 정남향과 동남향으로 배치하였다. 이전 시기의 획일적인 주거동의 형태와 배치에서 탈피하고 새로운 평면 형식을 도입하여 매우 참신하였다. 공동주택의 계획에 있어서 하나의 발전적 가능성을 보여주는 사례이다.

이어서 1983~1986년에 서울시가 목동 신시가지 아파트를 현상설계하여 건설이 이루어졌다. 여기에 도입된 배치는 통과형 주거동이 최초로 계획되었고, 꺾

임형, 병렬형, 중정형의 배치가 다양하게 적용되었다. 차량동선과 보행동선의 분리를 위하여 주차공간과 보행공간의 고차조성, 보행광장을 두었으며 1층 전용마당을 갖는 주택과 복층주택 등의 새로운 개념이 사용되었다.

상계 신시가지 아파트는 다양한 형태와 평면이 적용되었다. 상계 주공 4단지 초고층 아파트(1988)는 18~25평의 25층으로 클러스터형 배치이다. 접지성과 개방성 확보를 위해 1층은 필로티 구조로 되어 있어 주거동을 통과할 수 있어 거주민들이 자유롭게 다닐 수 있다. 16~18층 사이에 공중 공용공간이 3개 층, 2세대 폭으로 설치되어 있는데 설계 의도와는 달리 현재는 폐쇄되어 사용하지 않고 있다. 초기에는 아이들의 놀이터 등으로 사용되기도 하였으나 이웃한 세대에게 소음과 진동 등이 문제가 되어 폐쇄하였으며, 주민들 사이에서 공용면적만 증가시켰다는 불만이 높다. 그러나 이 사례는 최초의 초고층 아파트에 공중 공용공간을 설치하였다는 점에서 평가할 만하다.

상계 신시가지 19단지(1987)에 우리나라 전통적인 가족구조인 노부모 동거가족의 생활공간인 3세대 가족형주택을 처음으로 도입하였다. 당시 3개안을 평면으로 제시하였다. 노인세대와 자녀세대의 전용공간을 완전히 분리하였을 뿐 아니라 방과 화장실도 별도로 설치하여 공간에서 두 세대 간의 갈등을 줄이고자 하였다. 그렇지만 실내에 두 전용공간을 연결하는 출입구를 마련해 필요할 때 교류를 할 수 있게 하였다. 다른 안은 하나의 출입문을 사용하되 노인세대와 자녀세대의 침실을 모두 남향으로 배치하고 노인세대 침실에는 독립욕실을 설치한 평면이다. 세대 간의 침실 사이에는 거실을 두어 각 세대의 프라이버시를 보호하고 있다. 나머지가 수직동거형 3세대 평면이었다.

4. 1990년대 새로운 도시개발의 양상들

1990년대는 1970년대의 거대성장 이후의 사회적·경제적 위기를 겪는 급변의 시기였다. 1990년대 중반에는 한때 1인당 국민소득이 1만 달러가 넘어 경제협력기구(OECD)에 가입하기도 했다. 그러나 각종 특혜를 통한 소수기업 우대정책과 이에 따른 정경유착, 재벌들의 무분별한 확장 등은 결국 한국형 성장모델의 한계로 연결되고 말았으며 1997년 말, 국제통화기금의 관리체제로 들어가면서 경제·사회 전반의 패러다임을 송두리째 바꾸었다.

1) 대형 신도시 개발

1980년대 후반부터 아파트 거주의 편리함과 경제성을 확신한 주거소비자는 아파트시장으로 대거 몰렸다. 이에 부응하여 정부는 '주택 건설 200만 호 사업', '신도시 개발사업' 등을 강력하게 추진하였다. 이와 더불어 공동주택과 관련한 건축법을 완화하여 공동주택의 대량공급을 꾀함으로써 우리나라에 공동주택이 확산되는 계기가 되었다. 무역수지 흑자, 그에 따른 통화팽창 등으로 부동산 붐이 다시 일고, 지가와 주택가격이 급등하기 시작했다. 주택가격 상승은 사회적 불안으로 이어졌고 정부는 주택가격 안정을 위한 주택공급 확대정책을 취하게 된다. 이의 일환으로 분당, 일산 등 수도권 내 5개 신도시(분당, 일산, 중동, 평촌, 산본) 개발이 시작되거나 가속화되었다.

정부가 사업을 급하게 추진한 결과 신도시 발표 이후 7개월 만에 시범단지가 분양됐고 2년만인 1991년엔 첫 입주가 시작됐다. 신도시로 탈바꿈하기 전에는 70%가 농경지, 23%가 임야였던 분당에는 중산층을 위한 고급 주상복합부터 서민을 위한 각종 임대아파트까지 다양한 종류의 아파트가 들어섰다. 또 오피스텔과 백화점 등 상업시설들도 건설됐다. 중산층을 겨냥했기 때문에 중대형 평면이 많고 조망권 확보를 위한 30층 건물로 고층 아파트시대를 주도했다. 넓은 녹지공간, 각종 편의시설이 갖추어진 주상복합들로 고급아파트 시대를 열었다는 평가를 받는다.

일산은 신도시로 지정될 가능성이 별로 없었던 곳이다. 북한과 가깝고 군사시설이 많았기 때문이다. 더욱이 일산은 대부분이 절대농지였다. 조성 당시 분당에 이어 두 번째로 큰 신도시였다. 택지를 개발할 때 가급적 자연 경관을 그대로 살린 것이 특징으로, 호수공원과 정발산공원 등은 일산을 쾌적한 신도시로 만든 대표적인 녹지공간이다. 아파트 특성은 분당과 크게 다르지 않다. 비슷한 시기에 민간 건설사들에 의해 건립됐기 때문이다. 분당과 일산신도시 조성으로 1990년 중반 집값은 안정됐다. 수도권 주택 보급률도 1997년에는 80%를 넘어섰다.

2) 재개발, 재건축

토지의 합리적이고 효율적인 고도이용과 도시 기능의 회복을 위해 도시 재개발 형태는 다양하게 이루어진다. 도심의 재개발 사업은 노후화된 도시 중심부를 체계적으로 재개발하는 사업으로 1970년대 업무지구의 현대화를 위해 주상복합으로 개발하는 유형이다. 주택 재개발사업은 정비기반시설이 열악하고 노후·불량건축물이 밀집한 지역에서 주거환경을 개선하기 위해 시행하는 사업이다. 무허가주택과 저소득층 주거지역을 개발하거나 재개발구역의 주민들이 직접 조합을 형성하여 참여하고 민영회사가 개입되어 이익의 극대화를 위해 고층·초고층 아파트를 건설하게 된다.

1970년 이전에 지어진 소형아파트 위주로 재건축이 이루어졌다. 1957년 종암아파트는 1996년 선경아파트로, 1964년 마포아파트는 1994년 마포 삼성아파트로 재건축되었다.

3) 거주자 중심의 주거환경

1990년대는 아파트 유형이 '양에서 질로의 변화', '다품종 소량생산'으로 다양화되기 시작했다. 1980년대 말, 토지 가격의 급등은 초고층 아파트의 등장을 촉진하여 1990년대 말, 분양가 인상 및 자율화, 인동거리규제와 용적률 규제가 완화되어 20~25층의 초고층 아파트가 일반화되었다. 우리나라 아파트 평면은 2베이(Two Bay, 전면에 두 공간을 배치하는 것)가 주를 이루었다. 1990년대 초, 신도시 1기에서도 일반적인 아파트 구조는 2베이를 기본 바탕으로 건설되었고, 40평대 이상의 대형 아파트에서 3베이, 70평대 정도의 초대형 아파트에서 4베이 이상을 볼 수 있다. 분당 시범단지에서는 단지 배치 계획의 다양화, 중층·고층·초고층의 혼합과 지붕 모양의 변화와 함께 스카이라인의 변화, 색채의 다양성 및 외관의 다양화 등이 적용되었다. 평면계획에서는 가동칸막이 벽체를 설치하여 실사용을 선택적으로 할 수 있는 개념이 도입되고, 계단형주거동에서 전·후면 발코니 공간면적을 극대화하고 특히 후면 발코니는 다용도실 역할을 대신하였다.

1990년대 들어와 주택시장이 안정이 되고, 레저 등의 옥외활동에 대한 수요자의 관심과 지방자치단체의 환경부분에 대한 투자가 늘어나면서 주택단지 옥외공간에 대한 특성화 노력은 계속되었다. 단지 옥외공간 설계의 특성화 배경요인은 수요자 위주의 공급환경의 변화, 주택의 거주성에 대한 수요자의 가치변화 및 악화된 주거환경에 대한 사회적 인식의 변화에서 찾아볼 수 있다. 지하주차장 설치가 강화되면서 지상부의 옥외공간에 휴게공간, 운동공간, 조경시설 등이 다양하게 도입되고 조경시설물의 재료도 철에서 나무 및 플라스틱, 고무 등의 첨단재료로 대체되는 변화가 나타났다.

5. 2000년대 변화하는 아파트

1990년대 말의 분양가 자율화는 아파트 평면, 설비, 외부공간 등에 개성화, 첨단화, 디지털화, 친환경 설계, 커뮤니티시설과 자연환경적 조경 요소 도입 등 다양한 변화를 불러 왔다.

1) 거주자 맞춤형 가변형 평면설계

같은 평형, 같은 구조의 아파트에 살아도 가족 수, 자녀연령대, 취향, 생활패턴 등 살아가는 모습은 각양각색이다. 따라서 내 가족의 생활과 취향에 맞게 마음대로 공간을 늘리고 줄여서 한정된 주거공간을 최대한 효율적으로 사용하고자 하는 요구가 증가하고 있다. 최근 분양하는 아파트에는 입주자가 원하는 대로 공간을 변경할 수 있는 가변형 평면설계를 도입하는 추세이다.

D건설사는 새로운 아파트 콘셉트인 'C2(Creative Living, Customizing Space) HOUSE'의 가변형 벽식구조에 대한 특허를 등록했다. 내력벽을 최소화하고 안방과 거실, 주방을 구분하는 곳에 T자 형태로 배치하여 개인의 성향과 개성에 맞춰 다양한 평면 구성이 가능하도록 하였다. 개인의 라이프스타일 혹은 가족구성에 따라 원룸 형태의 확 트인 공간으로 연출하거나 다양한 목적의 공간으로 쪼개는 등 자유로운 공간 연출이 가능하다. 이처럼 입주자들이 원하는 평면을 선택할 수 있게 함으로써 공간 활용도를 높인 획기적인 설계를 도입하였다.

그림 4-3
C2 HOUSE 가변형 평면

구조벽과 주방 및 화장실 같은 물을 쓰는 공간을 제외한 나머지 공간을 원룸처럼 오픈할 수 있다. 필요에 따라 공간을 분할하고 통합하여 방 배치를 자유롭게 변경할 수 있다. 이사를 가지 않고도 가변형 벽체를 이용하여 1인 가구의 재택근무를 위한 집, 가족이 함께 사는 집, 수납이 많은 집, 넓은 다이닝 공간이 있는 집, 중고생 아이들을 위한 서재와 학습공간이 중심인 집 등 다양한 생활방식을 담을 수 있는 구조로 변경할 수 있다.

2) 진화하는 평면설계

진화를 거듭하는 평면 경쟁의 으뜸은 '베이(Bay, 아파트 전면부 거실 쪽에 기둥과 기둥으로 나뉜 공간의 수)'로 평면설계는 어떻게 하느냐에 따라 같은 면적에서도 공간 활용도에서 큰 차이를 보인다. 1980년대 2베이에서 2000년대 들어서 3베이, 4베이 설계가 확대되면서 최근에는 5베이까지 선보이며 판상형 '다(多)베이'가 보편화 되고 있다. 전용 59㎡에서도 4베이가 등장하고 전용 84㎡C, 95㎡ 타입은 타워형 3면 발코니로 설계해 서비스면적이 최대 47㎡까지 확보되기도 했다. 전면부 공간 수가 많으면 집 전체가 밝아지는 장점이 있다. 베이 수가 많을수록 거실전면의 길이가 늘어나기 때문에 발코니 길이 또한 증가한다.

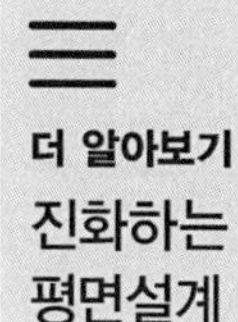

더 알아보기

진화하는 평면설계

[사례 1] 상대적으로 선호도가 낮은 1층 세대에 새로운 평면의 복층형 아파트인 '아뜰리에하우스'가 적용되어 있다. 기존 알파룸과 테라스, 복층형 지하에 별도 공간을 설치해 녹음실, 스튜디오, 영화감상실 등의 취미공간으로 활용이 가능하고, 내부 연결계단을 통해 이동할 수 있다. 별도의 전용 현관도 조성되고, 일반적인 복층형 평면의 내부 연결계단과 달리 이 현관은 지하 주차장과 바로 연결된 계단을 이용할 수 있다. 또한 일부 가구는 서비스 면적에 포함되는 선큰(Sunken)형 옥외 마당도 마련된다.

그림 4-4
아뜰리에하우스

[사례 2] 1층 아파트를 복층 단독주택처럼 사용할 수 있는 '트리플 캐슬하우스'를 적용하여, 수익형 부동산에 대한 시장의 수요와 고객의 다양한 생활 유형을 모두 충족할 수 있는 구조이다. 단지 내 경사가 있는 아파트의 경우, 단차(높낮이 차이)를 활용해 용적률에 포함되지 않는 지하 데크 층을 생활을 위한 전용공간으로 설계하여 지상 1층에 지하 2개 층을 더하여 총 3개 층의 복층형 세대로 구성되었다. 첫 번째 유형은 패밀리형으로 온 가족이 함께 사용하는 경우이다. 지상 1층에 가족이 공동으로 사용하는 거실과 부부 침실이 있고 지하 2개 층에 자녀 방, 가족실, 취미실 등 가족 형태나 취향에 맞게 다양한 공간을 구성하는 형태이다. 두 번째 유형은 최근 증가하는 액티브 시니어를 위한 것으로, 지상 1층과 지하 2개 층을 분리해 독립한 자녀와 함께 사는 타입이다. 이 유형은 1층에 좌식 생활이 가능한 욕실 및 주방, 안전 손잡이 설치, 바닥 단차 최소화 등 액티브 시니어 부부가 여유롭고 안전하게 생활할 수 있도록 다양한 특화설계 요소가 적용됐다. 또한 지하층에는 부모에게서 독립한 자녀 세대가 프라이버시를 유지하며 지낼 수 있어 서로 독립된 생활을 유지하면서도 함께 살 수 있는 장점이 있다. 세 번째 유형은 지상 1층과 지하층을 분리해 지하 2개 층을 부분 임대하는 임대수익형이다. 임대수익형은 임대수익으로 안정적인 노후자금이나 월급 외의 부가수입 창출도 가능해 수익형 부동산에 거주자를 위한 것이다. 이처럼 아파트의 평면은 다양한 주거요구를 반영하여 끊임없이 변화하고 있다.

그림 4-5
트리플 캐슬하우스 개념도

서비스 면적이 증가하므로 증가하는 공간만큼 공간활용도가 높아 수요층의 높은 호응을 이끌어 낼 수 있다.

발코니도 베이와 함께 공간활용도를 극대화할 수 있는 평면이다. 거실과 주방 등 전면과 후면에 설치된 2면 발코니에서 최근에는 침실 옆의 측면에도 적용되는 3면 발코니까지 등장했다. 3면 발코니는 설계 구조상 일부 세대에만 적용될 수 있는 특화설계로 발코니 확장이 보편화된 최근 주택시장에서 수요자들에게 선호 받고 있는 신평면이다. 3면 발코니 설계는 아파트 앞뒷면 2면 발코니를 기본으로 하고 측면에 발코니를 하나 더 둔 구조로 돼 있다. 3면 발코니 설계가 인기를 끄는 가장 큰 이유는 동급 대비 서비스 면적이 넓다는 데 있다. 통상 발코니 면적은 전용면적에 포함되지 않는다. 따라서 발코니가 1면 늘어나면 그만큼 서비스 면적이 커진다. 커지는 서비스 면적만큼 실사용 면적이 늘어나 드레스룸이나 서재, 수납공간 등 여러 용도로 활용할 수 있다. 발코니확장을 통한 실사용면적 증가는 2면 발코니와 비교하면 그 면적 증가폭이 확연한 차이를 보이고 있다. 또한 발코니가 추가되면 일조권, 조망권은 물론 통풍과 환기까지 개선된다는 장점도 있다. 이처럼 베이와 3면 발코니는 거주자들의 공간활용도를 극대화하고 있다.

생활수준이 높아지고 경제적 여유가 있는 1인 가구가 증가하면서 주거공간도 끊임없이 변신을 거듭하는 추세이다. 1인 가구는 보통 직장 근처의 소형 아파트나 오피스텔을 많이 찾지만 최근에는 소형 아파트와 유사한 세대분리형 아파트도 선호도가 높다. 현관문, 주방, 화장실 등을 각각 분리해 놓은 세대분리형 아파트는 자녀세대 또는 부모세대와 함께 거주하기에도 불편하지 않도록 설계된데다 부분 임대를 놓고 임대수익을 거둘 수 있다는 장점까지 갖췄다. 또한 선호도가 낮은 1층 세대에 대한 다양한 특화상품도 개발되고 있다.

3) 우리 집 맞춤 공간 – 알파룸

최근 제공되고 있는 아파트는 입주자 취향에 맞게 다양하게 사용할 수 있는 알파룸을 제공하고 있다. 알파룸은 필요에 따라 드레스룸, 서재, 창고, 맘스오피스 등으로 다양하게 활용할 수 있다. 2000년대 이후 분양된 아파트에서는 알파룸을 오픈해 주방공간과 연계한 가족공간을 특화하는 경향이 있다. 주방 및 식당 좌측으로 키 큰 수납장과 책장이 형성되어 가족들을 위한 서재 및 휴식공간으로 활용가능하다. 주방과 이어진 형태의 공간은 주방에서 일하는 주부와 다른 가족과 대화하기도 적합하다. 이외에도 알파룸을 서재로 쓸 수 있도록 한 '아빠의 아지트', 대형 팬트리와 드레스룸으로 쓸 수 있는 '수납의 여왕' 옵션을 추가로 제공하였다.

최근에 알파룸에 대한 수요자들의 호응도가 높아지면서 '더블 알파룸'까지 제공하고 있다. 84㎡A타입(이하 전용면적)의 경우 안방 드레스룸에 알파 공간을 하나 더 만들어 서재 및 파우더룸 등 두 가지 용도로 나눠서 사용할 수 있도록 했다.

4) 가족이 함께 할 수 있는 공간

가족 중심, 자녀와의 정서적인 교류를 중요시하는 라이프스타일이 중요하게 대두되면서 온 가족이 모여 담소를 나누고 화목을 도모할 수 있는 공간에 대한 요구가 증가하고 있다. 거실과 침실 사이에 가변형 벽체를 적용하여 7.7미터에 달하는 광폭 거실을 제공함으로써 가족 공용 공간을 강화한 특화 평면을 공급하기도 하였다. 이는 가족이 모여 함께 시간을 보내거나 명절에 친척들이 많이 모이는 날에 거실을 넓게 쓸 수 있는 평면에 대한 요구가 반영된 것으로 보인다.

최근 분양하는 아파트는 온 가족이 함께 요리를 하거나 주부가 가사일을 하면서도 가족과 대화를 나누거나 자녀돌보기가 가능한 넓은 공간을 선호하는 요구를 반영하여 부엌설계를 차별화하고 있다. 전용 84㎡에 ㄷ자형 작업대와 광폭 입식형 보조주방을 따로 마련했으며, 대형 평형의 경우 거실을 보며 요리를 할 수 있는 대면형 부엌 평면을 적용하였다.

5) 자급자족 도시농부

안전한 먹거리에 대한 중요성이 커지면서 직접 농산물을 재배하여 소비하는 자급자족라이프를 추구하는 도심거주자들이 늘고 있다. 서울시는 서울의 도시텃

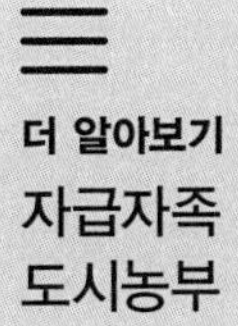

더 알아보기

자급자족 도시농부

[사례 1] 서울시 자곡동 입주단지에 외부 텃밭인 '가든팜(Garden Farm)'과 발광다이오드(LED) 실내 텃밭 상품을 최초 적용하였다. 발광다이오드 광원과 관수시스템을 활용해 사계절 채소를 재배할 수 있다. 실내 텃밭은 4단 선반 2세트로 구성돼 화분이 총 672개다. 가구당 화분 12개를 분양받으면 총 56가구가 텃밭에서 채소를 기를 수 있다. 또한 파고라와 테이블을 설치하여 휴게 및 외부 식사도 가능하도록 설계했으며 입주 초기 가든팜 운영을 지원하기 위한 교육프로그램도 운영하고 있다. 텃밭을 중심으로 사람들이 모이게 해 텃밭 관리와 채소 재배에 좀 더 적극적으로 나서도록 유도하는 곳도 있다.

[사례 2] 단지 안에 '터칭팜(Touching Farm, 직접 재배하는 농장)'을 조성하고 있다. 특히 경로당 앞에 터칭팜을 조성하여 터칭팜은 어르신들에게 소일거리를 제공하고 어린이들은 자연을 체험할 수 있는 공간으로 조성되었다.

[사례 3] 상자 밑에 바퀴를 부착한 이동식 대형 상자 텃밭을 개발하여 제공하고 있다. 상자 텃밭은 허리를 구부리지 않고 채소를 가꿀 수 있고 재배하는 식물에 맞춰 흙의 종류를 달리 할 수 있어서 효율적이다.

밭 면적이 2011년 29ha에서 2018년 177ha로 약 6배로 증가하였다. 주말농장이나 자투리 텃밭을 이용하기 어려운 경우에도 베란다나 옥상에서 상자 또는 화분을 이용하여 직접 채소를 재배하는 시티파머(city farmer)가 증가하고 있다.

입주민이 야영을 하거나 소풍을 즐길 수 있는 잔디밭 캠핑장과 채소를 기를 수 있는 공동텃밭을 제공하여 고령자와 어린이들이 함께 텃밭을 조성할 수 있는 쾌적한 환경을 조성하였다. 주변에는 수도꼭지를 설치하고 테이블과 의자도 가져다 놓아 채소를 딴 후 그 자리에서 씻어 함께 나눠 먹을 수 있도록 하여 가족과 이웃이 어우러지는 여유공간이자 아이들의 교육공간으로도 활용할 수 있도록 하였다.

6) '힐링', '에코'의 커뮤니티시설

평면과 함께 특화 설계에서 빠지지 않는 것이 커뮤니티시설이다. 커뮤니티시설은 멀리 가지 않아도 단지 내에서 다양한 편의시설을 이용할 수 있다는 점이 특징으로 입주민의 주거편의성을 고려해 조성된다. 20여 년 전, 공급됐던 초고층 주상복합의 대명사 강남 도곡동 타워팰리스는 공동주택에서 볼 수 없던 실내수영장과 사우나, 피트니스 등의 커뮤니티를 선보이며 아파트의 고급화 바람을 불러일으켰다.

최근 신축 아파트들에는 라이프스타일에 맞춰 커뮤니티시설이 다양하게 제공되고 있다. 2000년에 들어서 힐링과 웰빙, 에코 등이 대세가 되면서 건강이 주거 트렌드의 한 축으로 자리 잡게 되자 커뮤니티시설은 물론 조경의 차별화나 문화프로그램을 운영하는 곳들도 나오고 있다. 웰빙과 힐링을 위한 스파, 텃밭, 산책길, 생태하천, 공원, 키즈물놀이터, 건강을 위한 피트니스, 실내 골프연습장, 스크린골프, GX룸, 수영장, 사우나, 병원, 교육을 위한 어린이집, 별동학습과 도서관, 독서실, 키즈카페, 레저를 위한 캠핑장, 바비큐가든, 클라이밍장, 물놀이터, 게스트하우스, 통학하는 아이들 케어를 위한 맘스카페 같은 공간도 단지 내에 마련되고 있다. 더불어 게스트하우스 같은 고급 커뮤니티시설을 갖춘 곳들이 늘고 있다.

실버 세대를 위한 단지 내 의료서비스나 녹지비중이 커져 공원 같은 아파트도 일부 건설사들은 스토리텔링 기법을 이용해 테마공원, 산책로, 수변공간, 티공간, 조형물 등 다양하고 차별화된 조경시설을 선보이며 입주자들의 만족도를 높이고 있다.

7) 똑똑해지는 아파트

하드웨어적인 특화 설계 외에도 수요자들이 보다 편리한 집을 추구하면서 삶의 질을 끌어올리는 신기술이 도입되고 있다. 가장 대표적인 것이 사물인터넷(Internet of Things·IoT) 기술 접목이다. IT기술이 발달함에 따라 아파트에도 스마트기기를 활용한 최첨단 시스템이 아파트에 적용되고 있다. 최근 분양하는 공동주택에는 안전, 방범, 에너지 관리 관련 스마트홈 기술이 적용되고 있는데 가스밸브, 난방, 조명 등을 제어할 수 있고, 공지사항이나 부재중 방문자 정보 확인, 관리비 조회가 가능하다. 또한 연월 간 에너지 사용량을 확인할 수 있고 외출 설정이 가능하다.

H건설사가 동탄 2지구에 분양한 아파트에는 사물인터넷(IoT) 기술과 주거시

스템을 결합한 새로운 주거기능을 선보이고 있다. 기상시간이나 취침시간에 맞춰 조명을 끄거나 켤 수 있고 세대 현관문 개폐 여부 및 저층부의 창문 침입 여부 등도 원격으로 확인할 수 있다. 집에 도착하기 전에 난방을 켜거나, 집과의 거리가 멀어지면 자동적으로 꺼지도록 할 수 있다. IoT기술과 호환되는 공기청정기나 에어컨, 제습기, 로봇청소기 등과 스마트폰이 연동되어 사용이 가능하다.

D건설사가 경기도 광주시 오포읍에 분양한 아파트 또한 월패드(Wall Pad)를 이용해 방문자를 확인하고 문을 열어주고 각 방의 온도와 조명을 조절할 수 있고 엘리베이터를 부를 수도 있다. 외출 시 방범기능 설정을 하면 내부침입 상황이 경비실에 자동으로 통보된다. 그 외에도 공동 현관문, 엘리베이터 자동 호출, 세대 현관문까지 원터치로 열 수 있는 원패스 스마트키 시스템, 조명 및 난방제어, 에너지 사용량 조회가 쉬운 IoT시스템, 실내 오염물질을 자동 제거하는 클린 시스템 등이 적용되고 있다.

중국발 미세먼지 등으로 인해 대기의 질이 갈수록 악화돼 가며 미세먼지에 대한 국민들의 고민이 날로 증가하고 있어 각 건설사들은 입주자가 깨끗한 공기를 누릴 수 있도록 첨단 시스템을 도입하고 있다. 초미세먼지를 99.95%까지 거르는 H13등급 헤파(HEPA) 필터를 적용한 공기청정형 환기시스템, 레인지 후드가 온도를 자동 감지해 자동 공기청정형 환기시스템을 작동되도록 하는 등 통합 공기질 센서로 세대 내부 환기와 공기청정이 자동 이뤄지는 시스템, 음식을 조리할 때 발생하는 미세먼지를 감지하고 자동으로 풍량을 조절해 미세먼지를 없애는 레인지 후드와 남아 있는 음식 냄새를 제거할 수 있는 환기 시스템, 홈 네트워크 시스템과 사물인터넷(IoT)으로 실내 이산화탄소 농도가 높아지면 환기 시스템을 자동으로 작동시키는 시스템, 24시간 작동하며 오염물질에 따라 실내 순환모드와 외기 공급모드가 자동 전환되는 실내 환기시스템 등 환기·공기청정 시스템의 효과를 높이고자 다양한 기술을 적용하고 있다.

CHAPTER 5

특수계층을 위한 주거

1. 인간의 기본 권리, 주거권
2. 청년의 주거
3. 노인의 주거
4. 유니버설 디자인과 베리어프리 디자인

주거는 인간생활에 없어서는 안 될 중요한 요소이며, 개별 가구의 필요에 적합한 주거에 거주하는 것은 주거만족도를 넘어서 삶의 만족도에도 큰 영향을 미친다. 또한, 사람들은 저마다 다른 생애주기 단계와 라이프스타일을 가지고 있고, 이에 따라 주거에 대한 기대와 필요가 각기 다르게 나타난다. 본 장에서는 주거복지 관점에서 취약계층 청년가구와 노인가구의 주거문제와 주거유형을 살펴보고, 다양한 사람을 포용하는 디자인으로서 유니버설 디자인(Universal Design)과 베리어프리(Barrier-free, BF) 디자인을 살펴본다.

1. 인간의 기본 권리, 주거권

1) 주거권(Housing Rights)

세계인권선언에서는 "모든 인류 구성원의 천부의 존엄성과 동등하고 양도할 수 없는 권리를 인정하는 것이 세계의 자유, 정의 평화의 기초이며", "모든 사람은 의·식·주, 의료 및 필요한 사회복지를 포함하여 자신과 가족의 건강과 안녕에 적합한 생활수준을 누릴 권리(제25조 일부)"를 가진다고 명시하고 있다.

이렇듯 모든 사람은 '인간다운 생활을 영위하기 위하여 필요한 최소한의 기준을 충족시키는 주택에 거주할 수 있는 권리' 즉, '인간의 존엄성과 가치를 훼손시키지 않는 주거와 주거환경에 거주할 권리'를 가지는데, 이러한 권리를 '주거권(housing rights)'이라고 한다.

2) 주거복지

주거복지는 넓은 의미로 정의하면 '국민 전체를 대상으로 주거수준을 향상시켜 복지를 증진하는 것'으로 정의할 수 있다. 이러한 광의의 주거복지는 주거복지가 가장 궁극적으로 실현되어야 할 이상적인 상태라고 볼 수 있다.

하지만, 주거복지 제도를 실행하는 예산이나 인력 등의 현실적인 한계를 감안할 때, 모든 국민을 대상으로 하는 것보다 우선순위가 높은 자들을 대상으로 접근하는 방식이 더 효과적이다. 이때 주거복지 제도 시행에서 우선순위가 높은 대상은 보편적인 주택시장에서 스스로의 힘으로 주택문제를 해결할 능력이 없는 자들, 즉 취약계층이다. 따라서, 보편적인 주택시장에서 스스로의 힘으로 주택문제를 해결할 능력이 없는 자들(취약계층)을 대상으로 정부가 적극적으로 개입하여 이들의 주거 여건을 개선하고 주거권을 보장하는 것을 주거복지의 좁은 의미, 즉 협의의 주거복지로 정의한다. 우리나라는 현재 협의의 주거복지를 지향하고 있다고 볼 수 있다.

3) 특수계층

앞서 살펴본 바와 같이 현실적 우선순위를 고려한 협의의 주거복지에서 대상자는 '보편적인 주택시장에서 자력으로 주택문제를 해결할 능력이 없는 자들' 즉, '취약계층'이다. 우리나라 주거복지 정책에서 그 대상자인 취약계층은 보편적으로 소득분위, 중위소득 등과 같은 소득수준을 기준으로 '저소득층', '최저소득층', '차상위계층' 등과 같은 방식으로 정의한다.

하지만, 같은 저소득가구라 하더라도 가구의 특성에 따라 주거소요(housing needs)가 다를 수밖에 없다. 예를 들어서, 독거노인가구의 주거소요와 청년가구의 주거소요가 같지 않고, 아이가 있는 가구의 주거소요도 같지 않다. 따라서, 단순히 소득수준에 따른 접근이 아니라, 가구의 특수한 주거소요에 기반을 두고 접근할 필요성이 강조되고 있다.

이렇게 특수한 주거소요를 가진 계층을 흔히 특수계층 또는 특수소요계층(special-need population)이라고 부르며, 주거에서 엄밀히 따지면 '특수주거소요계층'이라고도 볼 수 있다. 이러한 특수계층은 대학생을 포함한 청년가구, 노인가구, 장애인가구, 한부모가구 등 매우 다양하며, 최근 들어서 이전에는 제도권 밖에 있었던 노숙자, 쪽방거주자, 비닐하우스 거주자 등 새로운 특수계층의 주거복지 문제가 대두되었다.

4) 특수계층의 보편적인 주거문제

특수계층은 서로 다른 주거상황과 주거요구를 갖지만, 경제적으로 취약할 가능성이 높기 때문에 공통적으로 나타나는 주거복지 차원의 문제가 있다. 먼저, 경제적으로 취약할 경우 스스로의 경제수준으로 지불할 수 있는 주거비가 매우 제한적이기 때문에, 일반적인 주택시장의 민간 전월세 임대주택에 거주할 경우 소득수준에 비하여 너무 많은 주거비를 지불하는 '주거비 과부담(housing cost burden)' 상태에 처하기 쉽다.

본인의 주거비 지불능력(주거비 지불가능성, housing affordability)에 맞추어 저렴한 주거를 선택하게 될 경우 열악한 주거상태나 주거환경에 거주하게 될 가

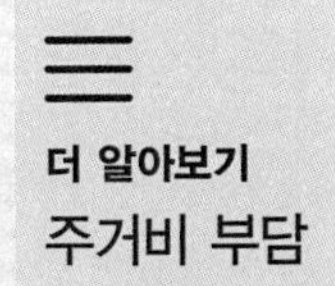

더 알아보기
주거비 부담

- 주거비 지불가능성, 주거비 지불능력(housing affordability): 한 가구가 그 가구의 필수적인 지출과 생활의 질을 희생하지 않고 주거비를 지불할 수 있는 능력 또는 지불가능 여부
- 주거비 과부담(housing cost burden): 주거학 연구에서 보편적으로 가구 소득 중 30% 이상을 주거비(주택차입금, 주거관리비 등)로 지불하는 상황을 일컬음

능성 또한 높다. 일반적으로 저소득가구가 직면하는 주거문제는 노후화되어서 구조적으로 열악하거나 단열, 누수, 곰팡이 등의 문제가 있는 주택, 방범이 불리한 주택과 주거지역, 불법으로 증개축된 주택, 지하, 반지하, 옥탑방, 등하교나 출퇴근, 필요한 시설로의 근접성이나 교통 등 접근성이 열악한 입지, 재개발, 재건축 등으로 주거안정성(housing stability)을 위협받는 주택 등이 있다.

덧붙여, 노인, 장애인 등 거주자의 특수한 신체적 능력에 적합한 주거옵션이 많지 않다는 점도 노인이나 장애인 등과 같이 신체적 능력의 한계가 있는 가구원이 있는 가구에게는 주거선택과 주거권 보장에 있어서 큰 제약이다. 본 장에서는 여러 가지 특수계층의 주거문제 중에서 청년가구와 노인가구의 주거문제와 이들을 위한 주거유형에 대하여 살펴본다.

2. 청년의 주거

1) 청년의 특성

청년(靑年)이라고 하면, 젊음, 패기, 도전심, 모험심, 새로운 시작 등의 이미지가 먼저 떠올라야 한다. 하지만, 최근 여러 해 동안 이어져온 경제적 불황으로 청년의 취업문제가 어려워지면서 청년이 그 누구보다도 취약한 계층으로 여겨지고 있다.

청년은 젊다는 것을 포함한 많은 장점과 가능성을 가지고 있지만, 상대적인 관점에서 여러 가지 취약한 면이 있다. 우선, 여러 면에서 경험이 적다. 물론, 상대적으로 말이다. 또한 오랜 학생생활 끝에 사회에 진출한지 얼마 되지 않았거나, 아직 학생이거나, 사회 진출을 준비하고 있는 상황인 경우 스스로 저축을 할 수 있는 기회가 극히 적었을 것이고, 기회가 있었다 하더라도 스스로의 독립생활을 넉넉하게 시작하고 유지할 만큼의 경제적 수준을 갖추기는 어려웠을 것이다. 뿐만 아니라, 개인 차이가 있겠지만, 청년은 생애주기 상 앞으로 학업, 취직과 이직, 결혼, 출산 등 많은 인생의 굵직한 변화를 겪게 될 것이다.

2) 청년가구의 주거문제

청년가구는 전월세 임차가구의 비율이 매우 높고, 그 중에서 특히 보증금이 있는 월세(보증부 월세)가구의 비율이 중·장년층 가구에 비하여 매우 높다.

우리나라의 주택임대차 시스템에서 전세나 보증부 월세는 계약 시에 목돈의 보증금이 있어야 한다. 하지만, 앞서 이야기한 바와 같이 청년의 대부분은 저축의 기회가 많지 않았기 때문에, 이러한 목돈의 보증금이 있어야 임대차 계약을 할 수 있는 우리나라의 주택시장 시스템은 청년이 부모로부터 경제적으로 독립하여 스스로 가구를 꾸리는 데 있어서 가장 큰 걸림돌이기도 하다.

월세는 매달 임차료를 지불해야 하기 때문에 그만큼 청년가구가 다음 주거이동이나 주거 재계약 시 인상될 주거비를 마련하기 위하여 저축할 수 있는 가능성이나 저축 규모가 그만큼 작아진다. 또한, 시세에 따라 임차료를 지급할 경우 본인의 매달 소득수준에 비하여 주거비가 과다한 주거비 과부담 문제에 시달린다.

하지만, 전세는 보증부 월세보다 더 큰 규모의 보증금을 필요로 하기 때문에, 보통은 보증부 월세로 독립생활을 시작하는 경우가 많다. 월세 보증금을 지불할 여력이 없어서 보증금이 없는 월세(무보증 월세)나 보증금이 저렴한 월세를 구할 수도 있는데, 민간 전월세 시장에서 그런 경우는 대부분 주거환경의 질적 수준이 더 열악한 경우가 대부분이거나, 무보증 월세로 선택할 수 있는 주거가 많지 않다.

이 때문에, 청년의 주거를 "지·옥·고" 또는 "지·옥·비"라고 부르는 신조어가 나타났는데, "지·옥·고"는 지하·반지하, 옥탑방, 고시원·고시텔을, "지·옥·비"는 지하·반지하, 옥탑방, 비주택 거처를 각각 줄여 부른 말로, 청년의 열악한 주거 상황을 지옥과 같은 상황으로 빗대어 이른 말이다.

이렇게 청년가구가 본인의 경제수준에 적합한 주거를 찾다보면 주거와 주거환경의 질적 수준이 불량한 상황에 처하기 쉽고, 범죄에 취약하고 교통이 불편한 주거환경이나, 고시원, 쪽방 등 열악한 주거환경에 거주하는 등 스스로의 주거권을 주장하기 어려운 경우가 많이 발생한다.

청년가구의 주거비에 대한 부담과 열악한 주거상황은 본인의 경제적 독립과 결혼, 출산 등의 보편적 생애과업 달성을 지연시키고, '3포세대', '5포세대', 나아가서는 포기해야 할 것을 셀 수 없다는 뜻의 'N포세대'와 같은 용어로 청년의 암울한 상황을 표현한다.

우리나라 청년가구 주거문제의 독특한 특징 중 한 가지는 우리나라 정서 상 청년가구의 주거비 부담은 가족, 특히 부모에게 전가되기 쉽다는 점이다. 이 때문에, 부모는 성인이 된 자녀를 경제적으로 지원해야 하는 기간이 길어지고, 정작 본인의 노후주거 대비는 제대로 하지 못하는 문제가 발생한다. 결국, 청년가구의 주거문제가 청년 본인의 만혼과 저출산 문제뿐만 아니라 부모세대의 노후주거 문제로까지 비화될 수 있는 것이다.

청년가구에게는 주거비 과부담과 같은 경제적 문제와 열악한 주거 수준 문제 이외에 또 다른 주거문제가 있다. 이는 청년이 중장년층 가구에 비하여 독립거주나 임대차 등의 주택 거래 경험이 적고, 자취기간이 현저하게 짧은 특성 때문에 각종 정보에 취약하다는 점이다. 이로 인해서 주택거래나 거주 과정에서 더 많은 문제점이 노출될 수 있고, 문제가 발생했을 때 적절하게 대응하지 못 하는 경우가 많이 발생한다. 이러한 청년가구의 약점을 노려 청년을 주대상으로 하는 중개사기나 전세사기와 같은 범죄가 발생하여 사회적으로 문제가 되고 있다.

3) 청년가구를 위한 주거

민간의 전월세 임대주택 시장에서 청년가구는 주거비 과부담, 열악한 주거환경, 정보 부족으로 인한 불이익 등과 같은 문제에 쉽게 직면한다. 청년을 대상으로 하는 공적 임대주택(공공임대주택, 공공지원 민간임대주택)은 시중보다 저렴한 가격의 임대료로 청년가구의 주거비 부담을 낮추고 이를 통하여 저축의 기회를 제공함으로써 청년의 빠른 경제적 독립을 도울 수 있다. 현재 공급되고 있는 공적임대주택 중 대표적인 것은 행복주택과 역세권 청년주택, 대학생 전세임대주택, 청년 전세임대주택, 서울시의 희망하우징과 도전숙 등이 있다.

(1) 행복주택

행복주택은 철도부지나 유수지 등을 활용하여 교통이 편리한 곳에 주변지역 시세보다 저렴한 임차료로 공급하는 공공임대주택이다. 행복주택은 공급물량의 80%는 신혼부부, 사회초년생, 대학생 등 젊은 계층에게 공급하고, 나머지 물량은 노인계층(10%)과 주거급여 수급자, 산업단지 근로자 등의 취약계층에게 공급하는 것으로 계획되었다. 2015년 11월 서울시 송파구 삼전동 행복주택 입주를 시작으로 전국적으로 공급되고 있다.

(2) 대학생·청년 전세임대주택

전세임대주택은 한국토지주택공사(LH), SH서울주택도시공사(이하 'SH공사'라고 함), 지방자치단체 등이 수혜대상자를 선발하면 해당 수혜대상자가 직접 자기가 원하는 지역에서 전세나 보증부 월세 주택을 물색하고, LH나 SH공사, 지자체가 해당 주택을 집주인으로부터 직접 임차한 뒤 이를 다시 수혜대상자에게 재임대하는 방식으로 공급하는 형태이다. LH나 SH공사, 지자체가 지원한도 내에서 보증금을 납부해 주고, 거주자는 지원받은 보증금의 5% 수준을 계약 때 보증금으로 납부하고 거주기간 동안에는 매달 지원받은 보증금에 대한 연 1~2%의 이자만 납부하기 때문에, 시중보다 저렴한 임차료로 거주할 수 있다.

(3) 서울시의 희망하우징과 도전숙

희망하우징은 서울시와 SH공사가 기존 주택을 매입하거나 임차하여 취약계층 대학생에게 공급하고 있는 공공임대주택의 한 유형으로, 시중보다 저렴한 보증금과 월세, 주거관리비로 거주할 수 있고 주거관리 서비스가 제공되는 주택이다. 도전숙은 서울시와 SH공사가 운영하고 성북비즈니스센터가 관리하는 1인 창조기업인을 위한 원룸형 공공임대주택이다.

3. 노인의 주거

1) 인구의 고령화

UN은 특정 국가 또는 사회를 전체 인구 중 만 65세 이상 노인 인구의 비율(고령화율)에 따라 '고령화 사회'(aging society, 고령화율 7% 이상), '고령 사회'(aged society, 고령화율 14% 이상), 그리고 '초고령 사회' 또는 '후기고령 사회'(post-aged society, 고령화율 20% 이상)' 등 세 수준으로 구분하고 있다.

고령화율이 7%를 넘어서면서 우리나라가 고령화 사회에 진입한 것은 2000년이었으며, 2017년 8월 말, 고령화율이 14%를 초과하여 '고령 사회'에 진입했다. 통계청은 인구변화의 추이를 볼 때 우리나라가 2026년에는 초고령 사회에 진입하고, 2050년에는 세계최고령국이 될 것으로 예측하고 있다.

우리나라 고령화의 문제점 중 하나는 홀몸어르신 가구, 즉 노인 1인 가구의 비율이 높다는 점이다. 2019년 고령자 통계에 따르면 가구주 연령에 65세 이상인 노인가구 3가구 중 1가구는 1인 가구로, 돌봐줄 사람 없이 혼자 사는 어르신들이 많았다. 그리고 남녀의 기대수명 차이로 홀몸어르신 중 여성 비율이 높다.

2) 노인가구의 주거문제

노인가구는 은퇴와 재취업 기회의 부족으로 소득 수준이 매우 낮고, 청년가구와는 달리 경제적 상황이 앞으로 크게 개선되기 힘든 경우가 대부분이다. 이러한 상황은 여성 홀몸어르신 가구가 특히 더 열악하다.

노인가구는 청년가구에 비하여 자기가 소유한 집에 거주하는 자가가구의 비율은 높지만, 저소득 노인가구가 거주하는 일반주택의 질적 수준은 전반적으로 매우 열악한 상황이다. 특히, 농촌지역 저소득 노인가구의 경우 오래전 지은 흙벽 집의 노후화로 인한 벽체나 지붕의 균열이나 기울어짐, 빗물 누수 등과 같은 보강이 시급한 구조 문제와 이로 인한 안전사고 및 곰팡이 문제와 같은 건강의 심각한 문제에 직면한 경우가 많다. 또한 벽체나 문과 창의 단열이 거의

(a) 심하게 파손된 벽체

(b) 지붕 누수로 인한 곰팡이

(C) 심하게 파손된 주택 진입계단

그림 5-1
농촌지역 노인가구의 주거문제
사진제공: 청주시 상당재가 노인지원센터

되지 않거나, 주건물과 동떨어진 재래식 화장실 등의 문제도 건강과 안전에 있어서 큰 위협이 된다.

뿐만 아니라, 노화에 따른 노인의 신체적 기능 저하에 적합한 설비를 갖추지 못한 경우가 많다. 거동이 불편한 노인에게 계단이나 높은 문턱 등은 노인이 다니는 데 위험하며, 미끄러운 바닥은 균형감각이 떨어진 노인에게 매우 위험하고, 낙상을 당하면 회복이 매우 더디거나 생명까지 위험해질 수 있다. 따라서 낙상 등의 사고를 미리 예방할 수 있도록 안전손잡이를 설치하거나 바닥재를 미끄럽지 않은 재질로 교체하는 등 세심한 주의가 필요하다.

노인이 되면 새로운 환경이나 기술에 적응하는 데 어려움을 겪거나 이로 인한 정신적 스트레스와 위축감을 경험하기 쉽기 때문에, 불편하더라도 현재 주택에 계속 거주하고자 하는 '지속거주(aging in place)' 욕구가 강하게 나타난다. 하지만, 취약계층 노인가구는 대부분 경제적인 부담으로 주택을 개조하지 못하고 불편을 감수하고 거주하는 경우가 많다.

노화가 진행되면서, 신체적 기능이 저하되는 것뿐만 아니라 은퇴, 질병, 배우자의 죽음, 경제적 사정 악화, 가족과 사회로부터의 고립감 등으로 인한 우울증

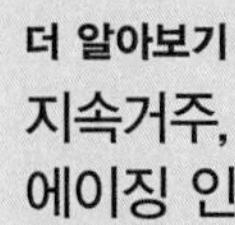

더 알아보기
지속거주, 에이징 인 플레이스 (aging in place)

나이, 소득, 능력에 상관없이 자신의 가정과 지역사회에서 안전하게, 독립적으로 그리고 편안하게 살도록 하는 개념으로, 지속거주가 가능할 수 있도록 재가복지서비스와 유니버설 디자인(Universal Design), 베리어프리 디자인(Barrier-free Design) 등의 개념을 적용한 주택개조 서비스가 필요하다.

과 같은 정신적·심리적 문제가 발생할 수 있다. 이로 인하여 독거노인의 고독사나 자살이 사회적 문제로 대두되고 있다.

3) 노인가구를 위한 주거

현재 우리나라에는 경제적으로 여유가 있는 중산층 이상의 노인을 대상으로 한 고급 실버주택이나 실버타운은 많이 개발되고 있다. 하지만, 저소득층 노인가구를 위한 공공의 주거옵션은 많지 않은 상황이다. 노인의 경우 새로운 환경에 적응하는 것에 어려움을 겪거나 거부감이 있기 때문에, 전혀 새로운 위치에 노인주택을 단지형으로 공급하는 것보다 현재 주택을 거주에 적합하도록 개선하거나 현재 거주지역 내에서 거주할 수 있도록 하는 주거유형이 적합하다.

(1) 보린주택

보린(保隣)주택은 서울시와 SH서울주택도시공사, 금천구가 협약하여 취약계층 어르신들의 열악한 주거환경을 개선하고 건강한 노후생활을 지원하기 위하여 공급하는 어르신 맞춤형 공공원룸주택이다. 보린(保隣)은 "이웃이 이웃을 돌본다"는 뜻으로, 홀몸어르신들이 공동생활을 통하여 서로를 돌보는 노노케어(老老care)를 도입하였다.

보린주택은 금천구에 거주하는 만 65세 이상 기초생활보장사업 수급 어르신들을 대상으로 단순히 시세의 30% 수준의 저렴한 임대료로 살 곳을 제공하는 것에 그치지 않고, 안부확인과 공동체활성화 프로그램 등을 통하여 외로움과 고독사를 예방하고 건강한 생활을 지향한다.

2015년 보린주택(1호점) 16세대와 보린두레(2호점) 10세대가 입주하였으며, 2016년에는 보린햇살(3호점)과 보린함께(4호점)에 각각 14세대와 16세대가 입주하여 2020년 5월 기준 총 56세대가 입주하였으며, 2020년에는 보린희망(5호점)과 보린행복주택(6호점)에 각각 20세대와 15세대, 총 35세대가 입주할 예정이다. 보린주택은 2018년에 제14회 주거복지인 한마당대회에서 대통령 표창, 제

1회 대한민국 주거복지문화대상 공모전에서 기관부문 최우수상을 각각 수상하였다.

(2) 공공실버주택(주거복지동주택)

공공실버주택은 처음에 '주거복지동주택'이라는 명칭으로 도입된 공공임대주택 유형으로, 기존 영구임대주택단지 내 여유부지에 임대주택과 주거복지시설을 결합하여 공급함으로써 서민 주거안정과 고령자·장애인 등 집중케어를 동시에 충족시키는 주거복지서비스가 강화된 장기공공임대주택을 뜻한다. 최근 주거복지동주택에 '공공실버주택'이라는 명칭을 붙여서 '주거복지동주택'과 '공공실버주택' 명칭이 병행하여 사용되고 있다. 2018년 기준 전국적으로 9개 단지(1,452호)의 사업이 승인되어 현재 건설 중이다. 이 중 충북 청주시 수곡동에 위치한 주거복지동주택은 청년을 대상으로 하는 행복주택이 혼합된 전국 최초 사례로, 2020년 입주를 시작하였다.

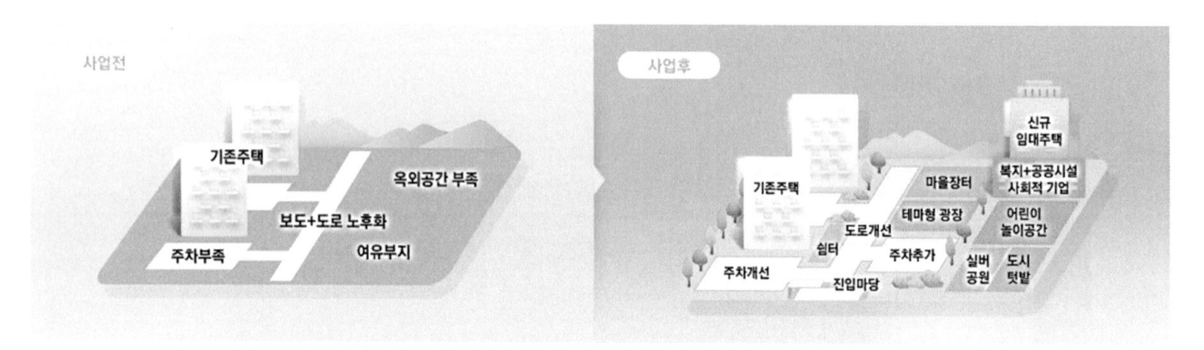

그림 5-2
영구임대주택단지 주거복지동주택 사업 전과 후 개념도
자료: 마이홈포털 (https://www.myhome.go.kr)

(3) 카네이션 마을

시설입소를 꺼리는 노인의 특성을 반영하여 인구의 20% 이상이 노인인 경기도 성남시 산성동 전체를 2017년 실버타운화로 하여 노인이 기존 주거에 거주하도록 하면서 마을에 노인일자리와 문화여가시설을 제공한 사례이다. 사업 유지비용은 지방자치단체가 보조하고 판매수익은 전액 수당이나 복지에 투자하

그림 5-3
경기도 성남시 산성동 카네이션 마을 안내도
자료: 경기도 뉴스포털 (https://gnews.gg.go.kr)

는 방식으로 운영되고 있다. 경기도는 공모를 통하여 수원시에 제2의 카네이션 마을을 조성하는 것으로 결정하였다.

4. 유니버설 디자인과 베리어프리 디자인

유니버설 디자인(Universal Design)은 '모두를 위한 디자인(design for all)'으로, 장애의 유무나 연령, 신체적 조건 등에 상관없이 모든 사람들이 제품, 환경, 정보시스템 등을 보다 편하고 안전하게 이용할 수 있도록 한 것이다. 베리어프리 디자인(Barrier-free Design, 이하 'BF 디자인'이라 함)은 유니버설 디자인이 등장하기 이전에 나타난 개념으로, 주로 휠체어 사용자의 접근성(accessibility)을 중심으로 장애인이 건축물을 출입하고 이동하는 데 방해가 되는 장해물이 없도록 규정한 것이다.

유니버설 디자인이 도입되기 이전에 기존 환경은 평균을 중심으로 계획되었으나, 유니버설 디자인은 다양한 사람들의 이용을 가능하게 할 뿐만 아니라 이

유니버설디자인 도입 이전

기존의 환경은 평균이라는
개념을 적용하여 계획되었다.
따라서 평균에서 벗어난 많은
사람들이 오히려 불편함을
감수하여 왔다.

유니버설디자인 도입 이후

유니버설디자인은
이용자의 행태에 기반한
맞춤형 디자인의 확대라고
할 수 있다.
따라서 이용 가능은 기본이고
이용에 따르는 불편함을
최소화하고 만족감을 높여
사회참여를 촉진하는 구조를
만드는 것이다.

그림 5-4
유니버설 디자인 도입의 전·후 비교
자료: 서울시 디자인정책과(2017). 서울시 유니버설 디자인 통합 가이드라인, p.9

용에 따른 불편함을 최소화함으로써 사회참여를 촉진하는 구조를 만드는 개념이다(서울시 디자인정책과, 2017).

1) 베리어프리 디자인(Barrier-free Design)

BF 디자인 또는 무장애 디자인은 1960년대에 처음 나타났는데, 장애를 가진 사람들의 교육, 취업, 사회활동 등 한 사회의 구성원으로 동등하게 누려야 하는 권리라는 사회적 개념을 건조(建造)환경 디자인과 접목시키는 중요한 시작점이 되었다는 점에서 의의가 크다. BF 디자인은 이동장애인, 그 중에서 특히 휠체어 사용자의 접근성에 초점을 두었고, 휠체어 사용자가 건물에 진입하고 건물 내에서 이동할 수 있도록 문턱 등의 단차를 없애고, 계단과 완만한 경사로를 병행하여 설치하는 등의 디자인 요소가 도입되었다. 하지만, BF 디자인은 많은 장애 유형 중 이동장애, 그 중에서도 휠체어 사용자에 집중하였다는 점에서 제한적이었으며, 사람보다는 장애라는 현상에 치중하여 이동장애를 가진 사람과 그렇지 않은 사람을 분리시키고 이동장애를 가진 사람을 낙인(stigma) 찍는 역효과가 나타나기도 했다. 또한, 기능적인 부분 외에 심미적인 부분은 충족시키지 못하여 시장성이 떨어졌다는 점 또한 BF 디자인의 한계였다.

2) 유니버설 디자인(Universal Design)

유니버설 디자인은 1980년대에 미국 Ronald Mace가 주창한 개념으로, 인간의 변화하는 상황에 제한 받지 않고 장애 정도나 연령에 관계없이 가능한 한 누구나 원하는 생활양식대로 편하고 안전하게 살아갈 수 있도록 사용성을 최대화 한 사용자 중심의 디자인 철학이다. 유니버설 디자인은 성별, 연령, 국적, 신체크기, 왼손잡이, 질병 등에 의한 차이뿐만 아니라 개인의 다양성에 의한 각기 다른 체력, 이동 및 인지능력, 일시적 불편사항 등의 다름에 의한 다양한 이용자를 고려한다는 점에서 기존의 BF 디자인의 한계를 보완하였다. 누구나 태어나서 성장하고 노화하는 과정을 겪으며, 선천적으로 장애를 갖게 되는 비율보다 후천적으로 장애를 갖게 되는 비율이 더 높은 점 등을 고려할 때, 유니버설 디자인은 인간의 전 생애주기를 위한 디자인이라고 볼 수 있고, BF 디자인보다 더 포괄적인 디자인이다.

그림 5-5
유니버설 디자인과 무장애(BF) 디자인
자료: 경기도(2011). 경기도 유니버설 디자인 가이드라인, p.15

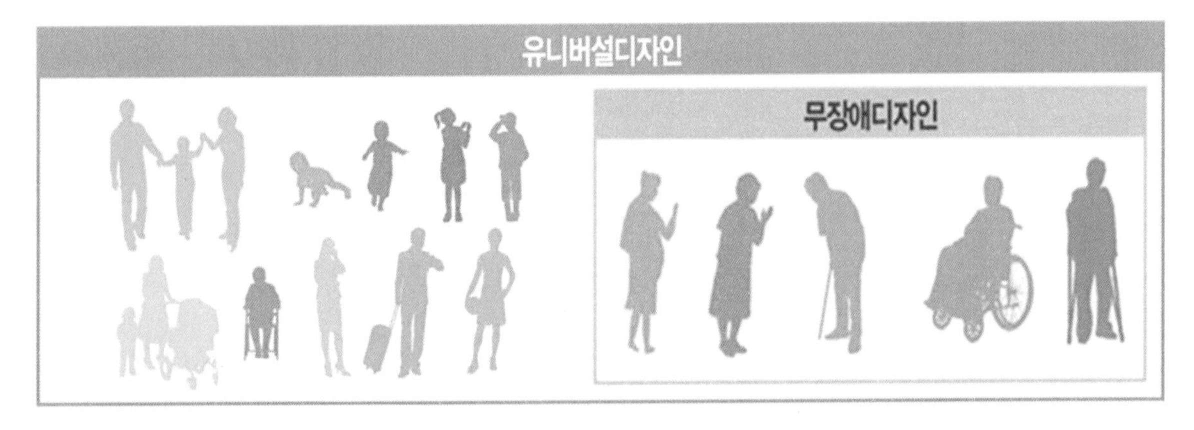

또한, 심미적인 부분에 대한 고려로 시장성을 증대시켰다는 점도 유니버설 디자인이 BF 디자인과 차별되는 강점으로 볼 수 있다. 유니버설 디자인이 심미성이 개선되어 시장성이 증대되었다는 점은 유니버설 디자인의 보급에 있어서 매우 중요한 부분이었을 것이다. 예를 들어서, 유니버설 디자인이 적용된 레버형 수도전이 사용하기 편리할 뿐만 아니라 미관상으로도 우수하다고 여겨진다면, 많은 건물에서 이 레버형 수도전을 도입할 것이다. 그렇게 되면, 레버형 수도전이 아니면 수도전을 사용하기 힘든 장애인이 특별히 요구하지 않아도 이 수도전을 쉽게 찾을 수 있을 것이다.

그림 5-6
OXO International사의 Good Grip 라인 제품

유니버설 디자인을 주창한 Ronald Mace는 건축가였지만, 유니버설 디자인 개념은 건축뿐만 아니라 재활공학과 다양한 상품디자인분야로 확대되어 다양한 유니버설 디자인 제품이 생산되고 있다. 유니버설 디자인이 적용된 주방용품의 대표적인 예는 OXO International사가 1990년에 출시한 디자인 라인인 Good Grip이다. Good Grip 라인은 관절염이 있는 사람들을 위하여 손잡이는 두툼한 실리콘으로 만들어 적은 힘으로 잡고 사용할 수 있도록 하였고, 손가락이 닿는 부분 홈에는 비늘과 같은 모양의 유연한 실리콘 돌기를 두어 손에서 쉽게 미끄러지지 않도록 한 디자인을 적용했다(Null, 2014). 이 Good Grip 라인 제품 출시 후 많은 주방용품 생산회사들이 OXO International사의 접근법을 따라 하기 시작했다고 하니 시장에서 파급력이 엄청났음을 볼 수 있다.

3) 주거와 유니버설 디자인, 베리어프리 디자인

주택은 어린이부터 노인에 이르는 전 생애과정에서 일어날 변화를 고려하여 디자인해야 한다. 주택 내에서 이동이 용이하고 안전하게 생활할 수 있도록 해야 하며, 미래의 신체적 변화에 대응할 수 있도록 보조기구나 휠체어 이동이 용이하게 해야 한다. 이를 위해서는 주거공간구성, 실내요소의 모양과 크기, 위치, 작동하는 데 드는 힘, 사용방법, 색채, 마감재료 등에 대한 세심한 고려가 필요하다.

현재 지어지고 있는 건물은 대부분 짧게는 30~50년, 길게는 80년 이상의 수명연한을 가진다. 주거용 건물은 이 수명기간 동안 수많은 가구가 입주하고 퇴거하기를 반복하게 된다. 따라서, 신규주택, 특히 많은 가구가 함께 거주하는 공동주택(아파트 등)을 계획할 때는 모든 능력범위의 사람을 포용할 수 있는 유니버설 디자인 개념을 주호 내외부와 단지에 적극적으로 적용하는 것이 가장 이상적이다.

하지만, 현재 거주 중인 주택의 거주자의 필요에 따라 개조하고자 할 경우라면, 모든 사람을 포용할 수 있는 유니버설 디자인을 적용하는 데에는 공간적인 면에서나 경제적인 면에서 현실적 한계가 있을 것이다. 따라서, 기존 주택을 거주자의 필요에 맞게 개조할 경우, 현 거주자가 거주하는 데 불편함이 없도록 필요한 편의시설을 선택적으로 설치하는 등 현재의 불편함이나 위험요소를 제거하는 데 초점을 두는 것이 더 효과적이고 효율적일 수 있기 때문에 상황에 맞는 판단이 필요하다.

CHAPTER 6

작지만 개성 있는 소형주거

1. 소형주거의 유형과 특성
2. 소형주거 관련 트렌드
3. 진화하는 소형주거

1~2인 가구의 증가와 라이프스타일의 다변화에 따라 과거 넓은 면적의 주거공간보다는 작지만 효율적으로 사용할 수 있는 소형주거공간에 대한 인기가 높아지고 있다. 이 장에서는 작지만 개성 있는 다양한 소형주거의 유형과 특성, 작은 집을 넓게 쓰는 소형주거 인테리어 디자인 트렌드, 진화하고 있는 소형주거의 양상에 대해 살펴보기로 한다.

1. 소형주거의 유형과 특성

1) 도시형 생활주택

그동안 1인 가구와 같은 소규모 가구는 청년이나 고령층에서 일반적으로 나타나는 가구 형태였지만, 최근에는 경제력을 갖춘 중년층까지 합류되면서 그 증가세는 꾸준히 지속될 것으로 예측된다. 이와 같은 1~2인 가구의 증가에 따라 소형 아파트 이외에 도시형 생활주택이나 주거용 오피스텔 등 다양한 소형 주거 유형이 인기를 끌고 있다.

도시형 생활주택은 도시민의 생활패턴의 변화로 1~2인 가구가 증가함에 따라 이 수요에 대처하기 위해 정부가 2009년에 도입한 주택유형이다. 300세대 미만의 국민주택규모인 85㎡ 이하로 건립하는 주택으로, 세대 당 주거전용면적과 취사장이나 세탁실의 공동사용 여부에 따라 단지형 연립주택, 단지형 다세대주택, 원룸형 주택으로 분류된다. 이 중 원룸형 주택은 주거전용면적이 14㎡ 이상 50㎡ 이하로 세대별 독립된 주거가 가능하도록 욕실과 부엌을 설치한 주택을 말한다(국가법령정보센터 홈페이지).

도시형 생활주택은 단독으로 개발하는 사례와 오피스텔이나 근린생활시설 등과 복합하여 개발하는 사례로 분류할 수 있다. 전문건설업체에 의해 건설되는 도시형 생활주택은 주로 주거용 오피스텔과 복합하여 개발되는 사례가 많은데, 주택으로 분류되는 도시형 생활주택은 상업지역에 건설할 경우에 높은 용적률을 적용하지 못하기 때문에, 역세권인 상업지역에 업무용 시설인 오피스텔과 혼합하여 높은 용적률을 확보하고 사업성을 높이려는 시도가 많다.

도시형 생활주택의 계획 특성을 살펴보면, 소규모로 계획하는 경우는 20세대 정도이고, 대규모의 경우에는 300세대 근접한 규모로 계획한다. 주택으로 분류되므로 1가구 2주택 적용을 받지 않으려면 전용면적 20㎡를 넘지 않도록 계획되는 경우가 많아서, 세대 면적은 대부분이 20㎡ 미만으로 계획되고 있으며, 평면의 형태는 대부분 1인 가구를 위한 원룸형이 많다.

이처럼 면적이 좁다 보니, 대부분 좁은 실내공간을 극복하기 위한 풀옵션(full option)의 빌트인(built-in) 가전과 가구를 설치하고, 수납공간 강화, 발코니 확

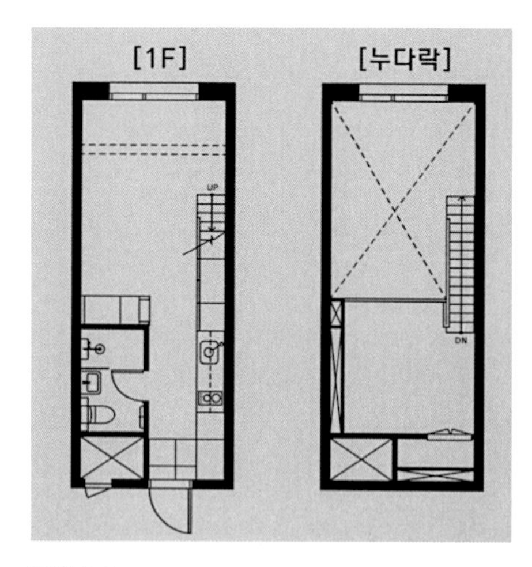

그림 6-1
좌. 복층형 평면
우. 실내공간 특화 사례
사진제공: 유은화

장 등의 특화 계획요소를 적용하며, 일부 사례에서는 복층형 구조로 계획되고 있기도 하다(그림 6-1). 세대면적은 제한되어 있으므로 공용공간에 휴게공간, 창고, 무인택배함 등을 설치하고, 보안관리를 철저하게 하는 추세이며, 청소 및 심부름 서비스 등의 생활지원서비스와 임대관리서비스가 제공되기도 한다(박경옥 외, 2017).

그러나 대부분 도심에 입지하는 도시형 생활주택은 소규모로 개발되는 경우가 많으므로, 사업특성상 토지 규모에 맞추어 설계와 시공이 이루어지고, 건물 형태는 다가구 및 다세대 주택과 비슷하다. 대규모 개발로 건설되는 경우에는 소형 공동주택이나 오피스텔과 유사한데, 결과적으로 기존의 소형주택 유형과의 차별성은 크게 없다. 오피스텔이나 근린생활시설과 혼합되면, 주차장이나 편의시설 등 인프라가 구축되어 편의성은 향상될 수 있으나, 밀도가 높아지고, 화재의 위험에 노출되기도 하며, 일조 및 채광조건 악화, 세대 당 주차대수 감소 등 거주성 측면에서 문제점이 발생하기도 한다.

단위세대 측면에서는 철근 콘크리트의 벽식 구조를 기본으로 하는 원룸형 단위세대로 다양한 거주자의 요구를 반영하지 못하는 단점이 있다. 고밀도의 토지이용은 불가능하지만, 주택에 대한 다양한 실험적 시도들을 통해 좁지만 생활의 질을 극대화하는 방안이 필요하다. 단위세대 내부공간에 내력벽이나 기둥을 최소화하고, 가변형 벽체 시스템을 이용하여 거주자의 생활양식과 생애주기 변화에 대응한 공간의 확장 및 축소와 같은 유연성도 필요하다.

또한 세대구성과 주민복리시설 부분에서 1인 가구뿐만이 아니라 다양한 세대의 혼합을 유도하며, 공동체의 사회적 관계망 형성에 대해 고려할 필요가 있다.

주차문제 해결을 위해 인근 부지에 공용주차장 건설을 통해 주차수요에 대응하고, 전문임대관리서비스를 도입하면 주택을 보다 효율적으로 관리할 수 있다.

2) 주거용 오피스텔

도시형 생활주택과 유사한 형태로 공급되고 있는 오피스텔(officetel)은 사무실을 뜻하는 오피스(office)와 호텔(hotel)의 합성어이다. 오피스텔은 바닥난방, 욕실면적 등에 관한 건축기준이 시대 상황에 따라 많은 변화를 거듭해 왔다. 오피스텔은 2000년대 초·중반에 집중적인 공급이 이루어졌다가, 2007년 이후에는 규제 강화로 물량이 감소하였고, 2009년 이후에는 다시 증가하는 등 불규칙적인 공급양상을 보여 왔다. 최근에 많은 공급이 이루어지고 있는 주거용 오피스텔은 입지가 우수한 곳에 위치하며, 아파트 못지않은 평면설계가 적용되는 등 도시 1~2인 가구를 위한 다양한 특장점을 지닌 주거유형으로 부각되고 있다.

주거용 오피스텔은 주로 민간 건설사를 중심으로 도시형 생활주택과 복합하여 개발하는데, 이는 업무용 시설인 오피스텔과 혼합하여 높은 용적률을 확보하고 사업성을 높이기 위한 전략이라고 할 수 있다. 오피스텔과 도시형 생활주택은 외형적으로는 큰 차이가 없다. 오피스텔은 건축법 적용을 받는 업무시설로, 욕조가 있는 욕실과 발코니를 설치하지 못하며, 전용률은 50~60% 정도이다. 도시형 생활주택은 주택법의 적용을 받고, 전용률이 70~80%로 차이점이 있다(표 6-1).

표 6-1 도시형 생활주택과 오피스텔의 차이점

구분	도시형 생활주택	오피스텔
법적용도	주거시설(공동주택)	• 업무시설 • 주거시설(주거용 또는 임대사업 시)
관련법규	주택법	건축법
용도지역	• 3종 일반주거지역 • 준주거지역	• 일반상업지역 • 준주거지역
발코니 공간	있음	없음
전용률	70~80%	50~60%
분양면적 산정기준	공급면적	산정기준 없음

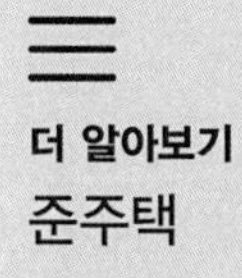

더 알아보기
준주택

주택 외의 건축물과 그 부속토지로서 주거시설로 이용가능한 시설을 말한다(「주택법」 제2조, 「주택법 시행령」 제2조의2).

준주택은 고령화 및 1~2인 가구 증가 등 변화된 주택수요 여건에 대응하여 주택으로 분류되지 않으면서 주거용으로 활용이 가능한 주거시설의 공급을 활성화하기 위해서 도입한 제도이다. 준주택의 종류에는 기숙사, 다중생활시설, 노인복지주택, 오피스텔 등이 있다.

자료: 국가법령정보센터 홈페이지

오피스텔의 주차장 설치기준 강화에 따라 사업성이 떨어지면서 공급물량이 현저하게 감소한 시기가 있었으나, 준주택 관련법 시행 이후에는 주거기능을 강화하여 아파트와 유사한 형태의 주거용 오피스텔이 분양시장에 대거 공급되면서 상품 차별화 경쟁은 갈수록 치열해지고 있다.

밀레니얼 세대로 불리는 2030세대를 중심으로 욜로(YOLO; You Only Live Once), 비혼족, 딩크(DINK; Double Income No Kids) 등 '나'를 위해 생활하고 소비에 나서는 소비 패턴이 사회적 트렌드로 자리 잡고 있는 가운데, 주거용 오피스텔은 주 수요층인 1인 가구를 위한 맞춤형 공간으로 변화하고 있다. 소형 면적에도 불구하고 복층형 단위세대에 테라스를 도입하고, 채광이 우수한 4

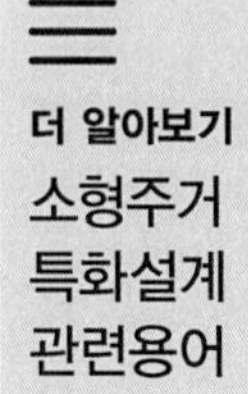

더 알아보기
소형주거 특화설계 관련용어

- 베이(bay): 전면 발코니를 기준으로 기둥과 기둥 사이의 공간을 말한다. 즉, 전면 발코니와 접해있는 방이나 거실의 개수에 따라 2베이, 3베이, 4베이, 5베이 등으로 부른다.
- 보이드(void): 현관, 홀, 계단 등 주변에 동선이 집중되는 공간과 대규모 홀, 식당 등 공간의 구심점이 되는 내부공간의 2개층 이상을 오픈 스페이스(open space)인 보이드 공간으로 계획하면 좁은 공간 내에서도 개방적인 공간 구성이 가능하다.
- 스킵플로어(skip floor): 일반적인 건물의 한 층 높이의 반(半)을 올라가거나 내려가도록 계획하는 방식. 또는 같은 층에 있는 거실, 안방, 주방 등의 바닥 높이를 차이가 나도록 구분하여 짓는 방식으로 협소주택 설계에서 많이 이용된다.
- 팬트리(pantry): 식료품 이외에도 다양한 물건들을 수납하는 창고의 의미로 사용되고 있다. 일반적으로 주방 옆에 위치하지만 요즘에는 복도나 작은 방에 설치되기도 한다.
- 워크인 클로젯(walk-in closet): 사람이 직접 출입하여 물건을 꺼내거나 보관할 수 있는 수납공간을 말한다.
- 알파룸(α-room): 주거공간 평면을 설계할 때 자투리로 남은 애매한 공간을 방과 방 사이, 거실과 방 사이, 주방과 거실 사이에 배치해 활용도를 높인 다목적 공간을 말한다.

베이 판상형 아파트형 구조를 갖추는가 하면, 재택근무형 등 다양한 평면 유형과 알파룸, 팬트리(pantry), 워크인 클로젯(walk-in closet) 등의 특화공간, 단지 내에 다양한 종류의 커뮤니티시설을 조성하는 등 생활과 문화가 어우러진 공간으로 진화하고 있다.

1인 가구를 중심으로 삶의 질을 중시하는 경향이 강해지면서 주거시설에 대한 인식도 휴식과 여가를 위한 공간으로 변화하고 있는 가운데, 주거용 오피스텔은 단기간 임대 형태로 거주하는 1~2인 가구 수요가 대부분이지만, 특장점이 많아 그 수요와 공급은 지속적으로 증가할 것으로 예측된다.

도시형 생활주택과 주거용 오피스텔은 고급 커뮤니티시설, 주차장, 편의시설 등을 확충하거나 다양한 평면 특화를 통해 다양한 주택상품의 차별화가 이루어질 것으로 전망된다.

3) 협소주택

협소주택이란 도심의 좁은 대지에 세워진 좁고 작은 주택들을 통칭한다. 법적으로 명확한 정의는 없으나, 일반적으로 도심지역의 주택 밀집 지역에서 많이 형성되며, 작은 면적으로 층수를 높여 공간을 확보하는 특성을 지닌다.

토지의 면적이 매우 작거나 폭이 좁은 경우에는 집을 짓는데 많은 제약이 따르므로 비교적 적은 비용으로 토지를 구입하여 자신만의 집을 지을 수 있다는 장점이 있다. 공간의 효율적 활용 측면에서 본다면, 협소주택은 좁은 땅에 다층건물을 지어 실제 사용하는 면적을 늘릴 수 있어, 적은 비용으로도 자신의 집을 갖고 싶어 하는 사람들에게 새로운 주거 대안이 되고 있다(그림 6-2).

그림 6-2
협소주택 사례(대전)

협소주택 사례의 대부분은 도심 내 자투리 공간을 집터로 선정하므로 대지 형태에 따라 매우 다양한 주거공간을 형성하고, 그 외관도 매우 독특하다. 그러나 도심 내 단독 주택을 지을 수 있는 적당한 토지를 구하기 어렵고, 토지를 구했다고 하더라도 토지구입비는 물론 건축비까지 고려해야 하므로 기획단계 초기부터 여러 가지 고려사항을 신중히 검토해야 한다(박경옥 외, 2017). 협소한 주거공간에 필요한 기능을 모두 포함해야 하므로 설계와 시공에 전문성을 갖추도록 하는 것이 중요하다. 주차공간 확보의무 등 단독주택 중심의 제반 기준들도 협소주택의 특성을 고려하면 향후 수정과 보완이 필요한 부분이라고 할 수 있다.

4) 땅콩주택

땅콩주택은 두 가구가 토지를 공동으로 매입하여 그 토지에 두 가구의 건물을 나란하게 짓는 방식의 주택으로, 가구당 대략 4억 원 이하로 지을 수 있고 마당을 확보할 수 있어 어린 자녀들을 둔 30~40대가 주 수요층이다. 미국에서는 듀플렉스 홈(duplex home)으로 불린다(그림 6-3).

아파트처럼 획일화된 유형이 아니라 거주자가 건축가에게 의뢰하여 집을 설계하면서 거주자의 요구와 개성을 수용할 수 있는 소형화된 단독주택으로, 국내에서는 건축가 이현욱 씨의 저서를 통해 대중들에게 알려지기 시작하였다.

주요 특징을 살펴보면, 2가구 1주택의 소유방식으로 토지매입 비용 및 건축비용의 부담을 줄이면서 단독주택의 장점과 도심과의 접근성을 갖출 수 있는 특장점이 있다. 주택의 위치는 대부분 도심과의 접근성과 주변 편의시설 구비 가능성을 갖춘 수도권의 택지개발지구에 위치한다. 타운하우스와 단독주택의 장점을 얻을 수 있고, 이웃과의 교류를 할 수 있으며, 아파트의 층간소음 문제를 해결할 수 있다는 이유에서 선택하기도 한다.

그러나 소유권이 명확하지 않고, 한 가구가 다른 곳으로 이주할 때 매매가 쉽지 않으며, 토지와 건물을 공동 소유하기 때문에 집수리, 담보 대출 등의 재산권 논쟁 및 이웃하는 옆집과의 프라이버시 침해에 대한 문제도 있으므로 초기에 주택을 기획할 때 여러 가지 장단점에 대한 신중한 고려가 필요하다. 또한 경량목구조로 건설하여 공기가 짧고 단열이 뛰어나다는 장점이 있지만, 콘크리트 건물에 비해 화재에 취약하다는 단점도 있다(이윤지, 2012). 최근에는 땅콩주택에 이어 한 개 필지에 3~4가구가 함께 사는 일명 완두콩 주택 사례도 나타나고 있다.

그림 6-3
땅콩주택 사례(경기도 용인)

2. 소형주거 관련 트렌드

1) 작은 집 넓게 쓰는 인테리어 디자인

주거공간의 면적이 협소하더라도 가구, 재료, 색채, 조명 등을 잘 활용하면, 작은 면적을 보다 넓고 효율적으로 사용할 수 있다. 여기에서는 작은 집을 보다 넓게 쓸 수 있는 기본적인 인테리어 디자인 방법에 대해 살펴보기로 한다.

(1) 가구

가구를 잘 활용하면 공간을 효율적으로 활용할 수 있고 실제 공간보다 넓어 보이도록 만들 수 있다. 부피가 크고 화려한 가구보다 낮고 기하학적인 단순한 선과 절제된 표현에 의한 심플하고 실용적인 가구를 배치하는 것이 좋다. 높이가 높거나 시야를 가리는 키 높은 가구보다는 45cm 이하의 낮은 미니멀한 가구 위주로 배치하면, 실제 공간보다 훨씬 더 넓어 보이는 효과가 있다. 단순하고 심플한 가구는 시선을 막지 않으므로 좁은 공간을 인테리어 디자인 할 때 매우 실용적이다.

그림 6-4
계단 하부의 수납공간 디자인
사진제공: 유은화

그렇지만 좁은 공간을 넓어 보이게 하기 위해 가구를 최소화하다 보면 수납공간이 부족한 경우가 발생한다. 좁은 공간에서는 여러 물건들을 공간에 그대로 노출시키면 면적이 더 좁아보이므로, 되도록 물품을 가구 내부로 수납하는 것이 공간을 넓어 보이게 한다. 이때, 기성 가구 제품을 사서 억지로 배치하는 것보다는 수납을 최대화 할 수 있는 주문형 제작가구를 통해 현관, 주방, 또는 구석의 자투리 공간, 계단 하부 등을 활용하여 천장까지 딱 맞게 배치하는 것이 효과적이다. 기성제품을 골라야 하는 경우에는 소파 밑이나 침대 밑에 수납공간이 계획되어 있는 가구를 선택하여 수납을 최대화시킨다(그림 6-4).

가변형 가구를 활용하면, 소형주거공간의 내부를 가변형 공간으로 만들 수 있다. 가변형 가구는 형태를 변형할 수 있으므로 다용도 사용을 가능하게 하며, 변형을 통해 부피를 작게 할 수 있으므로 이동이 용이하다. 또한 주방용 가구는 냉장고나 전자레인지가 어디에 부착되었는지 알 수 없을 정도로 가전기기와 일체화되는 형태로 계획되는 추세이고, TV나 오디오시스템 등이 건축의 일부가 되기도 한다.

이와 같이 다양한 기능의 가구가 일체화되고, 가전기기와 건축물과의 결합을 통한 다기능 가구, 다양한 형태로의 조합과 변형이 가능한 가변형 가구, 이동식 가구 등이 소형주거공간에 크고 작은 변화를 가져오고 있다.

(2) 재료

소형주거공간에서 미니멀리즘(Minimalism) 경향의 인테리어 디자인은 재료의 성질을 그대로 노출시키는 방법을 많이 사용한다. 재료는 크게 투명한 재료와 불투명한 재료로 구분할 수 있는데, 투명한 재료에 의한 표현은 디자인의 명

료함을 더해 주는 개념적인 재료로 내부와 외부에 투명성을 부여한다. 유리나 아크릴 판과 같은 투명성을 활용한 재료의 사용은 공간을 넓어 보이게 한다.

그림 6-5
유리파티션과 거울을 활용한 실내공간
사진제공: 유은화

특히 유리는 이중성을 갖고 있는 독특한 마감재로, 공간을 명확히 구분하지만 개방성과 확장성도 동시에 부여한다. 따라서 열고 닫음에 관련된 공간의 유연함을 필요로 할 때 유리로 된 가벽, 파티션, 슬라이딩 도어를 활용할 수 있다(그림 6-5). 또한 거울을 활용하면 거울로 반사되는 이미지 때문에 거울 너머로 공간이 더 있는 듯한 착각을 들게 하여 공간이 더 넓어 보인다.

미니멀리즘 경향의 인테리어 디자인은 내부와 외부의 물성을 동일하게 하고 유리의 물리적인 투명성을 이용해 시각적으로 동일한 공간으로 여겨지도록 만든다. 이를 통해 내부와 외부의 경계가 모호해지면서 작지만 큰 공간으로 느껴질 수 있다.

(3) 색채와 문양

좁은 공간을 조금 더 넓어 보이게 하려면 벽지나 바닥재를 되도록 백색이나 크림색, 옅은 회색 등 밝은 색상으로 마감하는 것이 좋다. 그 중 백색은 빛과 공간이 하나가 되는 드라마틱한 공간을 연출할 수 있고, 바닥재까지 벽면과 통일시키면 창에서 들어오는 빛도 공간 전체에 잘 스며들면서 한 층 넓게 느껴진다.

바닥재는 심플할수록 좋고, 문양이 필요하다면 화려한 것보다는 헤링본(herringbone)이나 스트라이프(stripe)처럼 시선을 길게 유도할 수 있는 문양이 공간을 넓어 보이게 한다. 가구도 비슷한 색상으로 하면, 벽과 바닥, 가구의 경계가 애매모호해지면서 실제면적보다 넓은 공간으로 인식될 수 있다.

(4) 빛과 조명

좁은 공간을 넓게 보이게 하는 표현 중 대표적인 것이 빛에 의한 개념적인 공간의 연출이다. 빛의 활용은 공간 내에서 중요한 역할을 하며 공간의 특성을 강조하여 준다. 보통 벽과 천장 일부분의 개구부를 통해 빛을 내부공간으로 유입시킨다. 비교적 어두운 공간에 들어오는 빛은 태양의 이동에 따라 실내공간에서 서서히 움직이는데, 이 같은 효과는 경이적 시각체험을 유발시킨다. 3차원 공간에서 빛에 의한 시간성의 개입을 통해 공간의 의미는 다양하게 변화하고 천창을 통해 들어오는 자연광을 이용해 풍부한 공간감을 살릴 수 있다.

그림 6-6
매입등이 적용된 천장 디자인
사진제공: 유은화

미니멀하고 심플한 인테리어 디자인을 선호하는 사람들이 늘어나면서, 인공조명은 화려한 샹들리에나 펜던트보다는 잘 보이지 않도록 숨길 수 있는 매입등으로 설치하는 경우가 많다. 단순한 형태로 천장 내부에 매입된 조명은 공간도 넓게 보이게 할 뿐만 아니라 전등 위에 먼지가 쌓이지 않으므로 청소에도 유리하다.

2) 온라인 정보로 내 집 구하기

대부분의 청년 1인 가구는 경제적 수준에 비해 높은 주거비 때문에 집을 구하는데 상당한 어려움을 겪는다. 최근 이러한 어려움을 겪고 있는 청년층들을 위해 방 구하기, 집 구하기 등과 관련된 많은 애플리케이션이 등장하고 있으며, 집 구하기 TV프로그램도 큰 인기를 얻고 있다. 불과 몇 년 전만 해도 공인중개사를 통해 직접 방을 구해야 하는 불편함이 있었지만, 이제는 스마

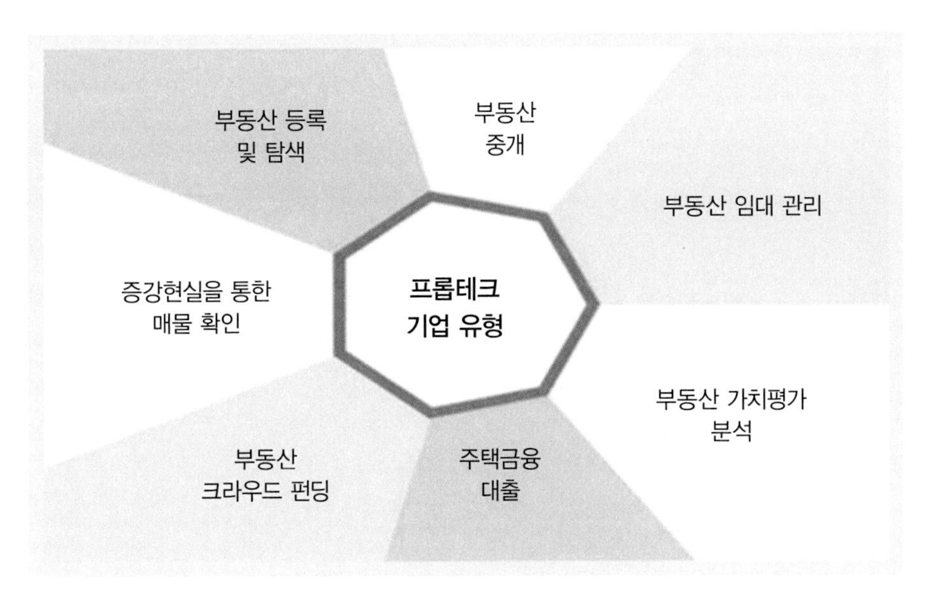

그림 6-7
국내 프롭테크 기업 유형

트폰 하나만 있으면 여러 가지 애플리케이션을 통해 집을 구할 수 있게 된 것이다.

최근 부동산 시장에서는 부동산(property)과 기술(technology)의 합성어인 프롭테크(Proptech)라는 용어가 등장하기도 하였다(손동우, 2020.4.12). 이것은 빅데이터나 가상현실 또는 블록체인 같은 첨단 기술을 기반으로 하는 부동산 서비스로, 관련 사업 영역으로는 부동산 중개 및 임대, 부동산 관리, 프로젝트 개발, 투자 및 자금 조달 분야로 분류할 수 있다(그림 6-7).

임대를 위한 애플리케이션은 VR을 활용한 홈투어, 부동산 실거래가와 매물 데이터를 비교·분석하며 주변의 정보까지 제공해 주는 빅데이터랩 서비스로 오프라인에 한정된 중개시장을 온라인으로 확대시키고, 허위매물을 인공지능 기술로 걸러내는 서비스 등 관련 온라인 시장의 확대에 큰 역할을 할 것으로 보인다.

3) 집짓기 아이디어 공유하기

도심의 비싼 아파트가 아니라 교외지역에 작은 집을 갖더라도, 거주자의 다양한 요구와 추구하는 삶의 가치는 명확하고, 다양해지고 있다. 단순히 공간을 구획하고 나누는 것에서 그치는 것이 아니라, 효율적인 공간 활용을 위한 인테리어 디자인에 관심을 갖고, 작은 공간이라도 넓어 보이게 하는 아이디어와 나만의 디자인 콘셉트와 개성을 표현하는 인테리어 디자인이 일명 '집스타그램'과 같은 이름의 소셜 미디어를 통해 빠르게 공유되고 있다.

이외에도 건축주와 집에 관련된 에피소드를 다룬 방송 다큐멘터리 시리즈 등을 통해 이 시대에 집이 담고 있는 진정한 가치를 생각해 보고, 다양한 주택 설계에 대한 아이디어를 공유하는 등 획일적인 아파트 공화국 시대에서 벗어나 다양한 주거유형에 대한 담론의 장(場)이 마련되고 있다.

3. 진화하는 소형주거

현대도시는 1인 가구의 다양한 라이프스타일에 따라 이곳과 저곳의 차이가 사라지면서 모든 곳이 임의의 장소(anywhere, anyplace)로 변화되고 있고, 이동은 오늘날 현대인에게 자연스러운 거주양식의 하나로 정착하게 되었다. 이러한 변화에 따라 소형주택은 주로 집을 구성하는 부자재를 공장에서 가공한 뒤 현장에서 조립하는 프리패브(pre-fabrication)공법을 활용한 모듈러 주택, 컨테이너 주택, 이동식 주택, 조립식 목조주택 등 다양하게 진화하고 있다(표 6-2).

표 6-2 모듈러 주택의 특징과 대표적 유형

분류	특징	주택 유형
정주형(permanent) 모듈러 건축	• 영구 건축물 용도로 사용 • 외부 마감 및 설비 등은 현장에서 설치 • 공장제작률: 50~60% • 적용시장: 고층주거, 오피스	유닛모듈러 주택
이동가능 정주형 (semi-permanent or re-locatable) 모듈러 건축	• 준 영구 건축물 • 1~2회 정도 해체 후 재사용 가능 • 공장제작률: 60~80% • 적용시장: 중저층 주거, 교육, 군시설	컨테이너 주택
이동형 (portable or mobile) 모듈러 건축	• 여러 번 재사용 가능 • 마감재와 전기/설비 등 대부분을 일체화하여 공장제작 • 공장제작률: 80~100% • 적용시장: 해외수출, 재해복구, 여가 활용	이동식 주택

자료: 국토교통부·국토교통과학기술진흥원(2013). p.12.

1) 공법의 진화, 모듈러 주택

모듈러 건축은 하나의 완성된 공간을 형성하는 유닛(unit) 단계의 물리적 형태, 즉 공장에서 여러 가지 내부 구성요소(설비, 난방 등)를 미리 생산하고 현장으로 유닛을 운반, 조립하여 건축물을 완성하는 공업화 건축 시스템을 뜻하며, 유럽, 일본, 미국 등지에서 다양한 건축물에 활용되고 있다.

모듈러 주택은 레고 블록을 조립해 나가는 형식의 건축 양식이라고 생각하면 이해가 쉽다. 공장에서 70~80%까지 제작된 유닛을 현장으로 옮겨 최종 작업을 완료하는 것이다. 현장에서는 조립만 하면 되기 때문에 기존 공법 대비 50% 이상의 공사 기간 단축이 가능하다. 예를 들어, 5층짜리 소형주택을 철근콘크리트 제작 방식으로 지으면 6개월 가량 걸리지만 모듈러 공법을 적용하면 30~40일이면 조립과 마감이 가능하며, 빠르면 1~2주 내에도 가능하다.

1인 가구를 위한 주거형태인 도시형 생활주택, 주거용 오피스텔, 학생기숙사 등은 단순 반복되는 구조의 모듈러 공법을 활용하면 급증하는 주택수요에 대응할 수 있다. 국내 모듈러 건축은 2003년 초등학교 증축공사를 시작으로 다양한 용도에 적용되고 있다. 학교시설과 군시설이 일부 모듈러 방식으로 발주되면서 확산 분위기가 조성되었고, 국내 건설업체의 모듈러 건축기술이 괌 건설현장, 러시아 극동지역, 남극기지 등 해외에 적용되는 사례도 증가하고 있다.

그러나 국내 유닛모듈러 시장은 유럽과 일본 등 선진국과 같이 활성화되지 못하고 있다. 국내 모듈러 주택개발은 외국의 경우와 비교해 보면, 소수의 기업들이 비교적 짧은 기간의 경험을 갖고 공급하고 있는 실정이며, 제작, 운송, 조립 과정과 관리의 어려움, 높은 초기 비용대비 불안정한 수요, 접합부의 시공기술 문제 등으로 아직은 초기 단계라고 할 수 있다. 이에 따라 국내에서 시공된 건축물은 구조가 단순한 저층 건물로 군 막사, 학교, 소형주택 등에 제한적으로 적용되고 있다.

모듈러 건축공법을 활용한 단기거주용 건축사례로 SH공사의 '서울시 공공기숙사'[1]는 철근콘크리트 구조 건축물의 시공기간에 비해 절반 정도의 기간이 소

1 서울시 노원구에 위치한 국내 최초 모듈러 공법을 적용한 공공기숙사로서, 2013년 11월 착공하여 2014년 2월에 완공되었다. 보증금 100만 원, 월 임대료 73,000원~90,000원으로 인근 대학가 원룸과 비교하면 4분의 1 수준이다(한진주, 2014.3.16).

요되었으며, 이 시스템의 적용을 통해 저렴한 임대료로 대학생의 주거안정을 도모했다는 점에서 의의가 있다(그림 6-8).

이 사례를 비롯하여, 그 동안의 모듈러 주택은 6층 이하의 저층 구조로만 조성되었는데, 국토교통부는 이를 탈피해 국내 최초로 13층 이상의 건축물을 모듈러 공법으로 짓는 '중고층 모듈러 주택'을 국가 연구개발 과제로 설정하고, 중고층 모듈러 공동주택, 구조체에 모듈을 삽입하는 인필(infill)공법을 적용한 첫 조립식 공동주택 기술개발 및 실증 등 각종 활성화 사업을 추진하고 있다.[2] 이와 같이 모듈러 주택의 공급이 활성화되면 대학생, 직장초년생을 비롯한 사회취약계층을 위한 주택으로 확대될 수 있을 것이다.

그림 6-8
서울시 공공기숙사

특히 모듈러 공법은 포스트 코로나 시대의 각광받는 대표적인 스마트 건설 기술이 될 것으로 예측된다. 2020년 중국 우한에서는 병상 1,000개가 넘는 대형 응급 전문병원을 불과 열흘 만에 완공하였다. 모듈러 주택 기술에 인필공법이 도입되면 수십 층 이상 고층 아파트도 빠른 기간에 지을 수 있을 것으로 보인다.

2) 개성 있는 컨테이너 주택

운송수단으로 주로 사용되는 컨테이너는 1932년 미국 워싱턴 주에서 고기상품 운송을 위해 최초로 고안된 이래, 1940년 미국과 유럽으로 물자를 운송하기 위해 표준화된 강철 컨테이너가 만들어졌고, 1945년 트럭으로 이송되어 전쟁터로 즉시 이동할 수 있도록 발전되었다(Slawik. H., Bergmann. J., Buchmeier.

2 정부는 모듈러 주택을 활용한 공공주택 사업을 적극적으로 진행할 예정으로, 예정된 공공 모듈러 임대주택은 2020년 4,350가구에서 2022년 9,750가구, 민간임대는 3,500가구에서 8,900가구로 늘어날 것으로 예상되고 있다(월간 더 리빙, 2019.10.15).

M., & Tinney. S., 2010). 1980년대는 경제성장을 통해 아파트 신축 붐이 일어나면서 컨테이너가 현장 사무실용으로 쓰이기 시작하였다. 1990년대는 철제 패널이 내수용 컨테이너로 바뀌어 현장 사무실뿐만 아니라 창고, 경비실, 숙소, 화장실 등으로 다양한 용도로 사용되기 시작하였다. 그 후 2000년대부터 미국을 시작으로 타 건축 공법에 비해 친환경적이며, 시공성, 경제성이 뛰어나 다양한 용도로 사용되고 있다.

건축에 활용되는 컨테이너는 화물용과 내수용으로 구분된다. 해외의 경우 해운 화물용 컨테이너 제작 공장이 마련되어 있어 그 건축적 활용이 비교적 용이한 편이다. 그러나 국내에서는 화물용 컨테이너를 수입하여 사용하므로 컨테이너의 재가공이 불리하다. 따라서 경제성과 이동성을 고려하여 대부분 내수용 컨테이너를 활용한다. 화물용 컨테이너에 비해 내수용 컨테이너는 강도가 약하고 내구성이 좋지 않기 때문에 내화, 내진, 단열, 방음 등 안전성 및 쾌적성에 문제점이 있다.

2000년대 이후, 유럽과 미국 등에서는 화물용 컨테이너를 활용하여 단독주택, 이동식 주택, 학생 기숙사, 저렴 주택, 호텔, 응급구호주택 등 다양한 거주용 컨테이너 건축물을 개발하고 있다. 국내에서는 내수용 컨테이너 건축물에 대한 대중의 부정적인 인식이 있고, 화물용 컨테이너 건축물과 관련된 생산 인프라 구축이 미흡한 실정으로 문화 및 상업시설 위주로 개발되고 있으며, 거주용으로는 단독주택, 펜션 등의 용도로 제한되어 있다.

한편, 컨테이너 건축에 대한 법규가 별도로 규정되어 있지 않은 점은 거주용 컨테이너 건축물의 활성화를 저해하는 하나의 요인으로 볼 수 있다. 현재 컨테이너 건축물의 경우, 공동주택과 같은 콘크리트 구조 건축물을 중심으로 한 건축법 제50조(내화구조와 방화벽)와 제48조(구조내력 등) 등 관련 법규가 적용되고 있어 컨테이너 건축과 같은 다양한 건축 유형에 적용하기에는 무리가 있다. 이로 인해 실제 국내에서 준공된 거주용 컨테이너 건축물의 사례는 매우 적고, 다양한 유형이 개발되지 못하고 있다.

최근 개인 사업자들이 게스트하우스, 펜션, 단독주택 등에 컨테이너를 활용하고 있으며, 건축·인테리어 작가들에 의한 실험적이며 수려한 미관의 건축물들이 소개되면서 젊은층은 물론 은퇴를 한 노년층까지 수요와 관심이 증가하고 있다.

3) 다목적 활용 가능한 이동식 주택

과거 원시주거 형태에서 비롯된 이동식 주거는 현대에 들어 여행용 트레일러 즉, 캐러밴(caravan)산업에서 그 기원을 찾을 수 있고, 제2차 대전을 계기로 방위산업체 근로자들의 숙소로 사용되면서 급속하게 증가하였다. 전쟁이 끝나고 주택부족현상이 심각하게 대두되면서 이러한 트레일러를 영구적인 주택으로 만들려는 요구가 나타났고 이러한 요구에 대응하여 개발된 것이 현재 이동식 주거라고 불리는 것으로, 거주와 이동의 기능을 적절히 조합한 개념으로 발전하였다(김미경, 2008). 이동식 주거에서 나타나는 기본적인 특성은 이동성, 경량성, 가변성, 모듈성이며, 현대에 접어들면서 재활용성, 친환경적 특성이 점차 중요하게 부각되고 있다.

이동 가능한 주거의 유형으로는 캠핑카(camping car)와 같이 동력원과 주거시설을 하나로 합쳐 능동적으로 자체 이동이 가능한 것이 있고, 트레일러 하우스(trailer house)와 같이 단순히 바퀴를 달아 이동성만을 확보하여 외부동력을 이용해 수동적으로 이동하는 유형이 있다(김선동, 2010). 또한 넓은 의미에서는 모듈러 공법을 활용한 주거유형까지 포함하는데, 이는 하나의 완성된 공간을 형성할 수 있는 박스형태의 유닛을 공장에서 생산하고, 내부 설비시설 등 여러 가지 구성요소를 미리 갖춘 상태로 이동하여, 현장에서 건물을 완성하는 방식이기 때문이다.

이상을 정리하면, 이동 가능한 주거의 유형은 자체적인 동력원을 가지고 능동적으로 움직이는 유형과 자체적인 동력원을 가지고 있지 않아서 외부동력을 이용해 수동적으로 움직이는 유형으로 분류할 수 있다(표 6-3).

표 6-3 이동 가능한 주거 유형과 개념

구분	능동	수동	
	자체 동력으로 이동	동력을 갖춘 차량에 의해 이동	
대표유형	캠핑카 유형	트레일러 유형	유닛모듈러 유형
개념	동력원과 주거시설을 하나로 합쳐 자체 이동 가능함	바퀴가 달려 있지만 자체 이동은 불가능하고 반드시 외부 동력원이 필요함	박스형태 유닛단위의 물리적 형태를 공장에서 생산하고 현장으로 이동하여 각 유닛들의 조합으로 주거 형태를 완성시킴

미국, 유럽, 일본 등에서는 이동성, 신속성은 물론 좁은 실내공간에서도 사용자의 행태를 대부분 수용할 수 있는 가변성과 편리성으로 인하여 이동식 캠핑카 차량이 레저용, 여가용 이외에도 주거용, 업무용, 교육용, 재해재난용 등 다목적으로 활용되고 있다. 미국에서는 2005년 8월, 허리케인 카트리나 발생 후, 재해재난용으로 많은 수가 공급되었으며(윤자영, 2006), 사용 후 다른 용도로 재사용을 위해 이동한 사례가 급증하였다.

일본에서는 2011년 3월 발생한 동일본 대지진 이후, 캠핑카가 하나의 주거공간으로 주목받았다. 지진 직후 자숙의 분위기 속에 캠핑카에 대한 문의 및 주문수가 크게 줄었으나, 일정기간 이후 피난소나 자원봉사 활동장소 등으로의 활용실태가 미디어에서 크게 다루어지면서 급격히 그 수요가 증가하였으며, 특히 침대나 부엌, 화장실, 샤워실 등에 대한 문의가 폭주하였다는 보고가 있다(우상민, 2011). 국내에서는 COVID-19 사태 이후에 레저용 목적의 캠핑카 수요가 증가하였으며, 국내 P기업체가 최초로 트레일러 형태의 주거용 모바일과 모듈러 이동식 안과를 아프리카 지역에 수출하는 등 발전가능성을 보이고 있다.

선진국에서는 유닛모듈러 공법이 이미 활성화되어 왔는데, 영국과 네덜란드 등에서 공장생산에 기반을 두고 대규모의 중·고층 유닛모듈러를 제작하고 있다. 특히 독일과 네덜란드에서는 정부 주도하에 임대주택 개발에 모듈러 건축시스템이 적극적으로 활용되고 있으며, 거주성은 물론, 경제성, 친환경적 특성을 지닌 우수한 사례들이 개발되고 있다. 또한 공공기숙사 건립에 컨테이너를 활용하여 대량공급과 재활용이 가능하고, 건축비도 절감한 사례도 찾아볼 수 있다.

국내에서도 다목적 이동식 주택의 수요가 증가될 것으로 예측되는데, 다양한 선진 사례에서 나타난 유형과 특성을 바탕으로, 수요자 요구를 반영한 이동식 주택의 외관, 평면유형의 다양성 등을 함께 고려해야 할 것이다. 아울러 다양하고 개성 있는 소형주거 개발의 활성화를 통한 바람직한 주거문화 창출을 위해서는 국내 공동주택 중심의 제반 기술, 규범, 제도 등을 다양성의 관점에서 유연하게 정비하는 과정도 필요하다.

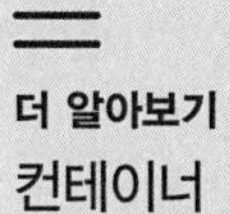

더 알아보기

컨테이너 주택 해외 사례

• 컨테이너 기숙사, 에바 51(EBA 51, 독일 베를린)

독일 베를린 외곽에 위치한 대학생 기숙사 에바 51은 저렴한 컨테이너 주택 개발이 아닌 새로운 라이프스타일을 추구하는 청년 1인 가구들을 타깃으로 하여 세련된 미관에 다양한 단위세대 유형을 개발하였다는 점이 주요 특징이다. 1인용 기본형과 2인용, 3인용 평면이 개발되어 있고, 침대, 책상, 옷장, 식탁 등 수납가구 등이 잘 구비되어 있으며, 야외 바비큐장 등 다양한 커뮤니티 공간이 마련되어 있다.

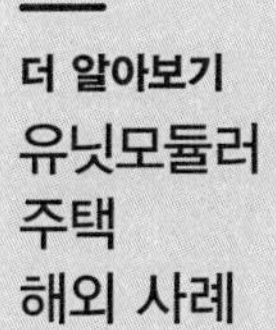

더 알아보기
유닛모듈러 주택 해외 사례

• 유닛모듈러 주택, 마이크로 콤팩트 홈(Micro Compact Home, 오스트리아 우텐도르프)

마이크로 콤팩트 홈은 오스트리아 우텐도르프에 위치한 공장에서 완제품의 유닛으로 개발된 후에 현장에서는 소량의 목재 말뚝 위에 보조 프레임을 설치한 다음, 트럭이나 헬리콥터로 이동하고 크레인을 이용하여 단시간 내에 설치된다. 주로 나무들 사이의 안전한 곳과 조경이 잘된 곳에 설치되어 좁은 실내공간에서도 조망을 확보하도록 계획되었고, 시스템 알루미늄 창호는 방음, 안전성을 확보하도록 하였다. 실내공간에는 슬라이딩식 침대, 고품질의 주방과 욕실 유닛이 설치되어 있어 청년 1인 가구가 단기간 편리하게 거주할 수 있는 임시주택으로 이동 가능하고 안전하며, 친환경적으로 개발되었다.

서울 신내동 '너나들이' 공동육아형 공동체주택
사진제공: 소행주

CHAPTER

따로 또 함께 사는 주

전 세계 대도시에 1인 가구가 늘어나고 있다. 1인 가구는 개인주의를 중시하고 자유로운 생활을 즐기면서도 “혼자이지만 외로워지고 싶진 않아”라는 마음도 있다. 1인 가구 이외에 생애주기 상 육아기, 노년기는 누군가의 도움이 필요한 일들이 더 많이 있는 시기이다. 그렇다면 누구와 어떻게 살아야 할까? 이 장에서는 필요에 따라 안심할 수 있는 사람들과 적절한 심리적·물리적 거리를 유지하면서 가구가 처한 어려움에 현실적 지원을 받을 수 있는 주거공동체에 대해서 살펴보기로 한다.

1. 왜 이웃과 함께 살아야 할까

1) 가족구조의 변화와 생활

국내 인구구조는 선진국과 마찬가지로 저출산, 고령화, 1인 가구의 증가가 가속화되고 있다. 개인의 사적인 자유 중시, 관습에 얽매이지 않는 결혼·이혼에 대한 자유로운 가치관 등으로 인한 비혼가구, 한부모가구도 증가하고 있다. 현대인은 직업에서 창의적인 일에 대한 요구, 성과중심의 평가로 인한 개인 간 높은 경쟁관계, 이동성이 높은 생활 등으로 혼자 있는 시간이 증가하였다. 전 세계의 고용 없는 성장으로 사회진출을 시작하는 청년층은 낮은 취업률에 직면하고 있으며, 현실을 외롭고, 바쁘고, 불안하게 인식하여 결혼지연, 만혼, 출산지연이나 출산기피로 이어지기도 한다.

청년층부터 비혼층의 1인 가구, 노인가구, 육아기가구 등은 특히 식사·가사부담, 육아, 소통 부재의 외로움을 생활하는 데 어려운 문제로 여긴다. 이러한 문제는 더 이상 혈연적 가족관계로 해결할 수 없으므로 사회적 관계로 해결하려는 시도가 다양하게 나타났다. 그 방향은 산업화 사회 이전의 지역공동체 내에 이웃 간 유대를 통한 지원, 정서적 만족감이나 안정감 등을 얻었던 것을 현대적 방식의 공동체로 적용하려는 시도이다. 계획된 공동체로서 일정한 지역에 마을을 만들어 생활하기도 하며, 소규모로 주택을 지어 생활하기도 한다. 혈연가족뿐만 아니라 1인 가구나 소인수 가족이 사회적 가족[1]을 구성하여 생활하기도 한다. 대중적인 영화[2]나 소설에서 사회적 가족이 혈연가족과 같은 가족으로서의 유대감이 가능하다는 것을 보여주기도 한다.

1 다수의 지자체가 1인 가구 지원조례를 제정하면서 사회적 가족에 대한 정의를 하였다. 사회적 가족이란 혈연이나 혼인관계로 이루어지지 않은 사람들이 모여 취사, 취침 등 생계를 함께 유지하는 형태의 공동체를 말한다(「서울특별시 사회적 가족도시 구현을 위한 1인 가구 지원 기본 조례」 제3조).

2 '어느 가족(원제는 万引き家族으로 물건을 훔치는 가족임)'은 고레에다 히로카즈(是枝裕和) 감독의 영화로 2018년 칸 영화제 황금종려상을 수상하였다. 혈연가족에게 상처받거나 홀로 된 사람들이 모여 6명의 확대가족과 같은 구성이 되고, 그중 한 명인 할머니의 노인연금과 생활용품을 훔쳐 살아가면서 겪는 일상을 통해 가족의 의미에 대해 생각하게 한다.

2) 현대적 공동체의 의미

공동체는 영어 커뮤니티(community)와 동일한 의미로 사용한다. 공동체에 대한 다양한 정의가 있으나, 공통적인 내용을 요약하면 '일정한 지역적 범위 내에서 사회적 상호작용을 하며 공통의 감정이나 의식을 가진 사회적 집단'이라는 것이다. 이 정의 중 공동체가 일정한 지역적 범위를 공유한다는 것은 산업사회 이전과 이후에 따라 차이가 있다.

공동체가 이루어지는 일정한 범위는 산업사회 이전에는 주거지와 생산지가 근거리였으므로 주거지를 중심으로 형성되었다. 현대사회는 교통의 발달로 개인의 이동성이 높으며 사회·경제 활동이 주거지에서 이루어지지 않는 경우가 많으므로, 주거지에서 공동체가 형성되기보다 직장에서의 공동체가 우선하게 되었다. 도시에서는 고밀도의 주거형태인 공동주택의 비율이 높으며 특히 국내의 아파트 비율은 70%정도이므로, 개인이 공동체로 인지하는 지역적 범위는 아파트 단지로 좁혀서 생각하는 경향이 높다. 집을 기점으로 일상생활을 하면서 이웃 간 대면의 기회를 늘리고 활동을 같이 함으로써, 주거지에서부터 마을, 행정구역상의 동으로 공동체의 지역적 범위를 확장해가는 것이 바람직하다. 공동체성은 공동체의식으로 나타나며 개인이 집단에 대한 소속감, 친밀감, 연대감, 동질성 등을 얼마나 갖고 있는가이다. 이러한 공동체의식을 높이기 위하여 이웃 간의 사회적 상호작용을 촉진할 수 있는 요소로 확정된 모임·조직이 있어야 하며, 활동할 수 있는 공간, 그리고 구체적인 활동(프로그램)이 있어야 한다. 이 요소는 공동체를 활성화하는 데 지원해야 할 요소가 된다.

3) 계획된 주거공동체

세계적으로 종교적 신앙, 경제활동, 추구하는 가치·신념 등으로 공동체를 이루어 주택을 짓고 마을을 만들어 생활하는 경우는 많다[3]. 반면 일상적인 생활을 이웃과 함께 하면서 가족의 여러 기능 중 자녀양육의 기능, 정서적 기능 등

[3] 조현(2018)은 '우린 다르게 살기로 했다'에서 국내의 육아공동체, 주거공동체, 해외의 이념공동체 등 다양한 사례를 소개하였다.

을 해결하기 위하여 어떤 계획개념으로 주택을 지을까를 생각하는 현대적 주거 공동체가 있다. 이러한 공동체의 시작은 1970년대 덴마크에서 시작된 코하우징 또는 컬렉티브하우스(collective house)로 불리는 주거이다. 코하우징의 공간적인 특징은 생활을 독립적으로 유지할 수 있는 완전한 개별 단위주택(unit)과 공동소유의 공유공간(common space)이 함께 갖추어진 공간구성이다.

코하우징은 덴마크, 스웨덴에서 발달하였고 1980년대 중반 이후 미국, 캐나다 등으로 확산되었다. 미국 코하우징협회는 코하우징의 6가지 원칙을 정의하였는데, 계획과정의 주민참여, 주민교류를 위한 환경 디자인, 개별 단위주택을 보완하는 공유시설, 주민에 의한 관리, 주민간의 비계층적 구조, 의사결정의 합리성, 공동경제 활동을 목표로 하지 않는 것 등이다(주거학연구회, 2000). 코하우징은 종교적 공동체나 경제적 공동체와 구별되며, 주거를 중심에 둔 계획 공동체(intentional community)이다. 현재 미국 코하우징협회[4]는 코하우징의 특성에 대해 지구환경에 미치는 영향을 최소화하는 지속가능한 공동체를 강조하면서, 연결된 인간관계, 환경에 대한 최소 영향, 부엌이 있는 개인주택, 공유공간, 협동적 참여, 가치의 공유 등으로 이전의 원칙을 수정하여 제시하고 있다.

국내에서는 덴마크, 스웨덴, 미국 등의 코하우징의 사례가 주거학연구회(2000)에 의해 구체적으로 소개되었지만, 코하우징이 건설된 것은 2000년대 후반부터이다. 아파트에도 세대수에 비례하여 법적으로 반드시 설치되어야 하는 공용공간인 복리시설이 있지만 거주자들의 이용빈도가 낮았다. 이에 비해 코하우징의 공유공간은 거주자의 공동식사, 공동활동을 위해 일상적으로 활발히 사용되는데, 주택 수요자는 이 차이를 명확히 이해하기 어려웠다. 코하우징은 계획단계부터 공통의 가치를 가진 가구로 구성되고, 공유공간의 계획단계부터 거주자들이 참여하면서 공동체의식이 높아졌기 때문에 입주 후에도 공유공간을 적극적으로 사용하며 주거공동체가 될 수 있다는 것을 체득하는 시간이 필요하였다.

4 The Cohousing Association of the United States(https://www.cohousing.org/what-cohousing/cohousing). 2020.5.10. 검색

2. 앞서가는 공동체주택, 뒤따라가는 제도

1) 공동체주택의 유형

공공과 민간이 코하우징의 개념을 적용하여 주택을 건설하기 시작한 것은 2000년대 후반 수도권의 주택가격 상승으로 주거문제가 심각해지면서 부터이다. 공공기관은 소규모 임대주택에서 공유공간을 통해 공동체를 강화하기를 원하였고, 민간업체는 중산층의 자가소유 요구를 이루기 위해 공유공간의 공동사용으로 주택구입비를 줄일 수 있다는 면에서 코하우징 개념으로 주택을 건설하기 시작하였다.

현재는 이러한 주택을 2017년 서울특별시 조례에서 규정한 '공동체주택'이라고 부른다. 국외에서는 코하우징과 셰어하우스를 구분하여 사용하는데, 서울시의 공동체주택은 일정한 조건을 갖추면 코하우징과 셰어하우스에 모두 적용되는 명칭으로 정의하였다.

공동체주택의 구분은 공급주체에 따라서 공공, 민간, 공공이 최장 40년간 임대한 토지에 민간이 주택을 건설하는 민관협력형이 있다. 공급지역에 따라 도심형, 교외형, 농촌형이 있으며, 건축물 형태에 따라 공동주택과 단독주택으로 건설한다. 주택소유권에 따라 자가, 차가로 구분하며, 입주자 구성에 따라 연령 통합형과 청년층·노인층으로 한정되는 연령한정형으로 구분한다.

공급방식으로 주택협동조합을 구성하여 주택을 공급하기도 한다. 「협동조합기본법」이 2012년 12월부터 시행됨에 따라 5명 이상으로 주택협동조합을 구성할 수 있다. 국내에서는 주택협동조합의 역사가 짧기 때문에 여전히 제약사항이 많은데, 토지구입 등 초기자본의 부담이 큰 데도 불구하고 조합을 대상으로 은행융자가 되지 않는다. 주택협동조합의 장점은 사업적인 개발이익이나 입주자 모집에 필요한 마케팅비용을 없애고 높은 품질의 주택을 합리적인 가격으로 건설할 수 있다는 것이다. 건설과정에 조합원이 참여하므로 수요자의 요구가 반영되고 이 과정에서 형성된 공동체의식이 입주 후에도 친밀한 이웃관계로 이어져 주택에 대한 양호한 관리를 할 수 있다.

공공이 주도한 협동조합주택으로는 서울시 시범사업인 2014년의 20년 임대 이음채 가양동 육아 협동조합주택(24가구), 2015년 막쿱 만리동 예술인 협동조합주택(29가구)이 있다. 입주 전에 입주자를 모집하여 공동체 교육을 실시하였고, 공유시설에 대한 거주자 참여설계를 하였으며, 입주 후 입주자가 관리협동조합을 구성하여 운영하고 있다.

공간을 공유하는 다른 방식으로 셰어하우스가 있다. 셰어하우스는 도시에서 일과 학업을 위해 거주하는 1인 가구나 청년층의 주거비를 줄일 수 있는 주거형태로 민간 주택시장에서 공급되었다. 하나의 주택에 방은 개인적으로 사용하면서 거실, 부엌, 욕실 등을 공유하는 방식이다. 개인의 공간이 방, 방과 화장실(샤워시설이 있는 경우도 있음)에 한정되므로 공유공간의 사용을 포함한 거주자들 간의 생활규칙이 더욱 중요하며 낮은 단계의 공동체의식이라도 없으면 함께 거주하기 어려워진다.

이와 같이 다양한 방식으로 거주자가 공간을 공유하는 유형을 공간적인 측면에서 도식화하면 3가지로 구분할 수 있다. 공간 공유를 하는 주택에 대해 건축법상으로 정의되지 않는 다양한 명칭이 있으므로, 공간개념을 명확히 하기 위하여 개별세대가 거주하는 공간(unit)의 구성과 공유하는 공간(common space 또는 common facilities)으로 구분하였다(그림 7-1).

Ⅰ유형은 주민참여설계로 건설하며, 단위세대 면적을 줄여서 공동소유의 공동체공간을 배치하여 부족한 단위세대의 공간을 보완하고 공동체활동을 위한 장소로 사용하는 것이다. 서구의 코하우징, 일본의 컬렉티브하우스, 국내 서울특별시 조례에 정의한 자가소유형 공동체주택 등이 이에 해당한다.

Ⅱ유형은 거주자가 하나의 주택 내에서 거실, 주방 등을 공유하는 것이다. 국내의 지자체 조례의 공유주택이나 셰어하우스, 「민간임대주택에 관한 특별법」의 공유형 민간임대주택, 국내 서울특별시 조례에 정의한 임대 셰어하우스형 공동체주택, 기존주택을 리모델링한 초기 민간 셰어하우스 등에 해당하는 유형이다.

Ⅲ유형은 단위세대는 최소화하고 공동의 식당, 거실, 코워킹 공간, 취미공간 등의 시설을 다양하고 넓게 배치하는 주택이다. 단위세대는 원룸형식으로 기존의 오피스텔에 해당하는 경우가 많지만 건축법상의 공용공간의 비율이 상당히 높아 코리빙(Co-living), 코워킹(Co-working)이라 부른다. 최근 국내 대형건설

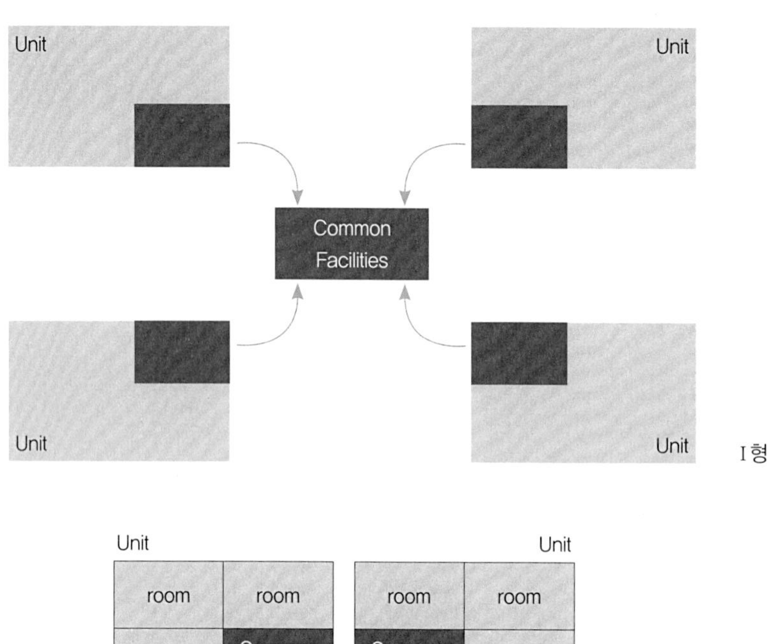

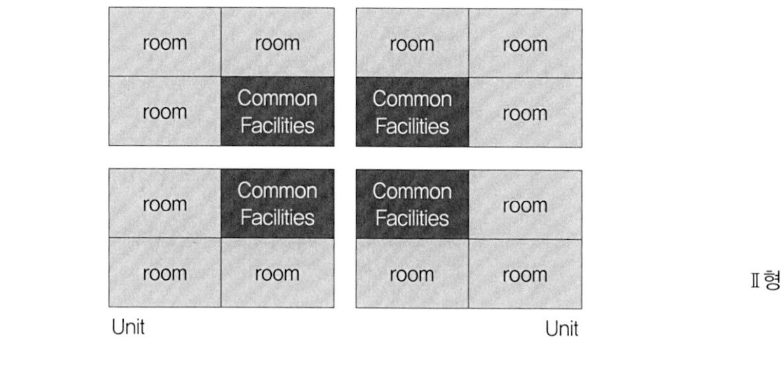

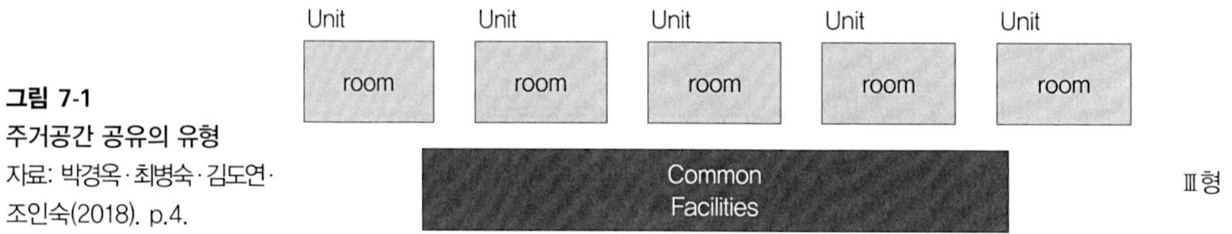

그림 7-1
주거공간 공유의 유형
자료: 박경옥·최병숙·김도연·조인숙(2018). p.4.

회사가 젊은 층의 1인 가구를 수요대상으로 하여 주택을 브랜드화하여 대규모로 공급한다.

공간 유형별로 국내에 공급된 사례는 표 7-1과 같다.

표 7-1 국내 공급된 공동체주택의 종류

대상	유형	공급유형	소유	명칭	사례
1인 가구 청년층	Ⅲ형	공공	임대	행복주택, 협동조합형 공공임대주택, 공유주택, 셰어하우스	가좌 행복주택, 홍은동 이웃기웃, 문정동 공공원룸, 역삼동 공공원룸
	Ⅱ형	공공소유(지원)+사회적 경제주체 운영	임대	(서울시)리모델링형 사회주택	안산시 사동 청년주택, 본오동 청년주택, LH달팽이집, 자몽셰어하우스
1인 가구	Ⅱ형	민간 부동산임대 운영	임대	셰어하우스	다수
		주택협동조합 부동산임대 운영	임대	공유주택	민달팽이주택협동조합
	Ⅲ형	부동산소유 운영	임대	대기업 브랜드	다수
1인 가구 노인	Ⅱ형	공공	임대	보린주택	서울시 금천구 보린주택
핵가족 (세대 통합형)	Ⅰ형	민간	자가, 협동조합	협동조합주택, 공동체주택	소행주, 하우징쿱주택협동조합
	Ⅱ형	공공	임대	두레주택	서울 방학동 두레주택
	Ⅲ형	공공	임대	협동조합주택, 공동체주택	서울 만리동 예술인 협동조합주택 막쿱, 서울 가양동 협동조합형 공공주택 이음채
	Ⅰ형	공공토지임대부+민간(사회적 경제주체)	지상권 소유	공동체주택	소행주 5호
	Ⅲ형		임대	서울시 토지임대부 사회주택, 서울시 민관협력형 공동체주택	더불어숲 성산, 녹색친구들 창천, 서울 신내동 너나들이

2) 국내 관련제도

국내에서는 공간을 공유하는 주택이 사회적 요구에 의해 먼저 건설되었고, 제도적인 정의가 후속적으로 이루어졌다. 제도적인 정의 이전에는 서구에서 사용된 명칭인 코하우징이나 컬렉티브하우스, 공동체성이 강조된 공동체주거(community housing), 공간을 공유한다는 의미의 공유주택 등 다양한 용어를 사용하였다. 공동체주택이라는 용어는 서울시 조례에서 정의되었고, 셰어하우

표 7-2 공유공간이 있는 주택의 정의

용어	정의	자료
공동체주택	주택법 제2조에 따른 주택 및 준주택으로서 입주자들이 공동체공간과 공동체규약을 갖추고, 입주자 간 공동 관심사를 상시적으로 해결하여 공동체활동을 생활화하는 주택을 말한다.	「서울특별시 공동체주택 활성화 지원 등에 관한 조례」 제2조 1항
공유주택 (share house)	공통된 특성이나 관심사를 가진 1인 가구들이 모여 주거지 내 주방, 거실 등 일부 공간을 공유하면서 함께 살아가는 새로운 유형의 주택을 말한다.	「부산광역시 1인 가구 지원에 관한 조례」 제2조 4항 「서울특별시 금천구 1인 가구 기본 조례」 제2조 4항
공유형 민간임대주택	가족관계가 아닌 2명 이상의 임차인이 하나의 주택에서 거실·주방 등 어느 하나 이상의 공간을 공유하여 거주하고, 임차인이 각각 임대차계약을 체결하는 주택	「민간임대주택에 관한 특별법」 제4조 2항

스라는 용어는 1인 가구를 지원하기 위한 지자체 조례에서 정의되었으며, 공유형주택으로 정의한 것은 법령에 의해서이다(표 7-2).

서울시는 공동체성을 기반으로 한 주거지원을 위해 2017년 7월 「서울특별시 공동체주택 활성화 지원 등에 관한 조례」(이하 서울시 공동체주택 조례)를 제정 시행하면서 공동체주택을 "입주자들이 공동체공간과 공동체규약을 갖추고, 입주자 간 공동 관심사를 상시적으로 해결하여 공동체활동을 생활화하는 주택"으로 정의하였다. 조례에서 공동체주택의 3가지 조건으로 공동체공간, 공동체규약, 공동체활동을 제시한 것이다. 서울시는 공동체주택에 대한 재정적 지원과 용적률 상향·주차면적 하향에 대한 공간적 지원을 하고 있으며, 2019년부터 공동체주택 인증을 실시하고 있다.

한편 1인 가구를 위한 셰어하우스의 공간구성에 대해서는 지자체 조례로 별도로 정의하였다. 「부산광역시 1인 가구 지원에 관한 조례」(시행 2016.12.3)와 「서울특별시 금천구 1인 가구 기본 조례」(시행 2017.5.15)에서 셰어하우스와 공유주택을 동일한 의미로 보았고, '공통된 특성이나 관심사를 가진 1인 가구들이 모여 주거지 내 주방, 거실 등 일부 공간을 공유하면서 함께 살아가는 새로운 유형의 주택'으로 정의하였다.

국토교통부는 「민간임대주택에 관한 특별법」 개정(2018.1.16)을 통해 기업형 임대주택(뉴스테이)을 '공공지원민간임대주택'으로 제도를 개선하면서 청년층을 위한 주택을 공급하기 위하여 지자체 조례의 셰어하우스와 같은 의미로 '공유형 민간임대주택'의 개념을 도입하였다. "공유형 민간임대주택은 가족관계가 아닌 2명 이상의 임차인이 하나의 주택에서 거실·주방 등 어느 하나 이상의 공간을 공유하여 거주하고, 임차인이 각각 임대차계약을 체결하는 주택"으로 정의하였다. 이 법에서 명시한 공유형주택은 「주택법」[5]상에서 공동주택, 세대구분형 공동주택, 도시형생활주택에 해당되고, 「건축법」상의 공동주택에 해당된다. 즉 국내 관련법이나 제도에서는 공간을 공유하는 거주방식으로 정의하고 있지만, 공동체주택, 공유주택, 셰어하우스 등으로 '주거'가 아닌 '주택'이라는 용어를 사용하고 있다.

현재 지자체 조례나 법에서 정의한 용어를 정리해보면, 셰어하우스, 공유주택, 공유형주택은 같은 의미로 사용되고 있으며, 한 가구가 거주하는 공간은 모든 공간을 갖춘 주택이 아니며 다른 가구와 주방, 거실 등 일부 공간을 공유하는 주택이다. 서울시 공동체주택 조례의 공동체주택 정의에는 한 가구가 거주하는 공간이 모든 공간을 갖춘 하나의 주택이든 아니든 관계없으며, 코하우징 형태뿐만 아니라 셰어하우스도 공동체공간·공동체규약·공동체활동의 3가지 조건을 충족하면 공동체주택에 포함될 수 있도록 하였다. 현재로서는 용어사용에 혼란이 일어날 수밖에 없다.

또한 셰어하우스 형태에 대해서는 공간에 관련된 1인당 면적, 시설을 비롯한 관리, 운영에 관한 기준이 마련되어 있지 않아 주거의 질적 측면에 문제가 내재되어 있다. 일본, 영국, 호주는 1인 가구의 증가로 인한 대도시의 주거문제에 대한 민간의 대응방안으로 하나의 주택에 여러 가구가 공간을 공유하는 방식의 제도적 기반을 마련하였다. 일본의 공동거주형주택(셰어하우스), 영국의 HMO(Houses in Multiple Occupation), 호주의 루밍하우스(Rooming House)라 정의하는 공동거주 주택형태는 신축보다 기존 주택을 개조하거나 빈집을 활용한 형태가 대부분이지만, 최소한의 주거환경을 갖추고 안정성을 확보하기 위한 시설기준, 운영 및 관리기준이 명확히 제시되어 있다. 하나의 주택에 거주하는 인원수 제한, 거주인원수에 따른 공용공간의 면적 및 시설기준을 제시하고, 등록제도를 도입하고 있다(박경옥·최병숙·김도연·조인숙, 2018).

즉, 일본, 영국, 호주는 셰어하우스를 물리적인 주택형태가 아니라 거주형태로

5 「주택법 시행령」 3조 공동주택은 아파트, 연립주택, 다세대주택, 9조 세대구분형 공동주택, 10조 도시형생활주택이 해당되며 「건축법」의 공동주택은 아파트, 연립주택, 다세대주택, 기숙사가 해당된다.

정의하고 있다. 건축적인 기준에 따른 등록 또는 인허가 취득을 하므로 최저주거기준 이상의 주택이라는 점이 앞으로 국내 셰어하우스 공급에 적용해야 할 부분이다.

3. 국내외 공동체주택에서의 생활

1) 국내

(1) 연령혼합형 공동체주택

국내 민간에서 연령혼합형 공동체주택이 건설되기 시작한 것은 중산층의 자가소유에 대한 모색이었다. 저금리 기조로 전세가격이 급속히 오르면서 개별 단위주택의 크기를 줄이는 대신 부족한 공간을 공동체공간으로 보완함으로써 전세가격으로 자가로의 전환을 달성할 수 있었다. 현대 도시 가족의 문제를 해결하기 위해서 입주가구는 연령혼합형이 바람직한데, 민간 공동체주택은 가족생활주기상 유아기나 초등교육기에 속한 가구가 자녀를 안전하고 양호한 환경에서 양육하고 싶어 하는 요구 또는 노후에 외롭지 않게 살고 싶은 요구로 건설하는 경우가 다수이다. 현재 민간에서 연령혼합형 공동체주택을 지속적으로 공급하는 대표적인 건설주체는 소행주[6] 마을기업과 주택협동조합방식으로 공급하는 하우징쿱이 있다.

① 소행주 마을기업의 주택

도심 마을공동체로 알려진 서울 마포구 성미산마을(망원동, 성산동 일원)에서 공동육아를 하면서 거주하고 있거나 활동하였던 세대들은 협동조합방식에 익숙하였으므로, 9가구가 모여 집을 짓기로 했고 소행주 마을기업이 코디네이

6 소통이 있어 행복한 주택의 줄임말. 업체 이름과 주택의 이름을 겸해서 사용한다.

7 소행주 1호 건축과정은 책으로 발간되었다[소행주·박종숙(2013). 우리는 다른 집에서 산다. 현암사].

터를 하여 2011년 4월 공동체주택 '소행주 1호[7]'에 입주하였다. 소행주 마을기업은 지속적으로 성미산마을 지역과 과천, 부천, 부산 지역에도 공동체주택을 다수 건설하였고, 건축비에 토지비용을 줄이기 위해 민관협력형 공공토지 임대부 방식으로 자가형 소행주 5호, 서울시 신내동 임대 공동체주택 2동도 건설하였다. 신내동 공동체주택은 도시형생활주택 형태이며 각각 24세대로 육아형과 여성안심형 임대주택이다.

소행주 마을기업이 건설한 공동체주택은 대부분이 도심에 4~11세대의 소규모 다세대주택 형태이며, 가구마다 면적과 평면구성을 다르게 한다. 이동의 편리를 위해 엘리베이터를 설치하는 것도 특징이다. 경제적인 측면에서 개별세대가 지불하는 건축비용을 줄이기 위하여 공동체주택에 마을기업, 방과후 교실, 근린생활시설이 함께 구성되기도 하고, 지역사회와 공생하기 위하여 청년층

더 알아보기

소행주 1호

소행주 1호는 2011년 초에 입주하였으며 9가구가 상부상조하며 공동활동을 하면서 현대적 확대가족과 같은 관계를 형성하고 있다. 2층에 33.6㎡의 공동체공간이 있다. 공동체공간은 월 1회 반상회와 정기회의, 그룹 취미활동, 공동육아, 공동식사 및 공동 놀이방의 기능을 한다. 공동식사는 저녁만 도우미에게 의뢰하는 방식이며 원하는 세대의 주부와 자녀가 모여서 저녁을 먹는다. 연중행사로 공동세배를 하며 아내들 여행, 남편들 여행을 별도로 하기도 하고, 각 세대의 자녀가 입학, 입대, 제대를 할 때 함께 행사를 진행한다.

주택 내부의 공동체공간 이외에도 공동체활동을 촉진하는 공간이 다수 있다. 옥상정원에서는 빨래 말리기, 텃밭 가꾸기, 함께 바비큐도 즐긴다. 주차장은 차량이 없는 낮 시간 동안에 아이들의 놀이공간으로 이용된다. 각 층에는 공동 신발장이 설치되어 있고, 공동창고는 공동으로 사용할 수 있는 물품들을 보관하는 수납장으로 쓰인다. 공동체공간이 있는 2층에는 근린생활시설로 지역 내 공방, 서예교실 등도 배치되어 있다.

사진제공: 소행주

을 위한 셰어하우스가 구성되기도 한다. 주택건설진행 초기단계부터 입주가구의 공동체 형성을 위한 프로그램을 진행하며, 거주자참여 계획으로 개별단위주택의 자유설계를 하고, 공동체공간은 최소 1가구당 3.3㎡의 비용으로 입주자들이 입주 후 어떠한 삶을 살고 싶은지에 대한 요구를 반영하여 함께 논의하여 결정한다. 입주 후 자치관리를 하며 일부 공용공간의 청소를 외부인에게 의뢰하기도 한다.

② 하우징쿱 협동조합주택

하우징쿱은 주택협동조합을 설립하여 공동체주택을 건설하는 것이 특징이다. 2014년 8월 협동조합방식으로 서울 은평구의 '구름정원 사람들'[8]을 국내 최초로 준공하였고, 수도권과 농촌지역을 포함해 전국적으로 협동주합주택을 건설하고 있다. 도시에서는 다세대주택 형태이며, 농촌지역에서는 세대별 단독주택의 마을로 계획한다. 주택협동조합의 운영은 조합원을 대상으로 정기적으로 한 달에 1회 공동체와 주택에 대한 세미나를 개최한다. 공동체주택의 토지 등기는 조합 또는 공동명의이고, 개별주택은 사업지에 따라 구분소유 또는 조합소유이며 공동체공간은 조합소유 또는 공동소유이다.

개별주택의 규모와 공간구성을 달리하는 것은 소행주와 같으며, 공동체공간은 대부분 20㎡ 내외의 적은 면적으로 입주자들의 자유로운 회의, 강좌 및 교육, 밥상 모임 등으로 사용된다. 사업지 별로 공동체공간 이용이나 공동체활동에 편차가 있다. 공동체공간 이용이 낮거나 공동체활동이 없는 주택의 이유로는 입주 이후 거주자가 변경되면서 주택설계과정에 참여하지 않은 거주자의 공동체공간에 대한 만족도가 낮고 이웃 간에 공동체활동으로 연결되지 않기 때문이다. 입주 후의 공동체공간과 공동체활동이 활성화되기 위해서는 입주자의 참여설계 과정에서 공동체공간이나 공동으로 사용하는 공간에 대한 논의를 충분히 하여야 하며, 운영적 측면에서 공동체공간의 성격을 명확히 하고 필요한 시설물을 입주 이전부터 논의하여 설치하는 것이 중요하다. 공동체공간의 주택 내 위치와 활용 용도는 공동체공간의 접근성이 양호한 1층이나 주택 단지의 출입구 쪽에 배치 될 때 활용도가 높다(김란수, 2019).

8 구름정원 사람들의 건축과정은 책으로 발간되었다[홍새라(2015). 협동조합으로 집짓기 마흔 이후, 여덟 가구가 모여 평생 살 집을 짓다. 휴].

그림 7-2
하우징쿱의 공동체주택
좌. 구름정원사람들 외관/공동체공간
우. 제주 오시리가름 단지와 공동체시설

연령혼합형 공동체주택에서는 일상적인 식사를 하지 않는 경우가 대부분이며, 공동체활동은 느슨한 공동체를 지향하여 개인의 독립된 생활에 지장이 없고 모임에 대한 참석을 거주자 스스로 결정할 수 있는 민주적인 분위기이다. 거주자 참여설계로 진행되지만 입주세대에 대한 공동체프로그램을 어느 정도로 운영하는지가 입주 후의 입주세대의 공동체의식의 정도에 영향을 미치며 공동체공간 사용과 공동체활동의 정도 차이로 이어진다. 설계 단계에서 공동체공간의 공간적 특성과 더불어 입주 후 운영 및 관리에 대한 부분을 구체적으로 논의하고 합의하는 것이 중요하다. 오랜 기간 거주하는 동안 세대별로 주거이동이 이루어지므로, 건설과정에 참여하지 않은 이사 오는 세대를 어떻게 공동체주택의 일원으로 받아들일지에 대한 방안을 마련하는 것이 공동체주택을 유지하는 데 중요한 요소가 된다.

(2) 민간임대 셰어하우스 공동체주택

청년 주거문제를 공론화하고 제도개선을 요구하기 시작한 것은 민달팽이주택

그림 7-3 국외 코리빙·코워킹
좌. 영국 런던 올드 오크(Old Oak) 코리빙(Co-living) 아파트(자료: © David Hawgood / www.geograph.org.uk)
우. 캐나다 밴쿠버 위워크(we-work)의 코워킹(Coworking) 스페이스(자료: © GoToVan / commons.wikimedia.org)

협동조합(이하 민큽)[9]의 활동으로 본격화되었다. 민큽은 직접 주거공급을 하고 있으며, 달팽이집은 주택을 임차 후 재임대하며 셰어하우스 형식으로 공급된다. 2014년 5월 달팽이집 1호를 시작으로 2020년 현재 7호를 공급(운영종료 3호 있음)하였고, LH(한국토지주택공사), SH(서울주택도시공사) 사회적 주택[10] 6동, 전주 1호를 운영하고 있다. 달팽이집의 임대료는 입주한 조합원들의 주거비 부담을 최소화하기 위해서 건설원가에 기반을 두어 임대료를 산출하고, 수선과 운영비용을 제외한 일체의 비용을 최소화하여 결정한다. 이를 통해 시세의 80% 수준으로 청년들에게 부담 가능한 수준에서 주거를 제공한다(김기태·조현준, 2017).

민간의 영리목적의 셰어하우스와 비교해보면, 민큽의 셰어하우스 운영방식의 특징은 공동체형성으로 입주자 간 갈등을 줄이고 사적인 친밀감과 신뢰를 높이는 공동체활동에 중점을 두고 있다는 것이다. 예비 조합원교육, 입주자 교육 및 워크숍, 조합원 리모델링 참여 프로그램을 운영하고 있다. 공급 단계에서는 '수요자 집단 형성' 프로그램을 통해 주택공급을 하고 공동체를 형성한 수요자들이 직접 주택을 물색하고 공급과정, 관리, 교육에까지 참여하는 방안을 모색하고 있다.

공동체 운영을 위해 달팽이집은 매달 반상회를 열고 입주자들이 참여하도록 권장하고 있으며, 서로 다른 달팽이집에 입주한 입주자들과 비입주 조합원들도

9 민달팽이주택협동조합(https://minsnailcoop.com). 2020.5.12. 검색

10 사회적 주택은 한국토지주택공사, 서울주택도시공사 매입임대주택을 사회적 경제주체와 협업을 통해 저소득 청년층에게 저렴하게 임대하는 사업이다. 취약계층의 주거안정을 지원하고 입주민이 참여하는 다양한 프로그램을 반드시 운영하여 주거공동체 활성화를 유도해야 한다.

참여하는 교류회를 개최하고 있다. 반상회는 각 집별 자치 운영 협의의 공적인 장이며, 안부 및 안건 확인 등 소통의 시간이 된다. 집별로 집사, 회계담당자, 시설담당자로 역할이 구분되어 있으며 사무국에 요청하여 각 집별 개성에 맞는 역할자를 배치할 수 있다. 집별로 관리 문제가 생길 경우 입주자 중에서 주도적으로 조합과 일을 진행할 담당자를 한 명씩 선정하고 있다. 이들은 조합상근자와 함께 주택관리에 관한 회의를 진행하기도 하며 살면서 겪는 주택의 문제 상황을 조합에 알리고 조합의 일처리를 입주자들과 공유한다. 집별로 소모임을 지원하기도 한다(김기태·조현준, 2017; 민달팽이주택협동조합 홈페이지). 입주자들이 달팽이집을 선택한 동기나 달팽이집에 거주하면서 만족하는 점으로 주거비나 주거환경 외에 "같이 밥을 먹을 사람이 생겼다", "안전한 기분이 든다", "일상을 나눌 또래들이 생겨서 좋다"고 한 결과를 보면(서울시 의회, 2016, 김기태·조현준, 2017 재인용) 청년층 1인 가구의 외로움, 혼자 식사하는 문제, 안전하지 않은 주거 등에 대한 문제를 해결한 것으로 평가된다.

2) 국외

(1) 스웨덴, 덴마크, 미국의 코하우징

스웨덴, 덴마크는 공동체주택이 많이 보급된 국가이다. 특히 덴마크의 자치관리모델은 현대적 공동체주택으로 여러 국가에 보급되었다. 스웨덴에서는 1930년대부터 공동주택에서 식사와 세탁 등을 배달서비스 받는 서비스모델의 공동체주택이 있었으며, 1970년대부터 주민들이 참여하여 운영하는 자치관리 모델(self-work model)로 변화하였다. 공동체주택은 컬렉티브하우스라 부르며 소유형태는 대부분이 공영임대주택이다. 임차자들로 구성된 주택조합이 지방정부 소유의 공영주택회사로부터 임차한 주택을 조합원에게 재임대하는 방식이다. 덴마크에서 공동체생활에 대한 관심은 1960년대 말부터 시작되었고 공동체주택이 완공된 것은 1970년대 초반이다. 공동체주택을 만든 단체가 노력하여 1981년 협동조합주택법 제정 이후 협동조합주택 융자금을 받을 수 있게 된 것이 공동체주택 건설에 크게 기여하였다. 덴마크에는 연령통합형 공동체주택보

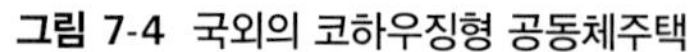

그림 7-4 국외의 코하우징형 공동체주택
좌. 미국 선워드(Sunward) 코하우징(자료: commons.wikimedia.org, CC0)
우. 캐나나 윈드송(Windsong) 코하우징의 보행자 도로(자료: © Julien Lamarche / www.flickr.com)

다 은퇴 후 노인들을 위한 시니어 공동체주택 수가 더 많은 것이 특징이다. 미국의 공동체주택은 1980년대에 시작되었다. 공영임대주택보다 개인이나 조합소유의 공동체주택이 주류를 이루며, 공동체주택의 건설을 전문적으로 컨설팅해 주는 컨설턴트와 코디네이터가 있다(최정신·홍서정, 2017).

국외의 공동체주택은 대도시 이외에는 단독주택 단지로 건설되는 경우가 많으므로 독립적인 건물의 공동체공간(common house)을 배치한다. 공동체공간의 규모는 공동체의 요구에 따라 차이가 있고, 공간 종류는 공동거실, 공동부엌과 식당, 유아놀이방, 취미실, 세탁실, 게스트룸, 작업실 등으로 다양하게 구성된다. 이 중 공동부엌과 식당은 공동식사가 이루어지므로 반드시 설치된다. 공동체공간의 위치는 거주자의 접근성을 고려하여 단지 입구나 단지 중심에 배치한다.

입주 후 거주자들의 공동체활동은 입주동기, 연령 구성, 거주자 수 등에 따라 달라진다. 대부분의 공동체주택에서 거주자들이 당번을 정해 식사준비를 하고 공동식사를 하는 것이 일반적이다. 거주자들은 공동체공간의 청소, 정원 관리, 건물의 유지관리 등에 참여하며 거주자 수가 많으면 최소 1개 이상의 위원회에 가입하여 활동을 하여야 한다. 이러한 활동을 하기 위하여 비용이 필요하므로 관리비를 내고 월 1회 정도의 주민회의를 열어 안건을 결정하는데 다수결보다는 만장일치 방식으로 진행한다.

(2) 일본의 컬렉티브하우스

일본은 공동체주택을 컬렉티브하우스로 부르며, 스웨덴의 '컬렉티브하우스'를 모델로 하였다. 1995년 간사이(關西)지역의 한신·아와지(阪神·淡路)대지진 이

후에 피해를 입은 세대, 특히 노인세대를 위한 공영의 복구주택으로 공급되면서 시작되었다. 민간에서는 2003년에 코디네이터 회사인 'NPO법인 컬렉티브하우징사'가 컬렉티브하우스를 기획하여 주민이 관리하는 자주관리형 1호로 도쿄도(東京都)에 '캉캉모리(かんかん森)' 임대주택의 입주가 이루어졌다. 이후 'NPO 컬렉티브하우징사'가 도쿄도에 다수의 건물을 임차하거나 신축하여 임대형식으로 운영하고 있다. 그 외의 지역에는 개인이 건설한 소수의 사례가 있다.

공간적인 특성 면에서 개별주택과 공동체공간으로 구성되는 것은 서구의 사례와 동일하나 대개 한 개 동의 건물로 되어 있거나 고층건물의 일부 층에 계획되기도 한다. 개별주택은 원룸, 2인이 사용하는 셰어룸, 가족형이 있다. 공동체공간의 구성이나 면적, 설비는 각 컬렉티브하우스에 따라 차이가 있지만 공동식사를 전제로 하여 공동부엌·식당, 공동거실(common room)이 공통적으로 배치되고 공동세탁실, 아동놀이공간, 취미 작업실, 게스트룸, 창고 등이 구성되어 있다. 도쿄도에 신축한 '세이세키(聖蹟)'는 임대주택이지만 입주 전 2년간 입주자의 공동공간에 대한 요구를 설계에 반영하였고 입주 후 거주자조합이 설비를 맡았다.

거주가구는 연령혼합형이고, 1인 가구가 40~60%로 높은 편이지만 20대 부터 65세 이상 노인층까지 폭넓은 연령층이 거주한다. 공동식사와 공용공간의 청소는 당번을 정해서 하며 지속적으로 공동체의식을 높이기 위하여 이벤트그룹, 원예그룹 등으로 나누어 활동한다. 1주일에 2~5회 당번제로 공동식사를 하고 공동체공간에서는 다양한 프로그램, 이벤트를 하며 거주자들이 직접 유지·운영 관리하고 있다. 거주자모임을 통해 공동체생활을 하는데 필요한 생활규정을 정하지만 강한 강제력을 갖고 있지 않다. 임대형식이므로 거주자의 입·퇴거 관리나 생활상의 문제를 코디네이터 회사가 조정하는 역할을 하며 입주자가 회사에 비용을 지불한다. 코디네이터 회사가 코디네이터를 한 경우는 입주 시 회사의 회원이 되어야 하는 것이 조건이다.

컬렉티브하우스는 처음 의도한 목적대로 청년층과 노인층의 1인 가구에게는 공동식사와 공동활동으로 외로움과 가사부담을 덜어주었다. 자녀양육기에 속한 가구는 자녀가 다양한 연령대를 접하고 이웃집 자녀와 친구·형제처럼 지내며 이웃이 스스럼없이 아이를 돌봐주는 환경이어서, 출산요구가 생겨 자녀 출산이 늘었으며 전반적인 만족도가 높았다. 그러나 자주운영(자치관리)을 하므로 '여러 역할을 맡아 시간내기가 어렵다'거나 만장일치의 의사결정이 대부분이므로 '여러 사람의 의견을 하나로 모으기가 힘들다'고도 하였다. 특히 일에 바쁜 30~40대는 '공동생활공간에서 여유 있게 있을 수 없다', '어떤 관계를 갖는 것이 좋을지 생각하게 만든다'와 같은 어려움이 있었다(고야베 이쿠고 외, 2013).

코디네이터 회사인 'NPO법인 컬렉티브하우징사'는 입주희망자를 모집하는 방법으로 2주에 1회 일반인을 위한 컬렉티브하우스에 대한 공개세미나·견학을 기획하고 입주하기를 원하는 컬렉티브하우스의 탐색과 적응 가능성을 알아볼 수 있는 기회를 제공하는 역할을 한다. 입주희망자는 입주하기를 원하는 컬렉티브하우스에서 입주 전에 공동식사를 여러 번 하고 게스트룸에 머물면서 입주할 컬렉티브하우스 거주자와 상호 같이 살아갈 수 있는지를 알아볼 수 있다. 컬렉티브하우스의 월례 정기모임에는 회사의 코디네이터가 참석하여 건물에 관련된 문제를 건축업자나 건물 주인에게 전달하는 역할과 공동생활에 대해 객관적인 입장에서 조언을 해준다. 거주자가 공동체공간 및 공용공간의 공동관리를 어려워했던 경험을 통해 리빙 어시스턴트(living assistant)를 상주시켜 월 1회 정도의 거주자 교류를 위한 행사(입주 시 환영회, 차모임, 식사모임 등)를 진행한 경우도 있다. 이 사례는 입주자가 주도적인 공동체활동을 하지 않으므로 시간이 지나도 낮은 공동체의식 단계에 머물러 있었다. 공동체의식을 높이기 위해서는 자치관리가 필요한 방법이라는 것을 보여준다.

그림 7-5
세이세키 컬렉티브하우스
좌. 정면 외관
우. 주출입구의 알림 게시물들

4. 공동체주택의 전망

삶의 질에 대한 요구가 높아질수록 자신과 가족의 생활에 맞는 주거에 대한 요구도 높아진다. 공동체주택은 다른 사람과 더불어 살며 서로 지원하는 삶의 가치를 가진 사람들에게 적절한 대안주택이다. 공유경제가 확산되어 가면서 공유부엌, 공유 오피스, 에어비엔비(Airbnb)와 같이 공간의 공유에 대한 다양한 방법들이 시도되어 왔다. 그러나 2020년 초의 코로나 바이러스의 대유행(pandemic)으로 물건의 공유, 공간의 공유가 상당히 위축되었고, 공유경제가 앞으로 축소될 것이라고 예측한다. 비대면(untact), 사회적 거리 두기를 지키는 것이 우선은 바이러스 감염을 막을 수 있는 방법이며 특히 알지 못하는 불특정 다수와의 접촉을 줄이려는 것이다. 이 시기에 대부분의 사람들은 장거리 이동과 여행을 줄이며 지역사회 내 가까운 거리에서 구매, 여가 활동이 주로 이루어지면서 개인 간에 서로 인지하는 범위 내에 있는 공동체의 중요성은 오히려 더욱 부각되었다. 불안한 현실에서 개인주의를 넘어선 사회적 유대가 필요한데 일상적 주거공간을 공유하는 잘 아는 이웃에게서 심리적 위안과 지지를 얻을 수 있기 때문이다.

앞으로 현대가족의 가족기능을 보완할 수 있는 주거형태로 민간의 공동체주택 공급을 활성화하기 위하여 제도적 측면에서 보완해야 할 사항이 여전히 많다. 우선되어야 할 사항은 공동체공간에 대한 법적 공간의 용도를 명확히 하여야 하며 공동체주택의 특징을 반영하여 사용할 수 있도록 규정되어야 한다. 공동체주택의 공급에서 자금조달은 가장 어려운 문제인데 재원이나 재정적 지원 정도는 미흡하다. 민간·자가형 공동체주택의 대출상품 개발, 조합 명의의 융자 등으로 자금조달의 다각화가 가능하도록 금융제도가 확립되어야 한다. 또한 공동체주택 공급 전문업체가 입주 전, 입주 시의 생활프로그램 진행과 입주자의 자치관리가 효율적으로 이루어지도록 지원하는 공동체주택의 공급 및 운영 시스템이 구축되어야 한다(정지인·박경옥, 2017).

HOUSING TRENDS

순천 기적의 놀이터

CHAPTER 8

아이 키우기 좋은 주거와 마을

1. 아이 키우기 좋은 주거와 마을이란?
2. 아이 키우기 좋은 주거와 마을의 요건
3. 육아환경을 지원하는 공공의 노력

급속한 경제성장기를 거치며 주거의 양적 공급 위주의 개발지향적인 주거지 계획은 마을길과 마을 내 공동체를 앗아갔다. 성인 중심적이고 자동차 중심적인 주거지 속에서 아동들의 생활 영역은 제한되었고 아동들은 주거지 내에서 놀 장소와 놀 권리를 잃어버렸다. 이러한 환경 속에서 자녀에게 놀 장소를 제공하고 자녀의 발달 욕구를 해결해주는 것은 오롯이 부모들의 몫이 되어 집 안에서든 집 밖에서든 아이 키우기란 매우 부담스럽고 어려운 현실이 되었다. 이러한 환경의 변화와 함께 저출산 현상이 지속되고 있는 현 시점에 아이 키우기 좋은 주거와 마을은 어떤 곳인지 알아보도록 한다.

1. 아이 키우기 좋은 주거와 마을이란?

1) 육아환경의 현실

아이 키우기 좋은 주거와 마을에 대해 살펴보기 전에 우리의 육아환경 현실을 짚어 보도록 하자. 청주시 민간아파트 단지들 중 2014년부터 2016년에 입주한 세대 전용면적이 60㎡ 초과~85㎡ 이하의 중소형으로 이루어진 8개 단지의 옥외 육아환경을 조사한 연구(김효정·박경옥, 2017)에서는 아파트 단지 옥외 육아환경에 대해 다음과 같은 문제점을 지적하였다. 단지 주출입구의 자동차 출입구와 보행자 건널목의 혼용, 주거동 출입구의 방향이 주차장 출입구나 자동차 도로 방향이라 위험함, 필로티 하부의 사공간화로 지저분하고 유지관리가 어려움, 유모차가 지나다니기에 좁은 단지 내 보행도로, 아동들이 경사로를 따라 내려오자마자 자동차도로를 만나게 되는 위험, 자동차도로와 맞닿아 있는 휴게공간, 수변공간 휴게시설의 미끄러운 마감재료와 뾰족한 모서리, 유치원버스 승하차장이 없거나 4차선 도로에 접해 있어 유아들의 승하차 시 위험, 유치원버스 승하차장에 인접한 단지 출입구가 경사로가 없는 계단으로만 계획되어 있어 유모차로 이동 어려움, 자동차도로와 인접한 광장에서 공놀이 시 위험, 광장에 벤치가 없거나 그늘이 없어서 부모들이 아동들을 지켜볼 때 휴식이 용이하지 않음, 놀이터의 벤치가 한 곳에 밀집돼 있거나 파고라의 방향이 적절하지 않아서 놀이터에서 노는 아이들을 지켜볼 때 시야가 가려짐, 놀이터 영역이 보호되지 않음, 어린이놀이터에 인접하여 쓰레기 분리수거장이 위치해 있어서 놀이터에서 쓰레기냄새가 남 등이다. 이에 대해 단지 주출입구에서 차량입구와 보행입구의 완충공간을 이용한 분리, 주거동에서 뛰어나가는 영유아의 안전을 고려한 출입구의 방향, 필로티 하부를 아동들의 바깥놀이용 물건들(예: 모래놀이 삽, 장난감 트럭 등)의 창고 분양으로 활용, 경사로에서 뛰어내려오는 아동들을 고려한 경사로 진입위치, 미끄럼방지가 고려된 수변공간의 재료, 유치원버스 승하차장의 안전한 위치에 대한 고려, 유치원버스 승하차장 인근의 유모차 이동을 고려한 경사로 계획, 아동들의 공놀이를 고려한 광장의 위치와 놀이터의 영역 보호, 벤치 설치 시 놀이하는 아동들을 관찰하기 쉬운 위치와 방향 설정 등을 개선점으로 제안하였다.

또 다른 예로, 청주시에서 영유아를 양육하고 있는 부모들을 대상으로 육아환경에 대한 인식을 조사한 연구(김효정, 2019)에서는 주거지로서의 만족도는 보통 이상으로 양호한 편이라 해도 육아환경으로서는 더 낮은 만족도를 보여주었다. 구체적으로 육아환경에 대한 만족도가 보통(1점~4점 중 2.5점) 이하로 나타난 항목인 외부환경의 배기가스, 놀이터의 다양한 놀거리, 아동들이 자유롭게 뛰어다닐만한 녹지면적, 친수공간, 자연접촉 기회, 영유아(유모차)를 동반한 대중교통 이용편리, 놀이시설의 연령대별 구분 등에서 부모들의 만족도가 낮게 나타났다. 이러한 항목들은 현재 우리의 주거환경을 둘러보았을 때 충분히 갖추고 있지 못한 것들에 해당하며 영유아를 양육하는 부모들이 나타낸 낮은 만족도는 우리의 육아환경의 현실을 보여준다.

2) 아이 키우기 좋은 주거와 마을의 모습

만 2세가 되면 아이들은 독립심이 자라 붙잡은 부모의 손을 놓고 혼자서 걸으려 한다. 이 시기의 독립적 보행은 아동의 자연스러운 발달 욕구이며 자율성과 독립심의 기초가 된다. 그러나 아동에게 적합하지 않은 환경 속에서 부모들은 긴장하고 자녀의 자율성을 제한하며, 그 과정에서 어린 자녀와 불필요한 갈등을 겪는 것을 흔히 보게 된다. 독립성이 발달하는 시기에 아이들은 '싫어', '내가'라는 말로 스스로 자율성을 발달시키려 하나, 부모의 손을 놓으면 위험에 처해지도록 제공된 주거환경은 부모들로 하여금 '육아가 힘들다'고 느끼도록 하고 있다. 이러한 현상이 아이들의 발달과정에서 자연스런 독립욕구임을 인식한다면 우리의 주거환경은 아이들의 독립성을 비롯하여 기타 아동발달의 제반욕구를 지원하는 것이 필요하다. 이는 결국 아이들에게 자연스런 발달을 촉진하는 환경이며, 부모들에게 육아가 수월한 환경이다. 아이들에게 적합하지 않은 환경, 아이들을 수용하지 않는 환경, 아이들이 일방적으로 성인지향적인 환경에 맞게 행동하도록 강요받는 환경, 그로 인해 아이가 행복하지 않고 부모가 육아하기 힘든 환경으로 어느덧 우리의 주거와 마을은 변화해 버렸는지 모른다. 아이들의 독립심이 존중받고 자율성이 획득되는 환경이 제공될 때 육아는 쉬워진다.

더욱이 아이들이 스스로를 조절하는 능력은 자율성의 경험이 누적될 때 가능하다.

최근의 아파트 단지들은 단지 내 녹지와 공용공간 확보, 도시로 이어지는 생활가로, 단지 내 자동차 배제, 보행 및 인간중심적인 계획으로의 전환으로 외부공간을 거주자들의 일상생활공간화하려는 여러 가지 기법들을 사용하고 있다. 그러나 그 계획들은 여전히 성인기준의 휴먼스케일인 경우가 많으며[예를 들어 영유아에게 필요한 위요(enclosure) 정도와 성인에게 충분한 위요 정도는 일상적으로 다르다], 성인위주의 계획에서 어린이요소를 특화하는 방식으로 계획되는 경우를 볼 수 있다. 예를 들어, 물놀이를 제공하는 특화놀이터와 단지 내 키즈존이 있으나 그러한 놀이공간까지의 이동경로에서 위험요소로 인해 부모의 긴장을 유발하며, 놀이터로 가는 동선에 쓰레기 분리수거장이 배치되어 있어 놀이터로 이동하는 도중에 아이들이 쓰레기를 만지는 모습도 볼 수 있다. 성인위주의 기존의 주거에서 아이들을 위한 시설을 끼워넣는 식으로 계획된 주거환경은 결코 아이 키우기 좋은 곳이 될 수 없다. 마을의 전체적인 계획에서 아이들이 언제든 혼자 다니거나 부모와 함께 다닐 수 있도록 배려하여 마을 내 구성원으로서 아이들의 활동과 성장을 고려한 주거환경이 아이 키우기 좋은 주거와 마을이다.

2. 아이 키우기 좋은 주거와 마을의 요건

아이 키우기 좋은 환경이 되기 위해서는 양육자의 편의뿐 아니라 아동의 안전과 발달이 고려되어야 한다. 먼저 아동의 안전을 지원하고 발달을 촉진하는 주거와 마을의 특성을 구체적으로 살펴보도록 하자.

1) 아동의 안전과 발달을 지원하는 환경

(1) 안전한 주거와 지역사회

아동의 안전을 위협하는 요소들은 대개 주거와 지역사회에 있다. 주거 내에서는 욕실 바닥에서 미끄러짐, 가구 모서리에 부딪힘, 창문이나 문 틈 혹은 서랍장에 손끼임, 계단이나 발코니에서의 추락 등 가정 내 안전사고에 대한 사례는 언론에서 쉽게 접할 수 있다. 안전하도록 계획된 주거환경에서 아동은 지나친 감시에서 벗어나 독립심이 자라고 부모는 편안해지며 긴장을 풀 수 있다. 공동주택 내·외부에서 발생하는 어린이 안전사고는 계획적 측면에서 예방가능한 부분이 많으며, 아동의 안전한 주거생활을 위한 계획요소를 제시하면 표 8-1과 같다.

표 8-1 공간별 아동의 안전을 위한 계획요소

구분	계획요소
세대 내부 공간	현관의 경우 현관바닥과 출입문과의 단차는 2cm 이하로 한다.
	수납가구 등의 설치 가구물은 날카로운 모서리를 지양하며, 도어 여닫음 시 손끼임 등이 발생하지 않는 구조로 계획한다.
	각 실 도어의 경우는 손끼임 방지가 가능한 구조로 계획한다.
	발코니 난간살의 간격은 7.5~11cm 이하로 유아의 머리가 빠지지 않도록 계획한다.
공용 공간	계단 논슬립의 경우는 단차 식별이 용이하도록 계획한다.
	계단 난간의 높이는 바닥으로부터 120cm로 계획하고, 유아를 위한 별도의 계단 손잡이를 65cm 내외로 계획한다.
	기계실 및 옥상출입구 등과 같이 위험한 곳의 출입통제를 위한 잠금장치 및 경고사인을 계획한다.
	필로티는 쓰레기 적재 및 범죄위험으로부터의 안전을 위해 CCTV 등을 설치, 관리가 용이하도록 계획한다.
	지하주차장 주동출입구는 유모차 및 유아를 동반한 주체의 이동이 용이하도록 자동문으로 계획한다.
	지하주차장 바닥은 보행자의 안전을 위해서 식별이 가능한 보행로를 계획한다.
단지 옥외 공간	놀이공간의 바닥은 유아의 다양한 행위를 안전하게 수용하고 유모차 이용이 용이하도록 계획한다.
	놀이공간은 범죄로부터의 안전을 위해 CCTV 등을 설치하여 관리가 용이하도록 계획한다.
	놀이시설물마다 책임자나 관리부서 연락처를 표시해두어 비상사태에 대비가 가능하도록 계획한다.
	놀이시설물은 친환경 소재를 사용하며 금속놀이기구의 경우는 햇볕에 노출되지 않도록 계획한다.
	단지 내 도로는 충돌을 예방하기 위해 과속 방지턱 및 요철포장 등을 계획한다.
	단지 내 보행로는 유모차의 통행에 불편함이 없도록 계획한다.
	출입구 주변에 학원차량 등의 주·정차를 위한 정류소 및 기다리는 주체들을 위해 비바람을 피할 수 있는 휴게시설을 계획한다.

자료: SH도시연구원(2011). pp.103-106.

지역사회에서 아동의 안전을 위협하는 것으로 큰 비중을 차지하는 것은 교통사고와 놀이공간에서의 낙하, 그리고 범죄이다. 아동은 시야가 좁고 호기심을 자극하는 것을 향해 즉각적으로 달려가는 특성이 있다. 우리의 많은 주거지들은 이러한 아동의 특성을 충분히 반영하여 계획되지 않았으므로 아동들은 자동차로부터의 위험에 쉽게 노출된다.

교통사고를 예방하기 위해 여러 나라에서는 교통정온화(traffic calming)기법을 도입하였다. 교통정온화는 보행자나 자전거 이용자가 도로를 안전하게 이용할 수 있도록 차량의 통행량과 교통흐름을 조절하는 생활교통기법이다. 교통정온화의 개념은 1960년대 네덜란드 본엘프(Woonerf; 직역하면 생활의 정원)로부터 시작되었다. 주택가의 차량속도를 30km/h 이하로 제한하고 자동차의 속도를 줄이기 위해 도로를 굴곡화시키며, 요철이 있는 바닥재를 사용하고 도로상에 화분을 두어 차량속도를 줄이는 기법들을 사용하여 보행자의 안전을 높인다. 지역사회 내에서 아동들의 활동범위는 굉장히 제한적이다. 거리와 동네는 자동차로 점령당하여 자유롭게 뛰어다닐만한 개방된 공간이 놀이터밖에 없으므로 많은 아이들이 놀이터에 모이게 된다. 놀이터에 거의 다다른 아이들은 놀이터를 향해 급하게 뛰어가다가 주위를 살피지 못하여 사고를 당하기 쉬우므로 놀이터 주변의 교통안전에 대한 엄격한 법적 규정이 필요하다.

혼잡한 놀이공간에서 안전사고가 빈번히 일어나고 있는데, 아이들이 넘어지거나 떨어지는 사고가 일어날 수 있는 놀이공간의 바닥에는 완충작용을 위해 콩자갈이나 나무껍질조각을 까는 것이 안전하다(그림 8-1). 모래는 충격완화제로 적합하지 않은데, 오염도가 높아질수록 땅이 딱딱해지기 때문이다. 충격 완화성이 가장 높은 재료는 탄력성이 좋은 나무껍질조각이나, 배수층을 만들어서 빨리 썩지 않도록 관리해야 한다(귄터 벨치히, 2015).

또한, 유괴 등의 범죄를 예방하기 위하여 셉테드(CPTED; Crime Prevention Through Environmental Design)기법을 적극 도입할 수 있다. 셉테드는 범죄예방환경디자인의 영어 첫 약자를 모아 표현한 것으로, 도시환경의 범죄에 대한 방어적인 디자인을 통하여 범죄가 발생할 기회를 줄이고 안전감을 유지하도록 하는 범죄예방 전략이다(경찰청 홈페이지). 국토교통부는 2013

그림 8-1
완충작용이 필요한 옥외놀이 공간의 바닥재료는 나무껍질 조각이 적합하다.

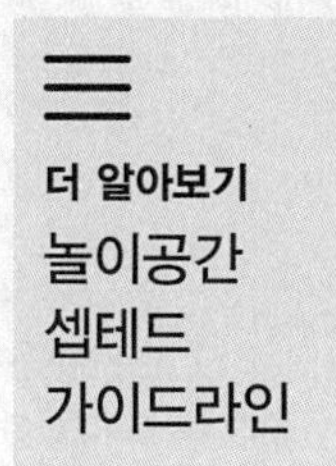

더 알아보기

놀이공간 셉테드 가이드라인

1. 어린이놀이터는 주민들의 주 보행동선과 인접하고 주동 단위세대의 창문과 경비실에서 모두 보이는 곳에 배치한다(감시).
2. 놀이터에서 어린이들이 자주 이용할 수 있도록 다양한 시설을 배치하고 놀이터에 인접해서 보호자가 쉬면서 감시하고 이웃간 교류를 증진시킬 수 있는 시설을 함께 설치한다(감시, 활용성 증대).
3. 놀이터에는 직접 조명과 CCTV를 설치한다(감시, 접근통제).
4. 놀이터 주변의 조경수목은 수고와 지하고를 고려해서 선정한다(감시).

자료: 범죄예방디자인 연구정보센터(www.cpted.kr)

년부터 공원 계획 시 셉테드 적용을 의무화하였다. 셉테드의 적용원리는 연구자별로 다르게 설정되고 있지만 대체로 '자연적 감시, 접근통제, 영역성 강화, 활동 활성화, 명료성 강화, 유지관리'의 범주를 포함하며, 이를 근거로 디자인 가이드라인이 개발되고 있다(범죄예방디자인 연구정보센터).

(2) 아동의 발달을 위한 주거환경

인간발달은 인간의 타고난 특성과 환경과의 상호작용의 산물이므로, 아동의 발달을 돕기 위해서는 유전적 요인이 최대한 발현될 수 있는 적절한 환경을 제공해주는 것이 중요하다. 특히, 영유아[1]기는 인지, 신체, 정서, 사회성, 언어 발달이 이루어지는 시기로, 이 시기의 환경과의 상호작용 및 경험은 인간발달에 매우 중요한 영향을 미친다.

놀이, 탐구, 도전 및 실패를 통해 주도성이 성장하며, 물, 지점토, 움직임, 변화 등의 환경은 아동이 인지능력을 기르는데 영향을 미친다. 걷기, 뛰기, 오르기 등을 통해 운동능력이 향상되고 신체균형을 유지할 수 있는 안정성이 발달하며, 자유로운 움직임을 통해 행동반경이 넓어지고 탐색의 욕구가 강해진다. 또한 또래와의 집단놀이를 통해 협동과 역할관계의 상호성을 배우고 유아기의 자아중심성을 완화시키게 된다. 언어발달은 사회적 상황에서 실제로 사물을 움직여보는 과정에서 이름과 특징을 알게 되며, 모임 속에서 자신을 표현하는 경험

1 영유아보육법(법률 제16078호, 2018.12.24, 일부개정)에서 '영유아'란 출생 후부터 만 6세 미만의 취학 전 아동을 말한다(국가법령정보센터).

과 낙서 등을 통해서도 이루어진다(이정원 외, 2016).

아동발달과 환경을 연결시켜 연구하였던 올즈(Olds, A.R.)는 아동을 위한 환경디자인 단서를 찾기 위해 진행한 연구의 결과로서 유년시절 특별히 좋아했던 장소와 싫어했던 장소의 특성을 다음과 같이 제시하였다. 좋아하는 장소의 특성은 ① 자연과 관련된 곳, ② 감각적으로 느낄 것이 많은 곳, ③ 나만의 영역으로 인정되는 곳, ④ 외부침입이 통제되는 사적인 곳, ⑤ 아무것도 안 해도 나의 존재가 강조되는 곳, ⑥ 규제나 스케줄 없이 자유롭게 놀 수 있는 곳, ⑦ 성인의 신뢰를 받던 곳 등이었다. 흥미로운 점은, 성인들의 기억에서 영유아기에 좋아했던 장소로 자신이 조절감을 느낄 수 있는 곳, 즉 스스로 무엇을 할지 선택하고, 탐색할 수 있고 위험을 감수하면서 열중하여 활동할 수 있었던 장소를 선택했다는 것이다. 반대로, 영유아기에 싫어했던 장소로 떠올린 곳의 공통점은 ① 실내이며, ② 어둡고 익숙하지 않은 곳, ③ 불편하고 예측할 수 없는 곳, ④ 사생활과 자유가 보장되지 않는 곳, ⑤ 움직이거나 탐색하기 어려운 곳이었다. 극단적인 자극이 있는 곳은 영유아의 발달을 촉진하기보다 영유아가 너무 흥분하거나 지겹게 하여 무력감을 느끼게 한다(최목화, 2013). 아동은 대상을 이해하기 위해서 만지고, 냄새 맡고, 보고, 행동하게 되므로 환경에 대한 아동의 반응을 발달이나 학습과 분리하여 생각해서는 안 된다. 아동의 경험은 성인이 아동을 위해 만들어 놓은 물리적 환경에 의해 영향을 받을 수밖에 없으므로 아동의 제반 발달 측면을 지원해 줄 수 있도록 환경을 구성하여야 한다(이연숙, 2012).

그림 8-2
자유롭게 뛰어놀 수 있는 개방된 공간은 해방감과 자율감을 준다.

그림 8-3
움직임을 느낄 수 있게 하는 물은 인지발달을 돕는다.

한편, 발달학적으로 놀이는 매우 중요한 요소이다. 아동은 놀이를 통해서 배운다. 태어나 3개월이 되면서부터 이미 아이들은 실험을 시작한다. 빨기, 물기, 두드리기, 떨어뜨리기로 시작한 실험은 자라면서 그 모습을 바꾸어 계속된다. 스스로의 실험을 통해 아이들은 먹을 수 있는 것과 먹을 수 없는 것, 쓴 것과 달콤한 것을 구별하고 살아가기 위해 필요한 최소한의 조건인 음식과 음식이 아닌 것을 자연스럽게 구별해낸다. 탐색과 실험은 아이들에게 놀이이고 놀이를 통해 채워진 재미와 호기심은 또 다른 호기심으로 이동한다. 놀이를 통한 자유로운 경험은 정규교육이 충족되지 못하는 아동에게도 신체적, 지능·인지적, 사회적 발달을 보완해주는 중요한 역할을 담당하기도 한다. 놀이의 발달학적 효과를 살리기 위해서는 아동이 옥외공간에서 활발하게 놀이할 수 있는 여건이 주어져야 한다(민병호, 2001). 아동 연령별 발달 단계에 따른 놀이는 표 8-2와 같다.

표 8-2 아동 연령별 발달 단계에 따른 놀이

<table>
<tr><th>3세</th><th>4세</th><th>5세</th><th>6세</th><th>7세</th><th>8세</th></tr>
<tr><td rowspan="3">놀이시설과 장난감을 즐긴다. 블록쌓기를 이용하여 다리, 철도, 굴 등을 만든다.</td><td colspan="3">자기들만의 고유한 신체놀이와 놀이활동을 시작한다. 창조적인 충동을 만족시키는 그림 그리기, 찰흙공작 등의 단순한 표현 활동 등을 즐겨한다.</td><td>자신이 속한 환경 속에서 제공되어지는 도구를 가지고 놀이를 한다.</td><td></td></tr>
<tr><td rowspan="2"></td><td rowspan="2">색칠하고, 자르고, 반죽하는 일에 관심을 갖기 시작한다.</td><td colspan="2">신호나 상징을 통한 놀이를 한다.</td><td></td></tr>
<tr><td colspan="3">창의적인 놀이가 가장 활발하다.</td></tr>
</table>

자료: 이지은(2003). p.20.

(3) 놀이터 디자인

과거의 아이들에게 집 주변은 그 자체로 놀이터였다. 산이나 들풀, 시냇물 등은 아이들에게 무한한 상상력과 모험과 문제해결의 기회를 주었다. 쓰러진 통나무는 기차가 되기도 하고 전투기가 되기도 하며, 애써 두드려 만들어 놓은 두꺼비집에 갑작스럽게 비가 내리면 그 흙집은 어떻게 되는지 경험으로 배우는 체험장이 되기도 했다. 인위적으로 설치해놓은 놀이터가 없더라도 주거 주변은 아이들에게 밤늦도록 심심함을 모를 만큼 뛰어놀 만한 놀이터가 되어주었다. 덕분에 놀면서도 이웃 주민을 보게 되고 일상적으로 동네 노인을 만나고 자연스럽게 지역사회의 일원으로 존재하고 있었다.

구석구석에 존재하던 아이들이 놀 만한 장소들은 대형 주거지 개발로 사라졌고, 이제 어른들이 별도의 놀이터를 제공해주지 않으면 아이들은 놀 곳이 없는 상황이다. 놀이터를 만들어 아이들을 한 곳에서만 놀도록 하면서 아이들이 지역주민과 일상에서 마주칠 일은 줄어들었다. 또한, 다양하고 창의적인 놀이형태보다 놀이시설 위주의 의도된 놀이들이 주로 이루어지고 있다. 그럼에도 놀이터가 없다면 놀 곳 자체가 없어진 현재의 아이들에게 놀이터를 제공하는 것은 매우 필요한 일이며, 놀이터 디자인을 생각하는 것은 중요한 일이다. 그렇다면 어떤 놀이터를 제공해주는 것이 아이들에게 좋을까?

아이들은 모험과 실험의 천재다. 아이들은 스스로 변경시킬 수 있고 스스로 탐험하고 조작할 수 있을 때 재미를 느끼고 호기심을 채운다. 누군가가 아이들의 행동을 의도하고 놀이를 지시하는 것으로부터 아이들은 충분히 재미있게 놀지 못한다. 자유롭게 논다는 것은 뛰어다니는 것만을 의미하지 않는다. 창의성이 허락되는 것을 의미한다. 모래로 성곽을 만들고 물길을 만들어 물을 붓고, 둑을 쌓아 시냇물을 막고 돌멩이를 옮겨 징검다리를 만드는 등 아이들은 스스로의 생각을 제약 없이 그들의 세상에 펼칠 수 있을 때 지겨워지는 일 없이 놀며 창의성이 발달할 수 있다. 반만 제공된 놀이터, 그 나머지 반은 아이들에 의해 달라지는 놀이터, 이런 놀이터에서 아이들은 재미있게 놀면서 발달한다. 놀이를 하며 궁리하고 도전하고, 실패하면 달리 생각해보고 협력하여 다른 방법을 시도하여 성공하는 등 자신의 생각을 실체적인 것으로 실현시키는 놀이경험들은 놀이에서의 재미뿐 아니라 성취감, 자율성, 문제해결 능력, 창의성, 협력 등 성인이 되어 살아갈 때 필요한 많은 것을 길러준다. 놀면서 스스로 문제를 설정하고 해결해가는 즐거움과 성공경험을 일상에서 한 아이들은, 주목을 끄는 단순자극이나 신체활동만을 하도록 계획된 놀이시설에서 얻는 감각적인 즐거움을 뛰어넘는 즐거움이 있다는 것도 알아가게 된다.

이런 면에서 사계절에 따라 변화하고 매일 다른 날씨와 함께 다른 놀이 환경과 문제를 아이들에게 던져주는 자연은 아이들에게 최고의 놀이터다. 인공적으로 놀이터를 조성할 수밖에 없는 현실에서도 가능하면 아이들이 수동적인 입

그림 8-4
과학적 원리가 도입된 놀이터는 아이들에게 문제해결에 대한 도전과 협동심을 길러준다.

그림 8-5
모래는 창의성과 자율성을 길러주기에 좋은 놀이재료이다.

장에서 능동적으로 놀 수 있도록 허락되는 디자인 요소들을 찾아낼 수 있을 것이다.

위험 역시 아이들이 놀이를 통해 경험할 필요가 있다. 자신의 키에 비해 높은 위치라든가 이전에 본 적이 없는 무언가라는 경계 등 스스로 본능적으로 위험을 감지할 수 있는 능력을, 성인들이 일반적으로 생각하는 '아무것도 모르는' 수준보다는 이미 어느 정도 가지고 태어났다. 아이들의 능동성을 허락하는 놀이터에서 위험을 감지한 아이들은 위험을 다룰 수 있는 능력도 발달한다(귄터 벨치히, 2015). 실제로 위험을 한 번도 다루어본 적이 없고 갖추어진 안전 속에서만 자란 아이들이 위험을 모르고 한순간에 사고를 일으키는 경우도 있다. 다양한 재료들을 주면 무엇으로든 변신시킬 수 있는데 완성된 형태의 장난감을 주고 쉽게 싫증내도록 하는 지나친 친절함이나 지나치게 과보호적인 놀이터에서 아이들의 능력은 성장하지 못한다.

그러나, 이는 안전망을 없애자는 의미는 아니다. 아이들이 다룰 수 있는 위험과 그렇지 않은 위험을 구분하는 것은 매우 중요하다. 다룰 수 있는 위험마저 없애버린 놀이터는 아이들에게 지루한 놀이터가 될 뿐이다. 실제로 놀이터에서의 사고는 제공된 시설이 지루해서 다른 방법으로 가지고 놀다가 발생하는 경우가 많다고 한다. 지식이 필요한 인공물에 대해서마저 아이들 스스로 위험이 예측가능한 것은 아니다. 그러므로, 모든 놀이시설들은 안전규정[2]에 맞도록 설치되어야 하고 관리되어야 한다. 흔들다리의 허술한 접합부분이나 페인트가 마모되어 노출된 부분의 유해성 중금속에 대해 아이들이 위험을 경험하고 다룰 수 있는 것은 아니다. 이러한 것들이 안전하지 않다고 해서 아이들이 그 안전하지 않음을 감지할 수 있고 대처할 수 있는 것은 아니기 때문이다.

그림 8-6
물, 흙, 나무 등 각기 다른 재료로 만들어진 놀이터는 아이들의 감각을 자극한다.

2) 주거 내 · 외부에서 아이돌보기

부모에게 자녀돌봄이 편안할 때 아이들은 원활히 자랄 수 있다. 돌봄에 대한 부담이 커지면 부모는 스트레스를 느끼게 되고 돌봄활동에서 오는 스트레스는 아동발달 및 아동의 문제행동과도 관련되어 있다(coleman & karraker, 1997). 그렇다면 부모들에게 아이돌보기 편한 주거 내·외부 요건은 무엇일까? 가사노동이 비효율적이거나 힘들면 아이를 돌보는 시간과 에너지가 부족하게 되고 돌봄부담도 커지게 된다. 그러므로 주거 내에서 부모들의 가사노동을 경감시켜주는 환경은 정신적·신체적으로 육아활동에 여유를 가져다준다. 육아기 가구의 가사노동을 경감시켜주는 공간계획과 돌봄노동을 경감시켜주는 공간계획으로 나누어 아이돌보기 좋은 내·외부 요건을 살펴보기로 하자.

(1) 가사노동 경감

아이가 혼자서도 사용할 수 있도록 아이 키높이에 맞는 가구와 선반, 아이가 직접 조절할 수 있는 높이의 문손잡이와 스위치, 아이들이 장난감을 직접 꺼내

2 행정안전부는 어린이놀이시설의 시설기준 및 기술기준을 고시하였다(행정안전부 고시 2020년-제10호)(행정안전부 법령자료).

고 정리할 수 있도록 아동의 힘과 신체를 고려한 안전한 장난감 수납장은 아이들에게 자율감과 통제감을 길러주기도 하지만 부모에게는 가사노동을 경감시켜준다. 또한 아동을 양육하는 동안 세탁물의 양이 많아지므로 세탁물의 보관 및 세탁을 위한 여유있는 공간 등은 가사노동에서 오는 스트레스를 경감시킬 수 있다(최목화 외, 2017).

한편, 유아기 아동들은 주변 사람들을 모방한다. 부모가 식사준비를 할 때 아이들은 함께 하려 하거나 따라하고 싶어 하는 경우가 많다. 이를 위해 2인 이상이 함께 사용할 수 있는 작업대에서 재료준비를 함께 하는 것 또한 가사와 육아를 별도로 해야 할 때의 어려움을 해소할 수 있다. 거실방향으로 시야가 확보된 대면형 부엌은 가사노동을 하는 동안 거실에서 노는 아이를 관찰할 수 있어, 시간이 부족하고 피로도가 높은 육아기 가구의 부엌으로 편리하다. 특히, 맞벌이 가구가 많아지면서 육아와 가사를 병행하는 것은 매우 어려워졌고 가정 내에서 최대한 효율적으로 가사노동이 이루어질 수 있도록 동선계획이 고려되어야 한다. 부엌과 세탁실, 창고, 간이 사무공간 등 가사작업과 관계된 공간들의 연결은 주거공간 내에서의 이동의 피로를 줄일 수 있다. 또한 가변형 주거공간과 바퀴달린 가구 등의 제공은 아동의 성장에 따라 주거공간을 변경시킬 필요가 있을 때의 노동을 경감시켜줄 수 있다.

(2) 돌봄노동 경감

어른들의 시각과 스케일에 맞추어진 주거공간은 돌봄노동을 가중시키는 한편, 아동의 스케일에 맞추어 계획된 주거 내 공간들은 아동에게 안정감을 느끼게 한다. 주거 내 알코브(alcove)[3]나 작은 공간, 숨을 수 있는 공간 속에서 아이들은 혼자만의 시간을 가지며 상상력을 키워나간다. 영유아라 하더라도 자신만을 위한 영역이 없이 가족 모두에게 개방되어 있고 아동 스케일에 맞지 않고 아이들을 위한 프라이버시와 영역성이 확보되지 못하는 주거공간 내에서 아이들은 혼자만의 조용한 시간을 보내기엔 지나치게 참견당하고 지루하여 끊임없이 누군가가 놀아주어야만 하는 것을 필요로 하게 된다. 시지각적으로 변화와

3 알코브(alcove)는 방 한쪽에 설치한 오목한 장소이다. 침대, 책상, 서가 등을 놓아 아늑한 소공간으로 사용된다.

움직임이 있는 외부공간을 바라볼 수 있도록 계획된 아동의 눈높이에 맞는 창이 있는 아늑한 공간은 아이들에게 사색의 시간을 제공하고 두뇌발달을 촉진하기도 하지만 부모에게는 돌봄노동이 경감되는 여유로운 시간을 제공해 주기도 한다.

또한, 미끄럽지 않은 재질의 욕실바닥과 발코니, 둥글게 마감처리된 가구모서리, 고정시킬 수 있는 슬라이딩 도어, 천천히 닫히는 서랍장과 잠금장치 등 안전과 관련된 요소들이 충분한 주거공간은 부모가 한시도 눈을 떼지 못하고 끊임없이 주시하며 가까이 있어야 하는 긴장을 완화시켜주며 부모에게 마음의 여유와 안심감을 느끼게 한다.

한편, 아동에게 보행은 기본적 단계의 놀이이고 자율감을 획득하는 과정이며 스스로 주변에 대한 지식을 증가시키는 방법이다. 자동차로부터 안전이 보장되지 않은 보행로는 아동을 동반한 부모들에게 긴장과 스트레스를 유발한다. 자동차로부터 안전하게 이어진 보행로는 유모차를 동반한 부모에게 돌봄노동을 경감시키며, 아이의 손을 놓아도 될 만한 산책로들과 산책로 사이사이의 휴식시설들은 육아의 긴장을 풀어준다. 집에서 유모차나 걸어서 도달할 수 있는 안전한 오픈스페이스들은 하루종일 아이에게서 눈을 떼거나 손을 놓기 힘든 부모들에게 긴장에서 해방되는 시간을 제공한다. 최근의 아파트 단지들은 단지내에서 아이들을 돌보기 편리하도록 여러 시설들을 제공하고 있는데 놀이터와 연계하여 유리창을 통해 아이들이 놀이터에서 노는 모습을 지켜보면서 쉴 수

그림 8-7
놀이터에서 노는 자녀들을 안심하고 지켜볼 수 있는 양육자전용 옥외 커뮤니티공간인 맘스존
자료: 동부건설 제공

있도록 배려한 양육자전용 휴게시설인 맘스존이 그 예이다. 동부건설 계양 센트레빌의 맘스존 내부에는 수유실과 기저귀 교환실, 화장실, 운동기구, 양육자 휴게시설 등을 갖추고 있다(그림 8-7).

3. 육아환경을 지원하는 공공의 노력

1998년 이후 합계출산율이 1.5명 이하(통계청, 2017)로 낮아지는 저출산 상황이 지속되고 있어, 정부는 더 이상 육아문제를 개인의 과제로 인식하기보다 다양한 영역에서의 지원 노력을 보이고 있다. 그렇다면 주거환경적 측면에서 공공은 어떠한 노력을 하고 있는지 몇 가지 유형을 살펴보기로 한다.

1) 신혼부부를 위한 주거공급, 신혼희망타운

신혼희망타운은 육아와 보육에 특화하여 건설하고, 전량을 신혼부부 등에게 공급하는 신혼부부 특화형 공동주택이다. 교육·건강·안전에 중점을 둔 보육서비스 공간 조성을 목표로 하여 제공하고 있다. 국토교통부는 주거복지로드맵[4]에 따라서 2022년까지 총15만호(사업승인기준)의 신혼희망타운을 공급할 예정이다.

신혼희망타운의 7가지 특화방안(LH 신혼희망타운 홈페이지)을 간략히 살펴보면 신혼부부를 위한 최적의 단지, 아이의 성장에 맞춰 변화하는 집, 보육걱정 없는 주거시설과 서비스, 안심할 수 있는 친환경 건강주택, 365일 맘껏 뛰어놀 수 있는 특별한 놀이터, 세심한 배려가 돋보이는 공간, 자랑하고 싶은 디자인 등이다.

구체적으로는 먼저, 신혼부부에게 적합한 입지 및 단지 배치를 위해 지하철 등의 대중교통 및 상업·문화·교육시설의 이용이 편리한 곳에 입지하고, 자연

4 정부는 2017년 11월 29일(수) 관계부처 합동으로 발표한 「사회통합형 주거사다리 구축을 위한 주거복지로드맵」을 중간 점검하고 보완·발전시켜 2020년 3월 20일 '주거복지로드맵 2.0'을 발표하였다. 육아와 관련하여 신혼특화형 공공임대 20만호 공급, 신혼희망타운(분양형) 7만호 공급(수도권 4.7만), 특별공급 2배 확대(공공 15% → 30%, 민영 10% → 20%), 전용 구입·전세자금 대출 도입(최저금리: 구입 1.2%, 전세 1.7%) 등을 내용으로 하고, 임대형 신혼희망타운이나 신혼특화 임대주택의 입주 조건이 혼인 기간 7년 이내 또는 예비 신혼부부였던 것에서, 만 6세 이하 자녀가 있으면 결혼한 지 7년이 지나도 입주할 수 있도록 신혼부부에 대한 혜택을 늘렸다.

채광과 환기가 용이한 주동 배치로 쾌적한 환경을 조성하여 부모와 아이들의 건강을 도모하며, 단지 내 육아 시설 확충으로 아이 키우기 좋은 생활환경을 제공한다. 아이들이 마음놓고 뛰어놀 수 있도록 차량주차의 100%지하화, 안전하고 즐거운 등하교를 위한 학교가는 길(그림 8-8)을 조성하고 드로잉 월(drawing wall), 미팅 포인트(meeting point), 스윙 벤치(swing bench)[5] 등을 설치하고 있다. 둘째, 세대별 가족여건의 변화에 따라 실내공간을 효율적으로 사용할 수 있도록 가변형 벽체 사용, 부부침실 드레스룸 및 알파룸[6] 공간을 선택형으로 제공, 자녀양육기의 늘어나는 물품의 수납을 위해 아파트 지하에 계절창고를 설치하는 등 아이의 성장에 맞춰 변화하는 집으로 특화하였다. 더불어, 층간소음 저감을 위해 차음기능이 있는 륨 카펫[7]을 선택할 수 있도록 하고 있다. 셋째, 육아 관련 커뮤니티 시설을 단지 중앙에 집적화시킨 종합보육센터를 설치하여 국공립 어린이집, 공동육아방, 실내놀이터, 맘스카페, 작은 도서관, 방과후 교실 등을 운영하고, 전문 주거서비스 코디네이터를 도입하여 신혼부부의 요구를 반영하고 프로그램이 안정화될 수 있도록 돕는다. 공동육아방은 공간 및 장난감 대여, 놀이 및 육아 프로그램, 시간제 보육서비스를 제공한다. 넷째, IoT기술을 접목한 화재감지 및 LED조명, 360도 CCTV 설치, 태양광 발전설비 및 수면센서 등 적용으로 화재·범죄 안전 및 에너지 절감, 아이 키우는 부모의 편의를 증진하고 있다. 다섯째, 아이들이 미세먼지 등 외부환경에 상관없이 뛰어놀 수 있는 실내놀이터, 차양막 설치와 녹음수 식재로 날씨 걱정없이 놀 수 있는 '비가와도 놀이터', 물줄기 노즐이 있는 '촉촉 놀이터', 조합놀이대를 탈피한 '숲속 놀이터' 으

그림 8-8
학교가는 길
자료: 신혼희망타운 홈페이지

5 드로잉 월은 학교가는 길의 벽에 그림을 그리면서 창작활동을 할 수 있도록 배려한 특화 시설물이며, 미팅 포인트는 어린이들이 친구들을 만나고 부모들이 자녀들의 하교를 기다릴 수 있는 장소이다. 스윙 벤치는 기다리는 재미를 더하는 그네 형태의 벤치이다.

6 거실 옆의 알파룸을 서재 및 취미공간으로 활용할 수도 있고, 확장하여 침실을 넓힐 수도 있다.

7 륨 카펫은 두께 1.8mm~6mm로 타 PVC바닥재보다 두껍다. 마모에 강하며 탄력적이고 유연한 특성을 가지고 있다. 신혼희망타운 입주자는 차음 소재층이 있어 층간소음 감소 효과가 있는 기능성 륨 카펫 6T를 선택할 수 있다.

그림 8-9
미팅포인트
자료: 신혼희망타운 홈페이지

등 다양하고 창의적인 놀이환경을 제공한다. 여섯째, 임산부 및 아동동반 운전자를 배려한 주차구획 확장, 스마트폰 소지 시 주차위치인식, 공동현관 자동문열림, 승강기 자동호출 등 논스톱 통행 서비스 적용, 우편물 도착 시 스마트폰 알림 기능으로 수취 편의를 도모한 스마트 우편함 도입, 공간의 제약으로 세대 내에서 준비하기 힘든 가족 행사 시 사용할 수 있는 게스트하우스 설치 등 아이를 키우고 있는 여성을 세심히 배려한 요소들이 있다. 마지막으로 아이와 신혼부부의 감성을 고려하여, 아파트 외부 입면에 독창적인 색채와 패턴을 가진 개성있는 경관 설계, 옥상마당과 조경특화, '감성로비' 등이 계획되어졌다.

2) 육아형 공동체주택

공동체주택은 입주자들이 공동체공간(커뮤니티 공간)과 공동체규약을 갖추고, 입주자간 공동 관심사를 상시적으로 해결하여 공동체 활동을 생활화하는 주택이다[「서울특별시 공동체주택 활성화 지원 등에 관한 조례」 제2조 1항(서울특별시조례 제 6598호, 2017.7.13, 제정]. 서울주택도시공사(SH공사)가 관리하는 협동조합형 공공임대주택 중 육아형 공동체주택인 '이음채'를 소개하고자 한다.

'사람과 사람 사이를 잇는다'라는 의미를 가진 이음채는 이웃과 함께 아이를 키우도록 돕기 위해 계획되어졌다. 서울시 강서구 가양동에 위치한 도시형 생활주택으로 전용면적이 48㎡인 24세대로 이루어진 지상 6층짜리 복도형 아파트이다. 협동조합방식으로 지어져 설계 전부터 입주자를 모집하여 평면구성을 조정하는 것에 입주자들이 참여하였고 4가지의 평면도 중 각자 생활에 맞는 평면을 선택하였다.

1층에 있는 아이들을 위한 공동놀이공간인 '이음채움'에는 각 가구의 장난감을 모아 공유한다. 이음채움은 향후 가게나 공동주방, 다른 공간으로의 전환 등 입주민들의 상황 변화에 대응할 수 있는 가능성을 두고 설계되었는데, 바로 옆에 마련된 공동주방에서는 아이들이 간식을 만들어서 먹을 수 있고, 한 달에 한두 번씩 입주민의 재능기부로 '아이와 함께하는 요리교실'을 운영하기도 한다. 집마다 창문 두 개가 복도 쪽으로 나 있는데 하나는 주방 창문이다. 도마를 놓는 지점에 창을 두어, 요리를 하다가 마당을 내려다볼 수 있도록 의도한 것이다. 나머지 하나는 아이방 창문인데 옛날에 아이들이 동네를 돌아다니면서 창을 두드려 친구를 불러내던 기억에서 나온 것이라고 한다. 보통의 복도형 아파트의 높은 콘크리트 벽 대신 투시형 난간을 이용하여 복도 통로를 발코니처럼 만들었고 복도 중간중간 화분을 놓을 수 있는 플랜트 박스를 설치하였다. 청소와 관리문제를 입주민들이 직접 해결하는데 매주 토요일 층별로 돌아가며 건물 청소를 맡는다. 한 달에 한 번씩 대청소를 위해 입주민들이 뭉친다고 한다. 필로티에 아이들의 놀이공간을 두었고, 6층에 조성된 휴식공간에는 각종 채소를 심어 아이들과 함께 키우고 있다. 주차장에 블록을 깔아 마당처럼 만들었고 현관 출입구에는 동물디자인을 입히는 등 아이들의 정서를 고려한 디자인을 적용하였다.

이음채의 입주자를 대상으로 면담 및 설문조사를 실시한 연구(김정옥·고진수, 2016)에 의하면, 이전 거주지와 비교한 주거만족도에서 입주자가 가장 큰 만족도를 나타낸 것은 '아이를 원활히 보육하기에 적합한 주거공간'이었다. 다음 순으로 공용공간에 대한 전반적인 만족도, 이웃 아이들에 대한 관심과 배려, 또래 아이들끼리의 상호작용, 보육을 위한 주거공용공간, 이웃과의 소통, 친한 이웃 등이다. 반면, 방의 크기, 사생활 보호 및 사적영역 침해, 안전성, 특히 전용면적과 시설물 안전에 대해 불만족이 나타나고 있었다.

한 가구당 아이 둘을 키운다고 가정할 때 이음채의 전용면적인 48㎡은 최저

주거기준[8]에서 제시한 3DK를 구성하여 장기적으로 머물러 살기에는 좁은 편이며 최소 주거면적을 조금 넘는 수준이다. 활동량이 많은 아이들을 배려한 공동체주택 계획 시 전용면적 뿐 아니라 공용면적의 할애에 대한 신중한 고려가 요구되며, 아이들에 의한 사회적 교류와 소통에만 치중한 나머지 각 세대의 영역성과 프라이버시가 간과되지 않도록 설계상의 균형이 필요하다. 공간이나 이동경로에 대한 선택성 부여를 통해 거주자가 사회적 교류와 프라이버시 보호를 필요에 따라 스스로 조절할 가능성이 열려있는 계획도 필요할 것이다.

3) 서울시 육아안심 공동주택 인증제

아이 키우기 편한 주거의 요소들이 갖추어진 공동주택의 공급을 위해 서울시는 '육아안심 공동주택 인증제'를 도입하였다. 어린이 안전사고로부터 안전한 도시에 대한 요구의 증대와 아이들을 안전하게 양육할 수 있는 주거환경 조성, 어린이 안전사고에 대한 주택기준의 부재 등을 배경으로 하여, 건축물 안팎의 위험요소와 보육친화적인 환경 등의 사항을 37개 세부항목으로 종합 평가해 합산한 환산점수가 80점 이상인 공동주택을 인증하는 제도이다(표 8-3).

어린이 시설에 국한된 인증기준이 아니라, 공동주택 주거환경 특성을 반영한 기준으로 물리적 환경요소와 소프트웨어 요소로 나누어진다. 물리적 환경요소는 건축물 내부, 건축물 외부, 어린이시설, 단지 외부환경을 포함하고, 소프트웨어 요소는 육아지원서비스, 운영 및 관리 요소, 온오프라인 커뮤니티 등을 포함하고 있다.

인증대상 건물은 300세대 이상의 신축이나 기존 공동주택을 대상으로 하며, 인증 종류는 신청시기와 평가사항에 따라 예비인증(준공 전 건축물의 설계안 심사), 본인증(신축·기존 건축물의 현장심사), 유지관리인증(본인증 부여 후 2년 경과 건축물의 유지관리사항 심사) 총 3가지다(건축도시공간연구소, 2017).

8 최저주거기준은 주택법 제5조2 및 동법시행령 제7조의 규정에 의하여 국민이 쾌적하고 살기 좋은 생활을 영위할 수 있도록 최소 주거면적 등, 필수적인 설비의 기준, 구조·성능 및 환경기준을 정하고 있다. [별표]에 나타난 가구구성별 최소 주거면적 및 용도별 방의 개수는 부부와 자녀2인의 가구구성의 경우 총주거면적 43㎡, 실구성 3DK이다(국가법령정보센터).

표 8-3 육아안심 공동주택 인증을 위한 평가항목 구성과 주요 평가사항

구분		항목	평가사항
건축물 내부	주호 전용부분	실내구조	육아세대의 생활양식을 고려한 설계
		마감재	건강, 소음방지, 안전성 확보
		사고방지 장치	안전사고 예방을 위한 각종 안전장치 설치
	공용공간	계단 및 난간	계단과 난간의 안전한 설치기준 적용
		공용출입구	출입문의 안전성 확보
		필로티	범죄예방, 어린이 공간으로의 활용
		지하주차장	출입문, 바닥, 보행 안전통로 등 안전성 확보
건축물 외부	공용공간	보행로	단지 내 길의 교통·보행 안전장치 설치
		단지출입구	출입구 주변 편의 환경 조성
		방범	범죄예방을 위한 방범장치 설치 및 공간 조성
어린이시설		놀이터	어린이의 안전한 놀이활동 공간 조성
		실내 어린이시설	실내 어린이 관련 시설의 설치와 안전성
		어린이집, 유치원	적정한 설치 규모, 위치, 안전한 주변환경 조성
소프트웨어 요소		육아지원서비스	다방면에서 육아를 지원하는 프로그램 운영 및 관리
		운영관리	시설물 유지관리, 어린이 및 육아세대관련 행사개최 등
		온·오프라인 커뮤니티	육아세대 및 어린이 관련 온·오프라인 모임 및 공동체 구성 및 활동 지원

자료: 건축도시공간연구소(2017). p.14.

저출산 상황의 극복에만 초점을 맞춘 주거공급은 일시적인 효과만을 가져올 수 있다. 출산율 상승이라는 수학적 계산은 아이 키우기 좋은 주거공급의 궁극적 목표가 되어선 안 된다. 궁극적이고 장기적·지속적으로 아이와 부모 모두의 삶의 질을 충분히 생각하는 주거환경이 제공될 때 출산율 상승은 그 결과로서 획득될 것이다. 아이가 행복하고 부모가 편안한 주거와 마을에 살면서 부모들은 자연스럽게 아이를 더 낳고 싶게 될 것이므로. 아이 키우기 좋은 주거와 마을의 궁극적 목표는 아이들이 적절한 시기에 필요한 발달욕구를 채워 몸과 마음이 행복하고 건전한 성인으로 성장하는 것이다. 그것은 많은 부모들의 육아의 목적이기도 하다. 그러므로, 아이를 낳아 기르는 부모의 양육편리에만 초점이 맞추어져 아동의 발달을 충분히 고려하지 못한 주거환경은 결국 부모들이 원한 육아도 실패하는 결과를 가져오게 된다. 자녀양육에 중점을 둔 주거 내·외부의 안전함과 편리함으로부터 아이의 성장발달에 단계적으로 대응하는 것으로 확산되어 부모와 지자체, 지역사회의 참여와 지지가 어우러질 때 아이 키우기 좋은 주거와 마을로 성장할 수 있을 것이다.

과거처럼 더 이상 주택의 구매 및 사용의 주체가 주부에 한정될 수 없다. 주거에서 아이들을 특화요소의 대상으로 인식하는 것에서 벗어나 아이들을 마을 내 주민으로 포함하고 모든 주거 내·외부 계획에서 아이들을 함께 고려하는 인식 또한 필요하다. 아이들의 동선과 성인의 동선이 분리된 계획에서 부모는 아이들을 '따라 다닐 수밖에 없는' 존재가 되어 아이 키우는 사람과 아이 키우지 않는 사람이 분리되는 마을주민이 아니라, 아이들과 이웃주민과 부모를 동시에 포용하는 것이 아이 키우기 좋은 주거이며 마을이다. 앞에서 살펴보았듯이 아이 키우기 좋은 마을은 아이가 없는 어른이나 노인에게도 결코 좋지 않은 환경이 아니다. 아이 키우기 좋은 주거와 마을을 이루기 위한 노력은 지역사회에서 미래세대를 키워가고 나아가 아이들로 인해 미래를 변화시킨다는 관점에서 함께 노력해야 할 우리의 과제이다.

노원 에너지제로주택

CHAPTER 9

친환경주택

1. WHY: 왜 친환경주택이어야 하나
2. WHAT: 친환경주택이란 무엇인가
3. HOW: 어떻게 친환경주택이 될 수 있나

본 장에서는 하우징 트렌드의 하나인 친환경주택에 대해 다룬다. 최근 우리는 봄, 가을이 없어지다시피 한 기후와 에어컨 없이 지낼 수 없는 여름을 겪으며 아열대기후로 변화하고 있는 한반도에서 매일 아침 미세먼지 농도를 확인해야 한다. 이렇게 온난화되고 오염되고 있는 지구환경에 미치는 영향을 최소화하고자 하는 주택이 친환경주택이다. 우리의 집이 왜 친환경주택이 되어야 하는지, 친환경주택은 무엇이며, 어떻게 계획되는지에 대해 살펴본다.

1. WHY: 왜 친환경주택이어야 하나

1) 지구온난화와 도시기후

지구온난화란 간단히, 지구의 평균기온이 상승하고 있는 현상을 말한다. 이러한 지구온도의 상승이 빙산의 해빙, 가뭄, 폭풍 등의 예측할 수 없는 많은 기후의 변화를 가져오기 때문에 "기후변화"라고도 표현한다.

IPCC[1]의 5차 평가보고서(2013)에 따르면 지구온난화로 인해 1880년부터 2012년까지 지구의 평균기온은 0.85℃ 상승하였다. 또한 1971년부터 2009년까지 연간 2,260억 톤의 빙하가 감소한 것으로 관측되고, 지구 평균해수면은 1901년부터 2010년까지 0.19m 상승하였다. 이러한 해수면 상승에 의해 일부 국가에서는 국토가 바다에 잠기는 현상이 일어나고 있다. 지금과 같은 추세가 지속될 경우 21세기 말의 평균기온이 20세기 말보다 2.6~4.8℃ 상승할 것으로 예상되고 있다.

그렇다면 지구온난화를 일으키는 원인은 무엇일까? 가장 대표적 원인으로 손꼽히는 것은 온실효과이다. 온실효과란 마치 온실처럼 지표면의 열이 지구 밖으로 나갈 수 없도록 막는 작용을 일컫는데, 온실효과를 일으키는 대기오염물질을 온실가스라고 한다. 온실가스가 발생하는 주요 원인은 바로 화석연료의 대량소비이다. 석탄, 석유, 천연가스 등의 화석연료를 태우면 미세먼지 등의 대기오염물질과 함께 이산화탄소가 발생되는데, 이산화탄소는 지구복사의 방출을 방해해 대기의 온도를 상승시키는 역할을 한다. 온실효과를 일으키는 기체는 이산화탄소 외에도 메탄, 이산화질소, 프레온가스 등이 있으며, 이들 기체의 발생원인은 화석연료의 연소, 삼림파괴 외에 자동차 배기가스, 쓰레기 소각 및 부패, 냉매 및 에어로졸 분사체 사용 등으로 밝혀져 있다.

기후변화는 지구 평균기온이 상승할수록 인류의 저지 또는 완화 능력을 벗어난다. 지구 평균기온이 일정수준 이상 올라간다면, 그때는 인류가 온실가스 배

1 Intergovernmental Panel on Climate Change: 1988년 11월 유엔 산하 세계기상기구(WMO)와 유엔환경계획(UNEP)이 기후변화와 관련된 전 지구적인 환경 문제에 대처하기 위해 각국의 기상학자, 해양학자, 경제학자 등 3천여 명의 전문가로 구성한 정부 간 기후변화 협의체

출을 제로로 만든다고 해도 이미 커다란 눈덩이가 되어 경사면을 굴러가는 기후변화를 돌이킬 수 없다. 기후변화를 일으키는 요인 자체가 서로 상승작용을 일으켜서 인류의 개입 없이도 계속 진행되는 것이다. 이렇게 더 이상 손쓸 수 없는 지점을 티핑 포인트(Tipping Point)라고 한다(김원 외, 2009).

2015년 파리협정[2]에서는 각국은 지구 기온상승을 2℃[3] 이하로 묶는 것은 물론, 2℃보다 현저히 낮은 수준, 즉 1.5℃까지 낮추기 위해 노력하기로 합의하였으며, 이를 실천하기 위해 IPCC에서는 2018년 "지구온난화 1.5℃ 특별보고서"를 발간하였다. 이 보고서에 따르면, 최근에는 온도 상승추세가 더 빨라져, 현재 속도로 이산화탄소 배출량이 증가한다면 2030~2052년경 1.5℃ 상승에 도달할 것으로 예측하고 있다. 온도상승 1.5℃ 제한을 위해서는 온실가스 배출량을 2030년까지 2010년 대비 최소 45% 수준으로 감축하는 것이 필요하며 2050년까지 이산화탄소 배출량이 0이 되어야 한다.

우리나라는 이산화탄소 배출량이 2015년 기준 전 세계 12위, OECD 회원국 중에서는 6위에 이르고 있다(온실가스종합정보센터). 현재, 정부에서 탄소배출 감소 정책을 시행하고 있는 것은 국제 기후협약과 무관하지 않으며, 우리나라도 친환경 및 에너지 절약형 구조로 전환하는 노력과 함께 온실가스 저감을 위한 첨단기술 개발과 실천적 노력이 절실한 상황이다.

도시기후란 도시만이 갖는 독특한 기후현상으로서, 대표적인 현상은 도시승온(열섬현상)이다. 도시승온이란 도시지역의 온도가 도시주변부 온도보다 높아지는 현상을 말하며, 이에 따라 도시부의 일교차가 감소되고 여름철의 열대야 현상이 발생된다. 지구온난화와 마찬가지로 도시의 CO_2농도 증가와 대기오염에 의한 온실효과가 그 원인이다. 또한 도시는 자연적인 지표면보다는 아스팔트 또는 보도블록과 같이 열용량이 큰 포장면이 넓고, 벽돌이나 콘크리트와 같이 열용량이 큰 재료의 구조물에 의해 도시 자체의 열용량이 증가되어 있다. 여기에

2 세계 여러 기구와 국가들에서 시도한 지구온난화 대책에 대한 노력으로, 최초의 기후변화협약은 1992년 브라질 리우에서 채택한 환경협약이다. 이후 1997년 교토의정서가 채택되면서 일차적으로 협약이 완성되어 2005년 교토의정서가 공식 발효되었다(1차 공약기간 2008~2012). 그 후, 교토의정서 체제 이후의 세계적인 대응을 위해 계속적인 협의를 진행하였으며 2012년 도하 총회에서는 교토의정서 체제의 2차 공약기간 연장안을 채택하였고(2차 공약기간 2013~2020), 2015년 파리 총회에서 2020년 이후의 신기후체제 출범에 합의하였다.

3 2℃란 산업혁명이 시작된 1850년부터 2100년까지의 지구 평균기온 상승을 말한다. 10년마다 약 0.1도 정도 상승하는 것을 지구와 인류가 견딜만한 것으로 보는 것이다. 만일 기온 상승이 이 한계를 넘으면 생태계 변화는 빠르게 일어날 것이고, 인류는 적응하기가 매우 어렵거나 적응을 위한 비용이 훨씬 커질 것이라고 연구자들은 경고한다.

도시인들이 사용하는 냉난방, 조명, 자동차 등의 각종기기에서 배출되는 배열이 더해진다. 따라서, 열용량이 큰 주택과 도시 인프라를 변화시켜, 도시승온을 가속시키는 원인도 줄이고 건강하고 쾌적한 도시로 변화시켜야할 시점에 있다.

2) 주택이 환경에 미치는 영향

"주택"은 인간의 주거활동 전반에 걸쳐 즉, 주택을 건축하는 과정, 주택에 거주하는 동안, 수명이 다해 주택을 폐기하는 과정 모두에서 지구환경에 영향을 미친다.

주택을 건축하는 과정에서는 주택을 건축할 대지를 조성하기 위해 산을 깎거나 하천을 복개하는 등 자연환경을 파괴한다. 목재, 석재 등의 건축자재는 자연으로부터 생산되는 재료이고, 흔히 인공재료라고 불리는 콘크리트도 골재로 쓰이는 모래와 자갈은 자연으로부터 얻어지며 이를 채취하기 위해 강바닥을 긁는 등 자연에 영향을 준다. 재료 자체를 얻기 위한 자연 파괴뿐 아니라, 자재를 생산하고 운반하는 과정에서 화석에너지를 사용하게 되며, 먼 곳에서의 자재운반은 바다도 오염시킨다.

주택에 거주하는 동안은 냉난방, 조명 등의 설비가 필수적으로 가동되어야 하는데, 이들 설비를 가동하기 위해서는 많은 양의 화석에너지가 소비된다. 화석에너지의 사용은 지구상에 존재하는 에너지원을 고갈시킬 뿐 아니라, 대기오염물질을 배출하여 대기오염의 원인이 된다. 또한 주택은 생활공간이므로 생활폐수가 배출되어 수질오염의 원인이 되며, 생활 쓰레기가 배출되어 수질오염, 토양오염의 원인이 된다. 주택의 물리적·사회적 수명이 다해 폐기하거나 수리하는 경우에는 막대한 양의 폐자재가 배출된다.

이러한, 인간의 주거활동이 환경에 미치는 영향을 최소화하고, 주택을 건축하기 위해 훼손한 자연을 회복시키고, 거주자도 건강하고 쾌적하게 거주할 수 있는 주택을 친환경주택이라 한다.

흔히 친환경주택을, 집주변에 나무를 심고, 연못을 만들고, 산세 좋은 강가에 지은 전원주택으로 오인하는 경우가 있다. 그러나 친환경주택은 지구온난화 방지를 위해 등장한 것으로, 지구온난화의 대표적 원인은 온실효과이며, 온실효과를 일으키는 온실가스의 원인은 주로 화석연료의 대량소비이다. 세계건물건축연합은 "건물부문의 에너지 사용량은 2017년 기준으로 전 세계 최종에너지의 36%를 소비하며, 이 과정에서 발생하는 이산화탄소는 에너지관련 온실가스 배출량의 39%를 차지하여, 단일분야로는 가장 큰 비중을 차지한다. 게다가 신흥국과 개발도상국에서 인구증가와 함께 건물면적이 2050년까지 2배 확대되고, 건물부문 에너지 수요는 50%까지 늘어날 것"으로 예측했다(신은경, 2018).

따라서 지구온난화 방지를 위해서는 건물부문의 이산화탄소 배출의 주요 원인인 화석에너지 사용량 감소가 필수적이다. 이러한 측면에서 볼 때 화석에너지 사용량 감소가 친환경주택의 핵심가치이자, 일반주택을 친환경주택으로 전환해야 하는 이유라 하겠다.

2. WHAT: 친환경주택이란 무엇인가

1) 친환경주택의 개념

친환경주택과 유사한 개념으로 쓰이는 용어를 살펴보면 그 개념을 이해하기 용이하다. 지속가능한 주택(sustainable housing), 생태주택(ecological housing), 패시브주택(passive house), 제로에너지주택(zero-energy house), 그린홈(green home) 등이 사용되고 있다.

'지속가능성(Sustainability)'이란 용어는 1992년 리우 UN환경회의에서 '환경적으로 건전하고 지속가능한 발전(Environmentally Sound & Sustainable Development; ESSD)'의 원칙에 합의한 후 사용하게 되었다. '환경적으로 건전하고 지속가능한 발전'이란 자연환경에 이롭거나 또는 적어도 해롭지 않은 경제성장을 지칭한다. 서구에서는 'sustainability'가 친환경이라는 의미로 가장 일반적으로 사용하는 용어이나, 우리나라에서는 지속가능성을 사회적인 측면을 포함한 더 넓은 의미로 사용하고 있어 친환경의 핵심개념에서 의미가 다소 달라지고 있는 상황이다.

'생태주의'란 인간을 자연의 여타 부분들과 다를 바 없이 자연계의 생물학적

법칙에 순응해야 하는 존재로 보고, 그 자신이 일부를 이루고 있는 전체 생태계와의 조화의 틀 속에서만 살 수 있음을 강조한다. 생태주의는 생태공동체로 구체화되어, 생태공동체마을이 형성되었다.

"제로에너지주택"이란 주택에서 사용하는 화석에너지를 제로로 한다는 개념이다. 패시브주택은 구조체의 외피계획을 통해 화석에너지를 사용하는 설비가동을 일반주택에 비해 현저히 감소시킨 주택이고, 여기에 신재생에너지설비를 설치하여, 화석에너지와 탄소배출을 제로로 하는 주택이 제로에너지주택이다.

"그린홈"이란 2008년 8월, 정부에서 녹색성장 정책을 천명하며 그린홈 100만호 보급사업을 위해 사용하기 시작한 용어이다. 태양광, 태양열, 지열 등 신재생에너지를 도입하고 고효율 조명 및 보일러, 친환경 단열재를 사용함으로써 화석연료 사용을 최대한 억제하고, 온실가스 및 공기오염물질의 배출을 최소화하는 저에너지친환경주택으로 정의된다(한국에너지공단 신재생에너지센터 홈페이지).

즉, 친환경주택은 지구환경에 주는 영향을 최소화하기 위한 주택으로 정의되므로, 지구환경의 보전(low impact to environment)과 주변환경과의 친화(high contact with nature)를 계획개념으로 한다. 그런데, 친환경주택은 지구환경에 주는 영향을 최소화하기 위해 인간은 냉난방도 하지 않고 조명도 켜지 않고 열악하게 지내자는 것이 아니라, 거주자도 건강하고 쾌적하게 거주할 수 있도록 하자는 것이다. 이에, 거주환경의 건강·쾌적성(health & amenity)을 세 번째 계획개념으로 한다.

따라서, 친환경주택이란 주택의 대지조성 단계부터 계획, 시공, 거주중의 유지관리, 해체 후 폐기물처리 단계까지 총체적으로 화석에너지 사용과 이산화탄소, 폐수, 폐기물 배출을 감소시켜 환경에 주는 부담을 최소화하는 주택이다. 더불어, 주변환경과의 연계에 의해 생태계의 순환성에 기여하며, 거주환경의 건강과 쾌적성을 확보하는 주택을 의미한다.

2) 친환경주택의 계획요소

친환경주택의 계획개념에 따른 계획요소는 매우 다양하고 계속 개발되고 있으므로, 핵심요소들을 〈표 9-1〉에 요약하였다.

표 9-1 친환경주택 계획요소 요약

계획개념	계획기법	계획요소의 예
지구환경의 보전 (low impact to environment)과 관련된 기법	• 에너지의 절약과 유효이용 • 신재생에너지 및 자연에너지 이용 • 내구성의 향상과 자원의 유효이용 • 환경부담의 경감과 폐기물의 감소	• 구조체와 창호 단열 및 기밀 • 일사조절(블라인드, 열선반사유리, 활엽수 등) • 대지의 일조, 바람 등의 자연에너지를 이용하는 배치 • 자연통풍 설계 • 흙, 물, 나무를 이용하여 미기후(微氣候)를 완화 • 내구성을 지닌 재료와 구조체 사용 • 신재생에너지(태양, 바이오매스, 풍력, 지열 등) 설비 • 중수, 빗물 활용 • 제조와 생산, 시공, 운반에 에너지를 적게 사용하는 건축자재, 부품, 시공법을 사용 • 재이용, 재생사용이 가능한 건축자재나 부품사용
주변환경과의 친화성(high contact with nature)에 관련된 기법	• 생태적 순환성의 확보 • 기후나 지역성과의 조화 • 건물 내외의 연계성 향상 • 거주자의 공동체 활동의 지원	• 옥외(옥상, 벽면) 녹화 • 투수성 포장 • 동물서식처 마련 • 지역의 기후나 대지의 미기후와 조화를 이루는 설계 • 반 옥외 생활공간, 개방이 가능한 섀시 설치 • 거주자 참여형 계획
거주환경의 건강·쾌적성 (health & amenity)에 관련된 기법	• 자연에 의한 건강성 확보 • 건강하고 쾌적한 실내환경 • 안전성 향상 • 거주성 향상	• 대기정화능력이나 CO_2고정도가 높은 수목 등 식재 • 마감재로 천연재료나 자연소재를 이용 • 조습능력이 있는 소재 활용 • 차음설계 • 유해가스방출 등 건강에 유해한 건축자재 사용지양 • 인체에 쾌적한 냉난방(복사냉난방 등) 실현

자료: 日 地球環境住居研究會, 1994

(1) 지구환경의 보전(low impact to environment)

지구환경의 보전은 이산화탄소, 폐수, 폐기물 등 주택에서 발생하는 각종 오염물질을 감소시켜 지구환경에 주는 영향을 최소화한다는 개념이다. 주택에서 에너지를 사용하는 주된 부분은 냉난방, 조명, 위생설비, 가전기기 및 조리기구 등이다. 이 중 냉난방에 소비되는 에너지 비율이 크므로, 냉난방 에너지를 감소할 수 있도록 기후에 적합한 디자인이 기본이 된다. 기후디자인으로도 아주 춥거나 더운 계절에는 냉난방설비의 가동이 필요하고 야간의 조명설비, 위생설비와 가전기기 등의 사용을 위해서는 에너지를 사용하는 설비의 가동이 필수적인데 이때 화석에너지가 아닌 신재생에너지를 이용한다. 또한 수도 사용감소를 위한 빗물 또는 중수 활용, 내구성 있는 재료를 사용하여 폐기물을 줄이는 것이 필요하다. 즉 크게 ① 기후디자인 요소, ② 신재생에너지설비 도입, ③ 폐기물 감소를 위한 요소의 세 가지 측면이 지구환경의 보전을 위한 계획요소들이다.

① 기후디자인 요소

기후디자인이란 기후특성에 적합하게 건물의 배치, 형태, 구조, 재료, 설비 등을 설계하는 자연형 조절방법을 말한다. 사용자에게 쾌적하고 건강한 실내공간이 되려면 실내환경을 사용자 특성에 적합하게 조절해야 하는데, 건물의 실내환경을 조절하는 방법에는 크게 자연형 조절방법(passive control system)과 설비형 조절방법(active control system) 두 가지가 있다. 자연형 조절은 남향배치, 단열, 창호, 지붕과 차양 등 건물의 외피계획을 통해 실내환경을 조절하는 것이고, 설비형 조절은 보일러, 에어컨 등 에너지를 이용하는 설비를 가동함으로써 실내환경을 조절하는 것이다. "패시브주택"이라는 용어도 이러한 개념에서 비롯된 것이다.

기후디자인의 기본원리는 한랭지역에서는 열손실을 최소화하고 수열량(受熱量) 및 방풍효과를 증대하는 것, 고온다습지역에서는 일사는 차단하고 통풍에 의해 습도와 체감온도를 저하시키는 것 등이다.

우리나라의 기후는 겨울은 한랭지역, 여름은 고온다습지역과 유사하다. 이를 위한 기후디자인은 열성능 좋은 구조체가 되기 위한 단열과 기밀, 열과 빛의 획득을 위한 남향의 창호, 여름철의 과열방지를 위한 일사조절장치가 기본요소가 된다.

단열과 기밀은 친환경주택의 가장 기본적이고 중요한 계획요소라 할 수 있다. 단열성이란 실내와 주택외부 간에 주택 구조체(고체)를 통한 열이동을 차단하는 성능이며, 기밀성이란 공기가 열을 가지고 이동하는 것을 차단하는 성능이다. 친환경주택에는 단열성능을 강화하기 위해 외단열재, 반사형복합단열재, 진공단열재 등이 적용되고 있고, 플라스틱 계열 단열재의 유해성이나 주택 해체 시의 자연성을 감안한 자연소재 단열재도 적용되고 있다.

단열 및 기밀과 함께 주택 열성능을 위한 기본 계획요소는 태양열 취득을 위한 남향의 창호, 반대로 더운 계절에는 태양열을 차단할 수 있는 처마나 차양,

외부블라인드 등의 일사조절장치, 주간에 취득한 열이 밤사이 손실되지 않도록 하는 창호덧문 등이다. 일사획득은 태양열과 동시에 태양빛의 획득으로 주간의 조명 에너지 소비가 감소된다. 창호는 유리의 단열성과 프레임의 기밀성이 강화된 시스템창호를 적용하고, 아무리 단열유리라고 해도 단열벽체에 비해 단열성이 현저히 낮으므로, 그 지역의 기후를 분석하여 겨울철 태양열 획득과 밤사이 열손실을 고려하여 최적의 면적으로 창호를 계획해야 한다.

예전에는 우리나라 주택에서 에너지 소비의 가장 주된 원인은 난방이었는데, 우리나라도 지구온난화의 진행으로 여름이 더워졌고, 예전보다 고기밀하고, 유리를 많이 쓴 주택에 거주하면서 여름철 과열로 인한 냉방 에너지비용이 난방 에너지비용을 능가하는 사례가 많아지고 있다. 우리의 전통주택은 축열성이 크지 않고 틈새가 많은 목구조였고 적절한 너비의 처마가 있었으므로 남향배치로 인한 일사획득이 매우 중요한 요소였다. 그러나, 요즈음의 아파트는 고단열 고기밀한 공법에 발코니 확장으로 처마도 없는 형태로 유리를 과다하게 사용하고 남향으로 배치하면서 겨울철 낮 동안에는 따뜻한 주택이 될 수 있지만, 유리는 축열성과 단열성이 낮으므로 해가 지면 갑자기 추워지고, 여름철에는 일사획득으로 온실처럼 더운 주택이 된다. 남향 창의 일사획득 못지않게 일사조절장치가 매우 중요하며(그림 9-1) 신재생에너지를 이용하는 냉방설비의 선택이 필수가 되고 있다.

그림 9-1
남향창에 일사조절장치가 설치된 세종시 제로에너지타운의 단독주택

② 신재생에너지설비 도입

신·재생에너지는 「신에너지 및 재생에너지 이용·개발·보급 촉진법」(2015.7.31. 시행) 제2조에 의하면, '신에너지'란 기존의 화석연료를 변환시켜 이용하거나 수소·산소 등의 화학 반응을 통하여 전기 또는 열을 이용하는 에너지로서 수소

에너지, 연료전지, 석탄을 액화·가스화한 에너지 등이며, '재생에너지'란 햇빛·물·지열(地熱)·강수(降水)·생물유기체 등을 포함하는 재생 가능한 에너지를 변환시켜 이용하는 에너지로서 태양에너지, 풍력, 수력, 해양에너지, 지열에너지, 생물자원을 변환시켜 이용하는 바이오에너지, 폐기물에너지 등이다.

패시브주택과 신재생설비가 국내에 도입된 이후, 단점이 보완되거나 가격도 저렴해지고 있을 뿐 아니라 우리 기후에 맞고 효율이 좋아, 도입이 증대되고 있는 신재생설비는 태양열 급탕 및 난방시스템, 태양광발전, 광덕트, 풍력시스템, 지열냉난방 등이다. 정부에서 추진하고 있는 그린홈 개념도(그림 9-2)는 이를 잘 보여주고 있다.

태양에너지를 이용하기 위한 설비 중 설비형태양열시스템은 태양열을 급탕, 난방, 냉방에 이용하기 위해 기계적 방식을 도입한 것이다. 태양열로 물을 끓여 급탕과 난방에 이용하는 방식은 매우 효율이 높다. 그러나 열이 필요한 겨울에는 효율이 낮아지고 열이 필요 없는 여름에는 매우 효율이 높아 오히려 설비가 고장나는 현상이 빈번하여, 산업체와 연구기관 등에서 지속적인 연구개발 중에 있다. 태양광발전(PV; Photovoltaic)은 태양광을 이용하여 전기를 생산하는 기술이다. 광덕트는 반사율이 높은 자재로 만들어진 덕트를 통해 태양광을 유입시켜 실내를 밝히는 것이다.

풍력시스템은 풍속에 의해 전기를 생산하는 방식으로, 거대한 규모의 풍력발전기는 소음도 크고 대규모 면적이 소요되므로, 주택에는 소형발전기를 설치하

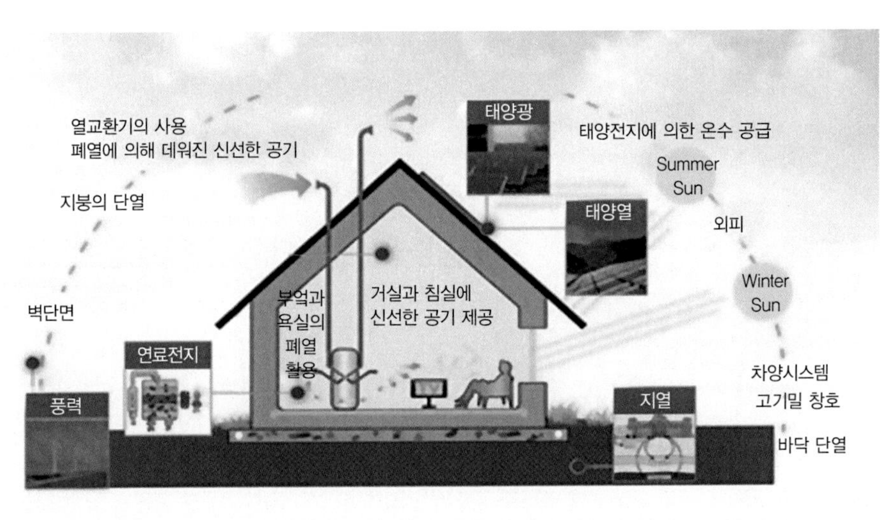

그림 9-2
그린홈 개념도
자료: 한국에너지공단 신재생에너지센터 홈페이지

며, 최근에는 초고층빌딩에 건물일체화 디자인이 등장하고 있다.

지열을 이용하는 시스템 중 최근 설치가 증가하고 있는 지열시스템은 지열 히트펌프로서, 지열 히트펌프에 의한 냉난방장치는 기존의 중앙공급식에 비해 건물의 사용시간대 및 부하에 따라 대응하며 간편하게 조작할 수 있는, 우리나라의 기후조건에 적합한 아주 효과적인 시스템이라 할 수 있다.

한국에너지공단 신재생에너지센터에서 시행 중에 있는 그린홈 주택지원사업은 태양광, 태양열, 지열, 소형풍력, 연료전지 등의 신재생에너지설비를 주택에 설치할 경우 설치비의 일부를 정부가 보조지원하는 사업이다. 사업지원대상은 개별단위로서 단독주택 또는 공동주택, 마을단위로서 동일 최소행정구역단위에 있는 10가구 이상의 단독 또는 공동주택이다.

최윤정 외(2017b)에 의하면, 그린홈 주택지원사업에 의해 신재생설비 설치 후 절약되는 전기비로 설치비가 회수되는 기간이 주택 및 가구의 상황에 따라 5~10년으로 나타나, 설치를 희망하는 가구가 증가되는 실정이다. 그러나, 이는 정부가 초기설치비를 보조하는 방식이므로 거주자 입장에서는 설치시점에 목돈이 없으면 지원하기 어렵다. 이에 따라 2013년부터는 설치비를 전액 지원하여, 설치 시 개인 부담금 없이 절약되는 전기료를 월 대여료 개념으로 납부하도록 하는 태양광대여사업도 시행되고 있다.

③ 폐기물 감소를 위한 요소

주택이 지구에 배출하는 폐기물을 줄이기 위해서는 내구성이 있고 해체 시 자연으로 돌아갈 수 있는 재료를 사용하거나 건물해체 시 발생된 자재의 재사용, 자재의 업사이클링, 상수와 하수의 양을 줄이기 위한 요소들이 포함된다.

상수와 하수의 양을 줄이기 위해 중수 및 빗물 활용 계획이 필요하다. 중수란 공급되는 물 상수와 버리는 물 하수의 중간이라는 의미로서, 한번 사용한 오염이 심하지 않은 물을 간단히 걸러 화장실 용수나 정원 등에 사용하는 것을 말한다. 수돗물은 상당한 에너지와 비용을 들여 만들어지는데 우리나라는 수도료가 원가보다 저렴한 나라이다. 유럽 등에서는 수도료가 우리나라의 5~6배까지 비싸므로 수돗물을 절약하는 생활과 장치들이 상용화되어 있다.

일반적으로 비가 오면 빗물이 모여 하수로 처리되며, 집중호우 시 하수 처리 능력보다 많은 양의 비가 하수로 모이면 역류하는 현상이 발생되기도 하는데 이것이 도시홍수이고 반지하주택 등이 물에 잠기는 원인이다. 이와 같은 기존의 집중형 빗물관리로부터 빗물을 발생한 곳에서 관리하는 분산형 빗물관리로 전환해야 한다. 이를 위해 건물옥상이나 외부공간을 녹화하거나 투수성 포장을 하여 빗물을 수집, 빗물저장탱크에 보관하고, 정원이나 화장실 용수로, 또는 정화를 거처 생활용수로 활용하는 에코루프와 빗물활용시설을 채택할 필요가 있다.

(2) 주변환경과의 친화(high contact with nature)

주변환경과의 친화 기법은 자연과 더욱 접촉하자는 의미로서, 생태적 순환성, 지역성, 공동체 개념을 도입하여, 주택과 생태계와의 조화를 이루기 위한 것이다.

건물녹화는 자연적인 대지에 주택을 건축함으로써 훼손된 자연을 회복시킨다는 개념으로, 지붕 또는 옥상 녹화, 벽면녹화, 또는 차음벽을 비롯한 담장녹화를 들 수 있는데, 인공물의 녹화는 건물의 단열성을 향상시키고 도시의 소음을 감쇄시키는 효과까지 얻을 수 있다.

동식물서식처로 육생비오톱은 흙과 식물에 의해 생물이 서식할 수 있는 환경을 말하며, 수생비오톱은 수생생물이 서식할 수 있는 수(水)공간을 의미하는데 수돗물을 사용하는 분수나 고인물이 아닌, 생물이 서식할 수 있도록 빗물을 이용하고 썩지 않도록 자연정화가 가능한 설계 또는 정화시스템이 갖춰져야 한다. 이러한 동식물서식처를 조성하면 생태적 순환성 또는 생태계와의 조화라는 의미 뿐 아니라, 물과 식물에 의해 미기후(微氣候)가 완화되는 효과와 물소리, 새소리 등으로 도시소음이나 생활소음이 은폐(마스킹 효과)되는 효과도 얻을 수 있다.

인간도 자연의 일부라는 생태학적 개념에서 계절의 변화를 느끼고 자연과 더불어 생활할 수 있도록 옥외공간으로 쉽게 접근할 수 있는 계획을 하거나 반옥외 생활공간을 도입한다. 또한, 주택의 초기 계획단계부터 거주자의 의사를 반영하는 거주자참여형 계획은 주택의 사회적 수명을 연장시킬 수 있다.

지구온난화 방지를 위한 다양한 추진은 한 사람 또는 한 가족만의 실천으로는 그 효과가 미미할 뿐만 아니라, 쓰레기분리수거, 음식물퇴비화 및 텃밭활용, 에너지절약의 실천 등 커뮤니티 차원에서 추진하지 않으면 실천하기 어려운 부분들도 많으므로, 커뮤니티 활성화를 위한 계획요소는 친환경주택으로 다가가기 위해 꼭 필요한 개념이다.

(3) 거주환경의 건강·쾌적성(health & amenity)

거주환경의 건강·쾌적성 기법은 거주자의 건강과 쾌적성도 향상시켜 지구와 인간 모두를 이롭게 한다는 개념으로서, 건강한 실내환경 조성과 관련된 요소를 선택하는 것이다. 또한, 어메니티(amenity)란 흔히 쾌적성이라 번역하지만, 신체적인 쾌적(comfort)을 포함하여 정신적으로 쾌적한 생활을 위한 경관의 쾌적성, 녹지나 수변공간과 같은 주변환경의 쾌적성, 교육 및 복지 등의 근린환경의 쾌적성 등을 포함하는 개념이다. 지구환경의 보전(low impact to environment) 부문의 계획요소들은 거의 대부분이 거주자의 건강을 유지하기 위한 것이며, 주변환경과의 친화(high contact with nature) 부문의 계획요소들은 거주자의 쾌적성 향상과 관련된다.

우리가 건강하게 거주하기 위해서는 적정 실내온도를 유지하기 위한 냉난방이 가동되어야 하고, 적정 밝기를 위한 조명이 점등되어야 하며, 위생적인 식생활을 위해 가전기기를 사용해야 한다. 즉, 주택은 거주자의 건강을 유지하기 위해 에너지를 사용하고 있다고 해도 과언이 아니다. 지금까지는 이를 위해 많은 양의 화석에너지를 사용하였으나, 친환경주택은 냉난방에너지가 적게 들도록 단열, 기밀하게 계획하고, 신재생에너지설비로 생산된 에너지를 이용하여 설비나 기기를 가동하는 것이다.

그런데, 친환경주택에서 거주자의 건강을 위해 꼭 필요한 요소는 환기시스템이다. 친환경주택은 단열 및 기밀 시공을 기본요소로 하는데, 고기밀 시공된 주택은 실내공기가 악화될 수 있다. 구조체에 틈새가 많은 주택이 건강할 것으로 오해할 수 있으나, 그렇지 않다. 고단열·고기밀한 구조체를 만들어 실내환경을 일정하게 유지하는 것이 거주자의 건강에 좋고 에너지 소비도 감소시키고, 기밀로 인해 실내공기가 악화되지 않을 만큼의 신선한 외기를 도입하는 환기시스템을 가동하는 것이 최선의 해법이다. 환기시스템은 거의 공기압에 의한 자연대류 원리를 기본으로 하므로 전기소모량이 적을 뿐 아니라, 열회수 환기시스템은 더욱 에너지소모가 적다. 최근에는 대기의 미세먼지가 높은 날이 계속되고 있으므로, 창을 열거나 구조체 틈새를 통해 외부공기가 도입되는 것보다는 필터로 걸러진 깨끗한 외부공기를 도입하는 환기시스템 가동이 에너지 절약과 거주자의 건강 두 가지 측면에 도움이 되는 방법이다. 그러나 신축 직후나 새 가구를 도입한 시기, 미세먼지나 오염물질이 방출되는 조리 시에는 맞통풍에 의한 오염물질 배출이 필요하다. 이러한 경우를 위해 맞통풍이 가능한 개방 가능한 창호 계획은 꼭 필요한 요소이다.

이 밖에, 다양한 냉난방방식 중에서는 인체에 쾌적한 복사열의 원리가 적용된 복사냉난방방식을 채택하고, 거주자의 건강을 위해 실내마감재로 천연재료나 자연소재, 조습능력이 있는 소재, 유해물질 저방출자재를 선택한다.

건축자재의 생산자나 판매자들은 제품에 대한 소개문구에 친환경 제품이라고 흔히 표기하고 있으므로, 소비자로서 구분할 수 있어야 한다. 친환경 건축자재란 천연건축재료(Natural Material), 친환경 재료(Environmental Material), 지속가능한 재료(Sustainable Material)로 정의 된다. 천연건축재료는 흙이나 나무, 돌 같은 원재료를 채취하여 건축재료로 사용하기 적합하게 절단하거나 연마한 재료를 의미한다. 친환경 재료는 각 나라의 환경기준치에 맞춰 가공, 생산된 건축재료로, 인체나 환경에 무해하다는 의미가 아니다. 지속가능한 재료는 영구히 사용할 수 있는 재료로서 대부분 스틸, 동판, 알루미늄, 강철 등 금속재가 이에 속한다. 재활용 건축재료는 폐자재를 원료로 이용하여 생산한 재료로 재생섬유 흡음재, 재활용 섬유판재, 재활용골재 등이 이에 속한다(김원 외, 2009).

친환경 재료를 선택하는 데에 인증제도가 도움이 된다. 제품의 오염물질 방출정도를 인증하는 제도에는 '친환경건축자재 단체품질인증제도(HB)'와 'KS표시인증제도 중 합판, 파티클 보드 등의 포름알데히드 방산량에 따라 인증하는 SE0~E1형'이 가구 등에 표시되어 유통되고 있다. HB마크는 건축자재를 대상으로 TVOC와 HCHO 방출량에 대해 인증하는 민간제도로서 마감재에 많이 적용되어 있는 것을 볼 수 있다. 그러나 이들 인증제도는 의무법령이 아니므로, 우리나라에 유통되는 건축자재나 가구 등에 아직까지는 인증을 받은 제품이 상대적으로 적은 실정이다(윤정숙·최윤정, 2014).

3. HOW: 어떻게 친환경주택이 될 수 있나

친환경주택이 무엇인지 이해한 후, 이제 우리 가족의 주택을 친환경적으로 만들려면 어떻게 해야 하는지에 대해, 친환경주택으로 신축, 거주중인 주택의 그린리모델링으로 구분하여 살펴본다. 신축하는 친환경주택은 화석에너지 사용량이나 적용된 요소에 따라 패시브주택, 제로에너지주택, 생태주택 등으로 구분될 수 있는데, 대표적으로 패시브주택을 중심으로 살펴본다.

1) 패시브주택

(1) 패시브주택의 정의와 인증제도

패시브주택은 독일에서 시작되었고, 단위면적당 연간 난방에너지 요구량이 15kWh 이하인 주택으로 정의하며, PHI(Passive House Institute)에서 패시브하우스 인증제도와 패시브하우스디자이너 자격제도를 운영하고 있다(Passivhaus Institut 홈페이지). 난방에너지 요구량 15kWh는 우리나라 기존 일반주택의 1/5~1/10 수준이다. 국내에서는 PHI와 별도로 한국패시브건축협회에서 협회인증 패시브건축 인증제도를 운영하고 있다.

(2) 소규모 패시브주택단지 사례

6채의 패시브주택으로 구성된 소규모 주택단지인 청주의 가온누리마을의 특성과 거주 후 평가결과(김종란 외, 2019)를 살펴봄으로써, 친환경주택을 신축하는 방법과 거주성이 어떠한지 접해보고자 한다.

① 단지 및 건물특성

조사대상단지는 2016년 12월에 준공되었으며, 설계자도 거주중이다. 입주 전 계획으로, 청주시 외곽의 생활편의시설 및 학교, 교통시설 이용이 편리한 곳을 대지로 선정하였고, 남북으로 긴 형태의 대지에 개별주택의 조망권과 남측마당이 확보되고 일조를 방해하지 않는 인동거리가 확보되도록 주택을 배치하였으며, 단지 내 도로에 투수성포장을 하였다. 토지공동매입 및 자재, 가구, 창호 등을 공동구입하였으며, 상수도 미공급 지역이라 지하수를 관정하였다.

입주 후에는 환기시스템 필터를 공동구입하는 등으로 주거비를 절약하고 있으며, 주택별로 기른 텃밭의 농작물을 공유하고, 단지 내 도로 및 앞마당에서 이웃간 교류가 활발하게 일어나고 있다. 자연스러운 카풀발생, 음식물쓰레기를 건조 후 땅에 묻어 퇴비로 사용하는 등의 친환경 활동이 이루어지고 있다.

단지 내 6채 주택 모두 한국패시브건축협회 인증 2.7L 패시브주택으로, 건물계획은 에너지효율을 위해 불필요한 요철을 없앤 형태, 연면적 163.04~184.64m²의 크지 않은 규모로 계획되었다. 일사획득을 위해 주사용실은 동·남향에 배치하였고, 남측에는 큰 창호를 설치하였다. 창호는 여름철 일사차단과 열손실 감소를 위해 동·서측에는 최대한 지양하고, 북측은 폭이 좁게 설계하였으며, 남향창에는 청주지역 일사각을 고려하여 고정차양을 설치하였다. 단열·기밀성을 위하여 인증된 창호프레임과 단열유리, 열교차단재, 구조체의 기초와 지붕까지 고단열성능의 자재를 사용하였다.

계획요소는 〈그림 9-3〉에 잘 요약되어 있는데, 2절에서 살펴본 기후디자인의 원리가, 그리고 에너지생산설비로 태양광패널, 건강·쾌적성을 위해 꼭 필요한 열회수 환기시스템(그림 9-4)도 적용되었음을 알 수 있다.

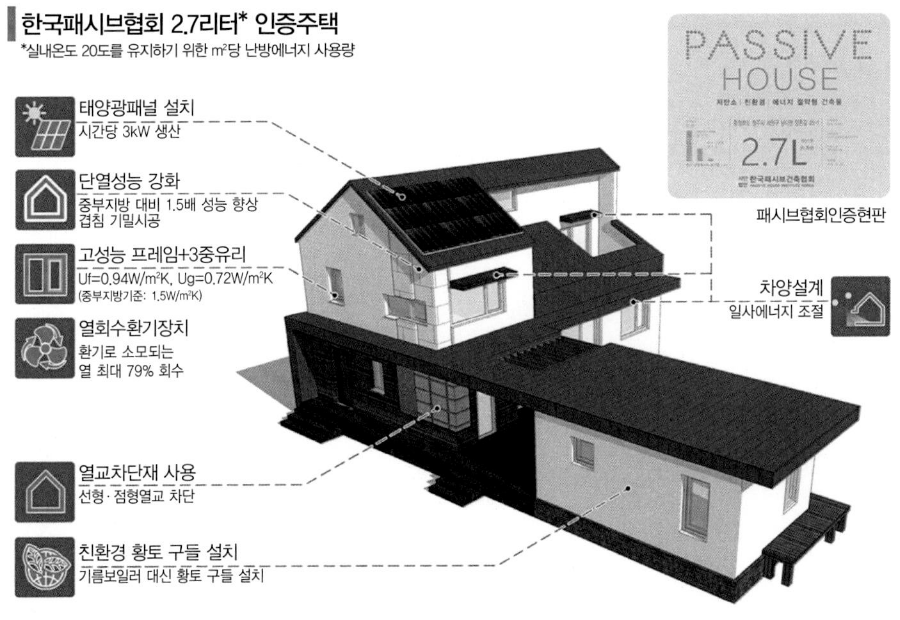

그림 9-3
가온누리마을 주택의 패시브 특성
자료: (주)무심종합건축사사무소 제공

그림 9-4
열회수 환기장치 개념도와 신선공기취출구
자료: (주)무심종합건축사사무소 제공

② 실내환경측정 및 거주자평가 연구결과

2017년 12월~2018년 4월에 단지 설계자 및 단지 내 모든 주택의 거주자를 대상으로 면접조사를 하였고, 그 중 2개의 주택에서 주택당 1일 실내환경을 측정하였으며, 그 결과 중 일부를 요약하여 소개하면 다음과 같다.

- 실내환경의 조절 및 쾌적성에 대한 거주자평가는 대부분의 응답자가 따뜻하고 쾌적한 실내, 차음성능 좋음이라고 응답하였으며, 일부 주택에서 일정한 실내온도, 비염이나 피부가려움증 등의 질병 완화, 밝고 환한 실내라고 응답

하여, 모든 주택에서 실내 온열·공기·빛·음환경의 실내환경 전반에 대해 매우 긍정적으로 평가하는 것으로 나타났다.

- 주거비 분석결과, 연간 전기요금은 85,250~307,830원이었고, 전기사용량이 가장 적은 10월의 전기요금은 5,250~8,460원, 전기사용량이 가장 많은 8월의 전기요금은 8,650~84,740원이었다. 기름보일러의 연간 연료비는 75~140만 원이었다. 연간주거비를 조사대상주택과 유사한 조건의 일반주택과 비교하면, 거의 2/5~3/5 수준으로 나타났다. 거주자들은 이전에 거주했던 주택과 비교할 때 '주거비 부담 줄어듦', '온수를 마음껏 사용'이라고 응답하여, 거주경제성에 대해 매우 긍정적으로 평가하였다.
- 낮 동안의 실내온습도 측정결과, 한 주택은 난방가동 없이, 한 주택은 1시간의 난방가동만으로 실내온습도가 평가기준에 포함되거나 상회하는 상태로 일정하게 유지되어, 일사획득 및 단열·기밀성으로 실내온도가 일정하게 유지되는 패시브주택의 성능을 확인할 수 있었다. 실내공기의 미세먼지와 CO_2 농도 측정결과, 평가기준을 만족하는 것으로 나타나, 환기시스템의 성능을 확인할 수 있었다. 그런데, 창호를 개방한 주택의 미세먼지 농도가 더 높게 나타나, 이는 대기 미세먼지의 유입에 의한 것으로 판단되며, 창을 개방하지 않고 환기시스템을 가동하는 것이 패시브주택의 성능유지에 더 적합한 것임을 확인하였다.
- 이상에서 가온누리마을의 패시브주택은 초기건축비는 일반주택에 비해 비싸지만, 공동체성, 거주경제성, 실내환경의 쾌적성, 건강성, 친환경성 측면의 거주성이 우수한 것으로 나타났다. 따라서 커뮤니티 단위의 친환경 실천요소를 적용할 수 있고 거주성이 우수한 소규모 패시브주거단지 확산의 필요성이 있다고 판단되었다.

(3) 제로에너지하우스 사례

가온누리 사례보다 먼저, 우리나라 대전에 6채가 건축되어 거주중인 소규모 제로에너지하우스 단지가 있다. 이 주택들은 패시브 설계에 추가로 오염물질 저방출자재를 사용하고, 태양광발전시스템, 태양열과 지열의 하이브리드 시스템, 고효율 환기시스템을 통합 설계하였다. 이 단지 역시 설계자가 거주중인데, 설계사무소의 모니터링 결과를 보면, 일반주택에 비해 실내공기질은 매우 양호하게 유지되면서도 거의 80% 이상의 에너지 절약이 되는 것으로 나타났다(M.A 건축사사무소 ZeeHome 자료).

2) 그린리모델링

(1) 그린리모델링(green remodeling)의 정의와 요소기술

건물의 '리모델링'은 '재건축'과 비교할 때 그 자체가 친환경이라고 할 수 있다. 기존 건물을 해체하고 신축하는 재건축과는 달리, 리모델링은 건물의 수명을 연장하는 것이므로 건축 폐기물을 만들지 않고 신축에 소요되는 자재를 소비하지 않는다. 그러나, 기존 건물은 설계당시 규정이나 노후화에 의해 환경성능이 좋지 않아 화석에너지를 과다 소비할 가능성이 많으므로, 이를 개선하는 그린리모델링이 필요하다. 「녹색건축물 조성지원법」에 의하면, 그린리모델링이란 건축물의 노후화를 억제하거나 기능향상 등을 위하여 대수선하거나 일부 증축하는 행위를 리모델링(건축법 제2조 제1항 제10)이라 하며, 환경친화적 건축물을 만들기 위해 에너지성능향상 및 효율개선이 필요한 기존건축물의 성능을 개선하는 것을 그린리모델링이라 한다. 즉, 그린리모델링 역시 친환경주택과 마찬가지로 이산화탄소 배출 감소를 위한 에너지 절약이 핵심요소가 된다.

국토교통부는 2013년에 그린리모델링 창조센터를 설립하여 그린리모델링 사업을 시작하였다. 창조센터에서 가이드하는 그린리모델링 기술요소는 에너지저감을 위한 단열, 기밀, 창호, 차양장치, 열획득, 에너지효율향상을 위한 고효율설비, 재생에너지, 실내환경 개선을 위한 자연채광, 환기, 열교방지, 실내마감, 환경부하 저감을 위한 건축물녹화, 자원순환, 폐기물재활용 등이다. 현재 시행중인 사업은 "공공건축물 그린리모델링 지원사업", "민간건축물 그린리모델링 이자지원사업", "그린리모델링 사업자 선정 및 등록"이다(그린리모델링창조센터 홈페이지).

(2) 그린리모델링 사례

대학교 기숙사의 그린리모델링 특성과 거주 후 평가결과(최윤정 외, 2017a)를 살펴봄으로써, 그린리모델링의 방법과 어떤 측면에서 거주성이 변화되는지 접해 보고자 한다.

① 그린리모델링 내용

2013년 공공건축물 그린리모델링 시범사업에 선정되어 시공비 일부를 지원받은 사례로서, 기숙사 3개동이 2012~2013년에 그린리모델링이 진행되었다. 그린리모델링 요소로는 건축부문에서 벽체 내단열, 최고층 천장단열, 창호교체(표 9-2), 실런트 재시공, 자동출입문 및 방풍실을 설치하였고 설비부문에서 EHP 고효율 냉방기 설치, 고효율 방열기로의 교체, 조명기구 교체 및 커버 설치, 자동제어시스템 설치(1개동)를 하였다.

표 9-2 그린리모델링 모습 - 생활실 창호단열 사례

리모델링 전	시공모습	현재모습
목재창호(5mm 유리) +AL창호(12mm 복층유리)	창호프레임을 철거한 모습. 이후 실런트 재시공, 창호프레임 설치, 우레탄폼 시공	PL창호(16mm 복층유리) +AL단열창호(24mm 복층유리)

자료: 최윤정 외(2017a). p.40.

② 그린리모델링 전후 에너지사용량 및 거주자평가

대학교 본부 시설과에서 제공한 기숙사(진리관)의 그린리모델링 전과 후의 연간 에너지사용량을 비교해보면, 전력은 18.4% 감소하였고 지역난방은 13.7% 감소하였다.

기숙사 리모델링 전후에 계속 거주했던 주거환경학 전공학생 7명을 대상으로 한 포커스그룹인터뷰 결과, 건축부문에서 단열성 증가, 창호의 기밀성 증가, 자동출입문 및 방풍실 설치로 보온성 증가에 대해 긍정적으로 평가하였다. 설비부문에서는 에어컨 설치로 쾌적성 향상, 고효율 방열기교체로 온열감 향상, LED조명 교체로 밝기감 개선, 조명커버 설치로 눈부심 감소에 대해 긍정적으로 평가하였다.

3) 친환경주택 인증제도

가족에 적합한 주택으로 친환경주택을 선택하거나, 그린리모델링을 계획할 때 필요한 정보와 전문가를 만나기 위해서는 친환경주택 인증제도와 전문가 자격제도를 알아둘 필요가 있다. 국토교통부에서는 2012년부터 그린투게더(http://www.greentogether.go.kr)라는 녹색건축포털을 만들어, 비전문가도 우리집의 에너지사용량을 조회하거나 에너지평가서 열람, 녹색건축관련 정책과 정보를 얻을 수 있도록 운영하고 있다.

우리나라의 친환경주택 관련 현행 인증제도는 「녹색건축물 조성 지원법」에 근거한 '녹색건축인증'과 '건축물 에너지효율등급 인증 및 제로에너지건축물 인증'이 있다. '녹색건축'은 신축 주거용, 신축 단독주택, 신축 비주거용, 기존 주거용, 기존 비주거용, 그린리모델링 주거용, 그린리모델링 비주거용 건축물을 대상으로, 토지이용 및 교통, 에너지 및 환경오염, 재료 및 자원, 물순환 관리, 유지관리, 생태환경, 실내환경의 7개 전문분야의 평가항목별 점수를 합산하여 예비인증과 본인증을 거쳐 최우수(그린1등급)~일반(그린5등급)을 인증하고 있으며, 의무대상이 지정되어 있다(국토교통부 녹색건축인증 홈페이지).

'건축물 에너지효율등급 인증 및 제로에너지건축물 인증'은 2020년부터 연면적 1,000m^2 이상 신축, 재축 또는 별동 증축 공공건축물의 의무화가 시행되었고, 2025년부터는 민간건축물도 의무대상이 된다. '건축물 에너지효율등급'은 난방, 냉방, 급탕(給湯), 조명 및 환기 등에 대한 1차 에너지소요량으로 인증하며, '제로에너지건축물'은 '건축물 에너지효율등급 성능수준', '신재생에너지를 활용한 에너지자립도', '건축물에너지관리시스템 또는 전자식 원격검침계량기 설치 여부'에 따라 1~5등급으로 인증되며, 이와 관련된 업무를 수행하는 건축물에너지평가사 자격제도가 운영되고 있다(국토교통부 건축물에너지효율등급 인증시스템 홈페이지).

국외인증으로는, 세계 최초 친환경건축물 인증제도인 영국의 BREEM을 비롯하여 각국에 다양한 제도가 있으나, 국내에서 많이 접하게 되는 국외인증은 미국의 LEED(Leadership in Energy & Environmental Design)이다. 미국의 그린빌딩위원회(U.S. Green Building Council)에서 운영하는 인증제도로, 그린빌딩 인증 이외에 매년 그린스쿨(Green School) 순위를 발표하여 교육기관의 그린 캠퍼스 추진을 장려하고, 친환경건축전문가(LEED GA, AP)를 인증하는 자격제도를 운영하고 있다. 우리나라에는 이와 동일한 자격증이 없어, LEED AP(Accredited Professional) 자격을 취득한 전문가들이 활동하고 있다.

본 장에서, 하우징 트렌드의 하나인 친환경주택에 대해 필요성과 개념, 계획방법에 대해 살펴보았다. 친환경주택은 초기비용은 다소 많이 들 수 있지만, 이산화탄소와 폐수, 폐기물 등의 배출감소로 지구환경에 미치는 영향을 줄이고, 주변환경과 친화된 주택으로서, 매우 적은 에너지 비용으로 거주자가 건강하게 생활할 수 있으며, 절감된 에너지비용으로 일반주택보다 다소 높은 초기비용을 회수하는 기간은 현재도 그리 길지 않고, 기술개발에 의해 초기비용이 계속 낮아지고 있으므로 회수기간도 단축되고 있다. 그린리모델링 역시 일반 리모델링에 비해 시공비는 더 들지만, 리모델링 후 실내환경의 쾌적성이 향상되며, 감소된 에너지비용으로 시공비를 회수할 수 있고, 지구환경에 주는 악영향을 줄일 수 있으므로, 주택 리모델링 시 적극적으로 검토할 필요가 있음을 알 수 있었다.

HOUSING
TRENDS

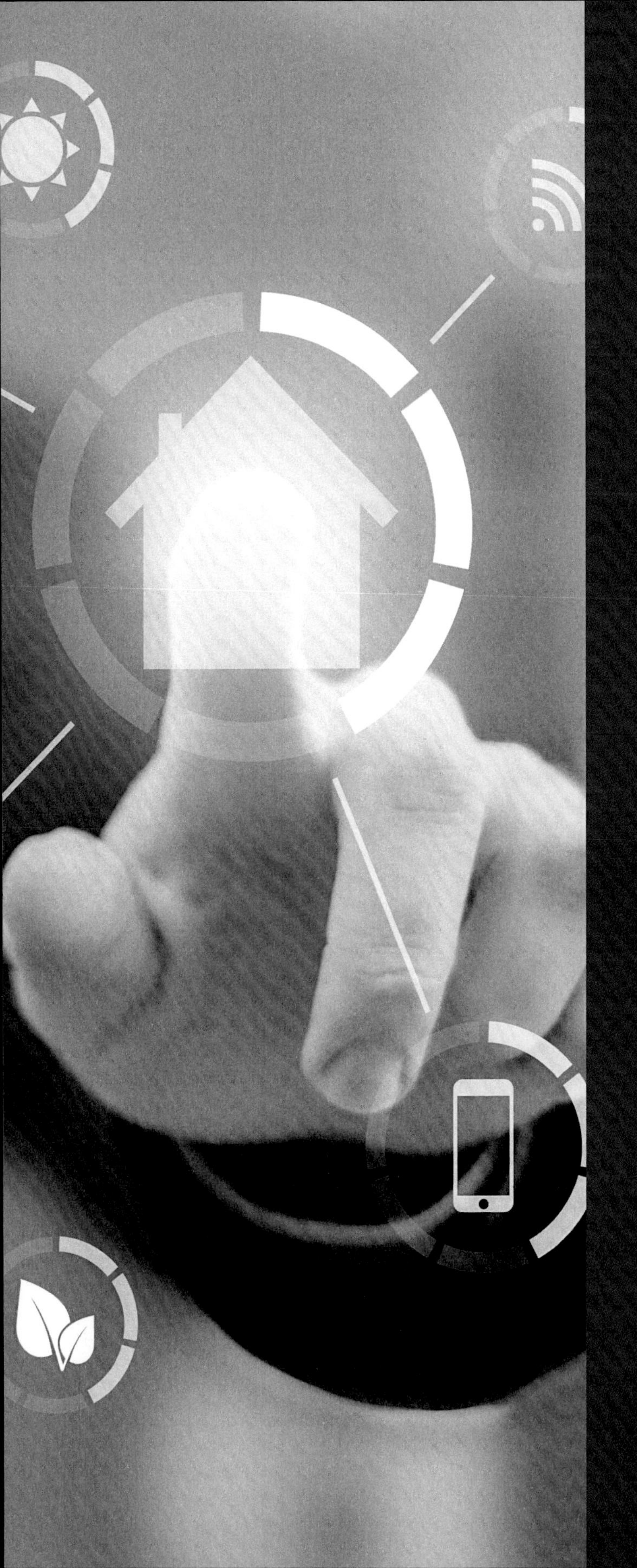

CHAPTER 10

스마트홈과 미래 주거

1. 스마트홈이란?

2. 스마트홈이 가져올 미래 주거공간

첨단 기술의 지원으로 미래 주거는 스마트홈(Smart Home)으로 특징지을 수 있다. 미래의 스마트홈은 거주자가 누구인지, 거주자가 무슨 생각을 하는지 스스로 파악하여, 거주자가 원하는 모든 것을 알아서 하는 단순히 집 이상의 역할을 할 것으로 예측된다. 본 장에서는 주거환경에서 혁신을 가져올 스마트홈의 주요 특징들과 관련 기술들을 알아보고, 스마트홈이 가져올 미래 주거공간의 모습을 살펴보고자 한다.

1. 스마트홈이란?

스마트홈(Smart Home)은 거주자의 삶의 질을 향상시키고자 주택 내 자동화 서비스를 제공하기 위해 사물인터넷, 인공지능 등의 기술을 통합하는 것이다(Jahromi et al., 2011). 스마트홈 기술의 발전으로 똑똑해진 주택은 거주자에 대해 스스로 습득하고 거주자의 요구를 예측하여 모든 것을 알아서 할 것으로 기대된다. 이러한 스마트홈을 지원하는 첨단 기술은 4차 산업혁명을 이끌고 있는 정보통신기술(Information & Communication Technology, ICT)로 인공지능, 로봇, 사물인터넷, 빅데이터, 모바일, 3D 프린팅, 바이오기술 등으로 대표된다. 세계경제포럼 회장인 클라우스 슈밥(Klaus Schwab)은 그의 저서 『제4차 산업혁명(The Fourth Industrial Revolution)』에서 4차 산업혁명은 앞선 산업혁명과 마찬가지로 강력한 영향력을 행사하며 역사적으로 큰 의미를 지닐 것이라 하였다. 덧붙여 첨단 기술의 혁신이 불러올 변화는 규모가 광범위하고 전파 속도가 빠른 특징을 지녀, 물리학·디지털·생물학 등 여러 분야를 초월한 '파괴적 혁신(Disruptive innovation)'의 영향이 피할 수 없는 현실임을 강조하였다. 따라서 모든 분야에서 '파괴적 혁신이 언제, 어떤 형태로 올 것이며 우리 자신과 조직에 어떤 영향을 미칠 것인가?'를 생각해야만 한다고 하였다. 그렇다면 주거공간에 다가올 파괴적 혁신은 무엇이며, 그로 인해 우리 삶은 어떻게 변화될까?

더 알아보기
스마트홈 시나리오

"오전 6시이며 알람시계가 평소보다 빨리 울립니다. 스마트 시계가 일정을 스캔하고 아침에 먼저 보고를 받았기 때문에 알람 시간이 자동으로 조정되었습니다. 샤워기가 자동으로 켜지고 물이 원하는 온도로 따뜻하게 데워집니다. 전기 자동차는 지붕 위의 태양전지판이나 풍력터빈으로 충전할 수 있습니다. 나중에 집에 돌아오면 예상치 못한 택배가 드론으로 배송됩니다. 택배 안에는 차가운 약이 들어 있고, 이는 욕실에 내장된 건강 센서가 질병의 징후를 감지하고 자동으로 주문한 것입니다."

자료: Austin(2019.7.25)

인공지능 비서, 드론 택배, 자가발전 전기자동차 등 타임지에서 예견한 10년 후의 스마트홈 시나리오는 아직은 낯설지만, 4차 산업혁명으로 더 이상 먼 미래가 아니다. "아리야~ 오늘 날씨 어때?", "지니야~ 내가 좋아하는 음악 틀어

줘!", "아리야·지니야~ 내 차 시동 걸어줘" 등 우리 생활에 성큼 다가온 스마트홈 시대를 맞이하는 첫 걸음이 바로 인공지능 스피커이며, 이미 최근 광고에서 인공지능 스피커를 일상생활에서 유용하게 사용하는 모습이 자주 노출되고 있다. 또한, 세계 최대 가전박람회인 CES(International Consumer Electronics Show) 2020에서 인공지능과 사물인터넷 등이 융합된 스마트홈의 글로벌 시장 규모는 2020년 51억 달러로 전년 대비 12.8% 급증할 것으로 주최 측은 전망했다(이진우, 2020). 이런 전망에 따라 CES 2020에서 많은 업체들이 이전에 없던 새로운 스마트홈 서비스들이 일상에 구현된 모습을 전시하는 데 역점을 두었다. 평소에 자주 사용하는 가전제품들이 인터넷을 통해 상호 연결되고 지능화되어 에너지 관리·보안·헬스 등과 관련한 다양한 서비스를 제공하고, 로봇 공학의 발전으로 청소·요리 등의 집안일을 도와주며, 가상·증강현실의 기술로 집에서 원격회의·쇼핑·은행거래까지 가능하도록 스마트홈 서비스는 진화하고 있다.

2. 스마트홈이 가져올 미래 주거공간

1) 사물과 연결된 집

스마트폰의 상용화 이후 컴퓨터, 스마트폰, 태블릿이 다 연결되어 서로 정보를 주고받으면서 우리 생활에 도움을 주고 있다. 나아가 최근에는 많은 기업들이 스마트홈 도구 및 웨어러블 장치 개발에 총력을 기울이고 있다. 예를 들어, 구글(Google)은 2015년에 스마트 스피커인 네스트(Nest)와 호환 되는 기기를 발표했는데, 스마트 도어락, 조명 제어 장치, 수면 모니터, IP전화 등이 포함되어 있다. 구글은 네스트의 제어 장치가 실내온도 및 조명의 제어 뿐 아니라 가전기기와 자동차 등 가정과 관련한 모든 사물을 관리하는 플랫폼인 홈허브의 역할을 하도록 관련 제품을 개발하고 상용화하고 있다. 결국, 네스트와 같은 홈허브는 거주자가 원하는 것을 집으로 전송해서 집 안의 모든 사물을 자동으로 조절하도록 지원할 것이다.

가정 내의 조명, 난방, 환기, 냉방, 보안 시설이 휴대폰 또는 스마트홈 기기를

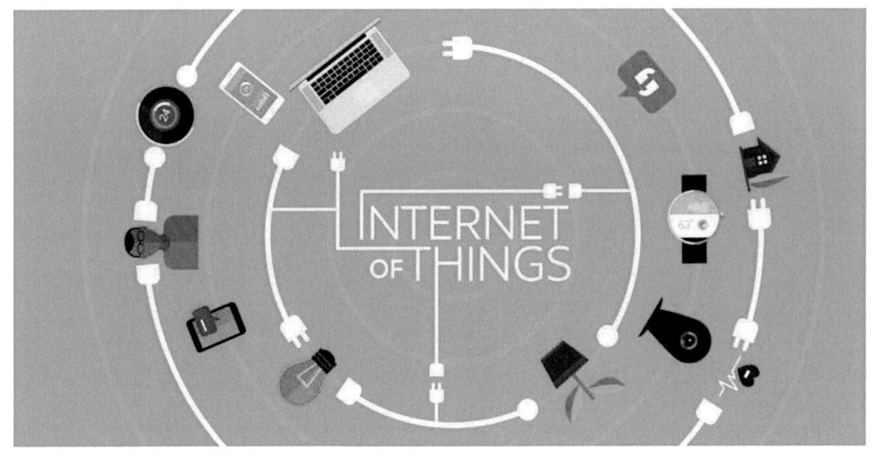

그림 10-1
사물 인터넷
(Internet of Things, IoT)
자료: https://www.flickr.com (CC0)

이용해서 중앙 통제식으로 관리되는 스마트홈은 사물인터넷을 이용하여 구현된다. 사물인터넷(Internet of Things, IoT)은 사물(Thing)과 사물(Thing)을 연결하는 인터넷(Internet)을 말한다(그림 10-1). 즉, 사물인터넷을 통하여 인간과 사물 그리고 사물과 사물이 연결된다. 이 용어는 MIT의 케빈 애슈턴(Kevin Ashton)이 1999년 처음 사용하였으며, 사물에 RFID를 부착하여 서로 소통할 수 있도록 한 아이디어가 시초였다. 사물인터넷이 환경과 사물을 센서화, 컴퓨터화하여 궁극적으로 사물과 사물, 사물과 공간이 서로 소통하는 '경계 없는 미래'를 만들어 낼 것이다(한국디자인진흥원 2016, p.40).

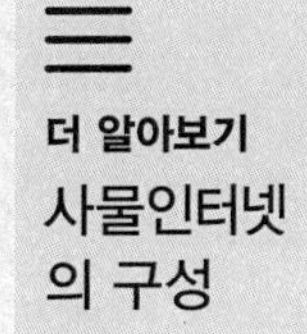

더 알아보기

사물인터넷의 구성

- 센서: 주변으로부터 정보를 수집하는 감각 기관으로 온도, 습도, 소리, 진동, 빛, 위치, 영상, 가스, 조도 등을 감지한다. 감지 기능, 감지한 내용을 디지털 신호로 전환하는 기능, 전환된 신호를 클라우드로 보내는 역할을 한다.
- 통신 네트워크: 센서로부터 수집된 자료를 전송하는 데 사용되는 통신 네트워크이다. 네트워크와 센서를 연결하는 기술은 와이파이, 블루투스, 아이맥스, 이더네트(Ethernet), LTE, 라이파이(LiFi) 등이다.
- 클라우드: 센서로부터 수집된 자료를 처리하고 저장하는 모든 활동을 포함한다. 이 과정에서 데이터는 클라우드(Cloud)라고 부르는 저장소에 저장되는데 클라우드는 클라우드 저장소를 의미한다.
- 정보처리: 센서로부터 통신 네트워크를 통해서 전송된 정보를 처리하는 기능이다. 사물에서부터 전송되어 온 가공되지 않은 데이터를 인간이 사용하기 쉽게 만든다는 뜻이다. 비주얼화, 해석, 예측과 최적화 등이 포함된다. 인공지능이 많이 이용된다.

자료: 박춘엽·박병연·오점술(2018). p.43의 내용을 재구성

미국의 IT분야의 연구 및 자문 회사인 가트너(Gartner)는 '사물인터넷 전망(Forecast: Internet of Things - Endpoints and Associated Services, Worldwide, 2015)'이라는 보고서에서 2017년 이후 스마트홈이 사물인터넷을 활용하는 주체가 될 것이라고 예측했다. 따라서 통신·엔터테인먼트·헬스케어·보안·홈오토메이션 등 다양한 영역의 장치, 서비스, 앱이 상호 연결된 환경을 갖춘 집을 '커넥티드홈(Connected Home)'이라고 정의하였다. 이에 가정에서의 사물인터넷 애플리케이션은 급속히 성장하고 있는데, 여기에는 가전, 조명, 보안 카메라, 냉·난방 기기 등 세대부의 다양한 기기와 출입통제, 원격검침, 주체 관제, 난방 시스템 등 공용부 시스템도 포함된다(그림 10-2). 이러한 서비스 및 앱은 여러 개의 상호 연결된 통합 장치, 센서, 도구 및 플랫폼을 통해 제공된다. 예를 들어 네트워크 CCTV, 스마트 도어록, 스마트 밸브 등을 통해 거주자들은 집 안의 상황을 파악할 수 있을 뿐만 아니라 집 안을 원격으로 제어하고 모니터링 할 수 있다. 또한 에너지 사용, 헬스케어 등 주거와 관련한 데이터를 실시간으로 수집하고 분석하여 집 안에 존재하는 문제점을 파악하고 해결책을 스스로 제시할 수도 있다.

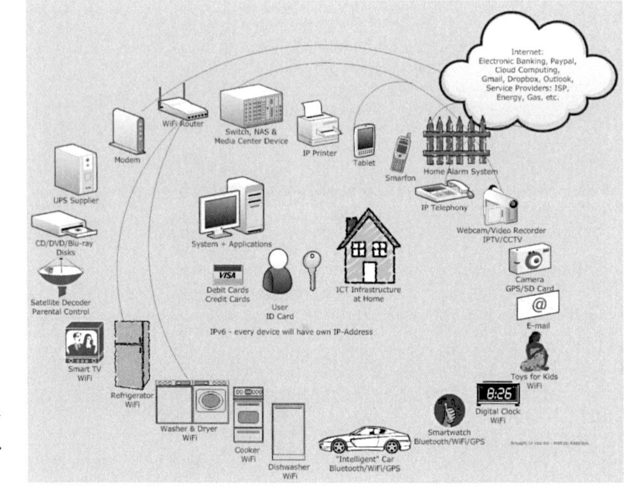

그림 10-2
Home IoT
자료: © Andrzej Kasprzyk (https://commons.wikimedia.org)

커넥티드홈을 지원하는 5가지 첨단 기술에 따라 커넥티드홈의 특징을 구체적으로 살펴보았다.[1]

1 가트너는 커넥티드홈을 지원하는 첨단 기술을 네트워킹, 미디어·엔터테인먼트, 보안·모니터링·홈오토메이션, 에너지 관리, 헬스케어·피트니스·웰니스의 5가지로 분류한다(Gartner, 2020).

(1) 네트워킹

향후 커넥티드홈은 집 안팎의 다양한 기기들의 통합적 운용을 지원할 수 있을 것으로 예상된다. 따라서 기존의 와이파이, 블루투스, LTE 등의 네트워크 기술을 대체할 5세대 이동통신 기술(fifth generation mobile communications, 5G)은 커넥티드홈의 핵심이다. 앞서의 CDMA(2세대), WCDMA(3세대), LTE(4세대)가 휴대폰과 연결하는 통신망에 불과했던 반면 5G는 휴대폰의 영역을 넘어 모든 전자기기를 연결하는 기술이다. 2019년 상용화된 5G의 정식 명칭은 'IMT-2020'으로 이는 국제전기통신연합(ITU)에서 최대 다운로드 속도가 20Gbps, 최저 다운로드 속도가 100Mbps인 이동통신 기술로 정의하였으며, 4세대 이동통신인 LTE에 비해 속도가 20배가량 빠르고, 처리 용량은 100배 많다. 초고속, 초저지연성과 초연결성의 특징을 가지며, 이를 토대로 4차 산업혁명의 핵심 기술인 가상·증강현실, 자율주행, 사물인터넷 기술 등을 구현할 수 있다.

(2) 미디어·엔터테인먼트

가정 내 통합 미디어·엔터테인먼트 시스템은 여러 장치에서 디지털 콘텐츠에 접속하고 공유하는 것을 포함하는 것으로 이미 가장 많이 입증된 분야이다. 특히 무선센서인 비콘(Beacon)은 블루투스나 비가청 영역의 주파수를 활용해 단말기끼리 정보를 주고받는 기술로서 사람 없이도 사물들끼리 근거리 내에서 커뮤니케이션할 수 있는 기술이다. 10cm 미만 거리에 적용되는 태그 방식의 근접무선통신(Near Field Communication, NFC)에 비해 비콘은 가용거리가 최대 70m까지 길어 GPS 기술로 불가능했던 실내 위치 정보의 제공도 가능하다. 즉, 거주자의 이동과 움직임을 감지하여 실시간으로 필요한 정보를 제공할 수 있다. 미국의 에스티모트(Estimote)가 개발한 동전 크기의 스티커형 비콘은 정보기술(IT) 기기는 물론 자전거, 신발 등에도 붙일 수 있어, 라이딩 및 워킹 거리와 소요시간, 속도, 경로 등이 스마트폰에 표시된다. 또한 화분용 비콘은 화분의 위치와 물을 주는 시간 등이 표시되어 식물을 기르는 데 도움을 준다. 자신의 귀중품 등에도 비콘을 붙이면 물건을 어디 두었는지 기억이 안날 때 쉽게 찾을 수 있다(그림 10-3). 비콘은 가정 내에서 뿐만 아니라 오프라인 매장에서도 활용할 수 있는데, 계산대 앞에서 줄을 길게 서지 않고 물건을 쇼핑백에 넣고 매장을 나가는 것만으로도 결제가 가능하다.

그림 10-3
에스티모트(Estimote)사의 비콘(Beacon)
자료: © Jona Nalder (https://www.flickr.com)

(3) 보안·모니터링·홈오토메이션

커넥티드홈은 집의 모니터링 및 보안은 물론 문, 창문, 블라인드 및 잠금장치, 냉난방, 조명 및 가전제품 등의 원격 및 자동 제어에 중점을 둔 다양한 서비스를 제공할 수 있다. 가정 보안 솔루션의 대표적인 예로 네스트캠 IQ(Nest Cam IQ indoor/outdoor)가 있다. 구글은 2014년 스마트 온도조절장치, 스모크 디텍터 등 스마트홈 기본 제품을 만든 기업인 네스트와 가정용 CCTV 제조회사 드롭캠(Dropcam)을 인수하여 스마트홈 개발에 나서고 있다. 초기에는 집 안 상황을 촬영하고 음성 및 안면 인식 기능을 통해 촬영된 영상으로부터 수상한 사람을 자동으로 인식하여 사용자에게 알람을 보내고 해당 인물을 자동으로 확대 촬영하여 자세한 움직임을 파악하였다. 나아가 2017년 9월에는 스마트 초인종, 실외 보안 카메라, 동작 감지 센서 등으로 구성된 '네스트 시큐어 알람 시스템(Nest Secure Alarm System)'이라는 가정용 스마트 보안 시스템을 발표하기도 했다. 그리고 최근에는 구글의 인공지능 비서 시스템인 구글 어시스턴트(Google Assistant)를 통한 음성 제어 기능이 추가되었다. 사용자는 구글 어시스턴트가 내장된 구글 네스트 캠 IQ에 질문하거나 음성으로 명령을 내릴 수 있다.

(4) 에너지 관리

에너지 관리는 스마트 시티 정책과 밀접하게 관련되어, 에너지 관리 서비스,

관련 장치 및 앱은 이미 대중적으로 도입되었다. 주택의 에너지 소비원인 조명, 가전 기기나 급탕 기기를 IT기술로 네트워크화하고 자동 제어하는 시스템인 홈 에너지관리 시스템(Home Energy Management System, HEMS)을 통해 가스와 전기 소비를 추적, 제어 및 모니터링 할 수 있다. 또한, 사물인터넷 기반의 지능형 검침, 공급자와 소비자 간의 실시간 정보 교환을 통해 에너지 생산 및 소비를 최적화시켜 주고 있으며, 나아가, 디지털 가전과 에너지 저장시스템(ESS), 가정용 태양광 발전, 연료 전지 등 소규모 분산형 전원과 전기 자동차(EV) 보급에 따른 충전전력 공급(V2H), 전력망의 전력 공급(V2G), 급속충전기와 연계 등 스마트홈을 위한 에너지 관리 기술의 발전이 기대된다. 향후, 스마트홈에서 태양광 등을 활용한 소규모 신재생 발전으로 에너지를 직접 생산하고 이를 활용·거래하는 자연적 거주를 실현할 수 있을 것이다.

(5) 헬스케어·피트니스·웰니스

헬스케어(Healthcare)와 관련된 스마트홈 서비스는 정부, 의료 기관 및 보험회사 등 많은 기관들의 이해관계가 얽혀있기 때문에 도입이 쉽지 않다. 하지만 피트니스 및 웰니스(Fitness and Wellness) 부문은 웨어러블 장치에서 스포츠용품, 앱에 이르기까지 빠르게 개발된 시스템을 보유하고 있으며, 서로 완벽하게 통합되어 강력하게 차별화된 요소로 고객 경험을 제공한다. 애플워치(Apple Watch)와 핏빗(Fitbit) 등은 내부 센서를 통해 사용자의 운동량, 소모 열량, 건강 상태 등을 체크하며, 이러한 데이터를 기반으로 생활 습관 개선이 가능한 대표적인 웨어러블 장비이다(그림 10-4). 또한, 무브(Moov)라는 피트니스용 웨어러블 제품은 센서로 3D 동작을 인식하여 운동 시 움직임을 파악함과 동시에 이를 인공지능으로 분석하여 실시간 코칭 서비스를 제공할 수 있다.

그림 10-4
애플워치(Apple Watch)
자료: © Shinya Suzuki
(https://www.flickr.com)

나아가, 웨어러블 장치 없이도 건강과 관련한 데이터 수집이 가능하다. 미국 매사추세츠공과대학(MIT)의 컴퓨터 과학-인공지능 연구소는 무선신호를 통해 사람의 감정을 알려주는 '이큐라디오(EQ-Radio)'라는 장비를 개발하였다. 이 장비는 사람 몸에서 떨어져 있어도 무선신호를 통해 사람의 심장 박동 및 호흡 등의 몸 속의 신호를 수집하고 머신러닝 알고리즘을 통해 분석하여, 감시받는 느낌 없이 대상자의 기쁨, 즐거움, 분노, 슬픔과 같은 감정을 파악할 수 있다. 이 기기를 스마트홈에 적용하면 거주자의 상태를 분석해 집 안의 조명과 온도를 조절할 수 있으며, 불안과 우울증을 앓고 있는 사람들을 모니터링 할 수 있다.

웨어러블 장비와 더불어 건강 애플리케이션은 향후 수년간 스마트홈 성장의 일부를 주도할 것으로 예상된다. 예를 들어 냉장고에 내장된 카메라와 센서를 통해 사람들이 설탕 음료를 너무 자주 마시면 경고 메시지를 보내고 다른 음료를 제안할 것이며, 의약품 캐비닛의 카메라와 센서는 거주자가 처방전에 맞춰 약을 복용하는지 확인할 것이다. 또한 화장실의 센서들이 잠재적인 건강 상태의 징후를 확인할 수 있다. 이와 관련해 욕실 위생기기 업체인 토토(Toto)는 변기에 내장된 센서를 통해 대변의 특정 가스 농도를 측정해내는 기술을 개발했다. 측정된 가스 농도 데이터는 토토연구소 중앙 서버로 전송, 클라우드를 통해 정밀 관리된다. 마테오(Mateo)의 스마트 목욕 매트는 매트 속에 전자 체중계가 들어 있어 사용자는 매트와 연결된 앱을 사용해 언제든지 체중 변화를 모니터링 할 수 있다. 발자국에 따라 여러 사용자들을 식별할 수 있고 압력 매핑을 사용해 '자세평가 점수'를 제공할 수 있으며 족질환 전문가의 조언에 근거한 교정 운동을 제안할 수 있다.

2) 거주자와 대화하는 집

일부 국가들이 자율주행 버스의 실증 및 사용화에 적극 나서고 있기 때문에, 사물의 위치를 인지하고 목적지까지 승객을 안전하게 운행해 줄 무인버스가 곧 대중화될 것으로 예상된다. 미국 자동차 회사 로컬 모터스(Local Motors)는 '올리(Olli)'라는 미니 버스를 선보였는데, 올리는 스마트폰으로 입력한 출발지에서 승객을 태우고 목적지까지 데려다 주며, 승객과 대화도 가능하다. 벤츠(Mercedes-Benz)의 '퓨처 버스(Future Bus)'는 차에 달린 수많은 카메라와 센서가 주변 상황을 계속 감지하면서 만약 자율주행이 어려운 상황이 되면 운전자에게 운전대를 직접 잡으라는 경고를 보낸다. 이처럼 교통신호도 인식하고, 도로 상황도 미리 파악하는 자율주행차의 핵심기술은 인공지능이다.

인공지능(Artificial Intelligence, AI)은 인간의 지능이 갖고 있는 기능을 컴퓨터 시스템을 통해 인공적으로 수행할 수 있게 하는 것으로 일상생활과 산업에서 실제로 활용되고 있는 기술이다. 특히 이세돌이 바둑기사로는 유일하게 2016년 바둑 인공지능인 구글의 알파고에게 1승을 올린 후, 2019년 NHN의 한돌과 은퇴 대국을 치르면서 인공지능에 대한 인식이 크게 확산하였다. 국내에서는 이미 주요 기업채용에서 인공지능 면접을 활용하고 있으며, 암환자의 진단과 치료방법 최적화 및 뇌졸중 환자의 재활에 인공지능이 활용되고 있다. 말레이시아에서는 2020년 2월 마약 사범의 선고 공판에 처음으로 인공지능이 형량을 권고하는 시스템을 활용하였다. 인공지능은 인간의 예술성에도 도전하여 2018년 10월 뉴욕 크리스티 경매에서 인공지능이 그린 인물 초상화가 43만 2,500달러(약 5억 1,500만 원)에 팔렸다. 인공지능은 미술뿐 아니라 음악, 문학, 그리고 융합 작업도 가능하여 인간의 창작과 예술 영역에도 끝없는 도전을 이어가고 있다.

인공지능이 주변의 변화를 이해하고 그에 따른 최적화된 해결책을 예측하여 제안하는 기술은 주택에도 적용되고 있다. 인공지능에 의한 가사 및 보안의 '지능화'는 주택 내 생활 편의와 안전상의 문제점을 해결할 대안으로 주목받고 있다. 지능화란 각 제품들이 상황이나 거주인의 의도 등을 스스로 분석하고 대응하는 것을 의미하며, 현재 지능화된 주거 기술의 발전을 잘 보여주는 사례가 MIT미디어랩의 '시티홈(City Home)'이다(그림 10-5). 좁은 주택에 설치된 이동형 가구, 벽체 및 조명은 거주자의 음성이나 손동작에 반응하여 침실·서재·거실·

그림 10-5
MIT미디어랩의 '시티홈(City Home)'
자료: 유튜브(MIT Media Lab City Home)

주방·파티룸·화장실 등 목적에 맞게 변형된다. 따라서 200ft²(약 18.5㎡)인 실험용 주택은 공간 구성의 변화에 따라 최대 3배 확장된 90㎡ 크기의 일반 주택처럼 활용할 수 있다.

나아가, 딜로이트의 연구 책임자 크리스 아켄버스(Chris Arkenberg)는 싱귤래리티대학교(Singularity University) 강연에서 미래의 지능형 주택은 거주자에 대해 스스로 배우고, 그들의 일정과 이동을 관리하며, 자원을 최적화하면서 변화를 예측할 것으로 예상했다. 예를 들어, 집이 거주자의 기분을 알아채서 난방을 켜주거나 음악을 틀고, 조명을 밝혀주며, 거주자와 대화를 나눌 수도 있는 것이다. 이는 집이 편안한 안식처에서 나아가, 거주자와 소통하여 거주자를 직접 돌볼 수 있을 것으로 생각한 것이며, 이미 인공지능 기술에 의해 현실화되고 있다.

(1) 거주자와 상호작용

인공지능 기술을 기반으로 집안일에는 변화가 일어나고 있으며, 먼저 주방에서 그 변화를 감지할 수 있다. 대표적으로 주요 가전제품 업체들이 스마트 냉장고를 출시하고 있는데, 음식물의 유통 기한을 실시간으로 파악하고 부족한 재료는 바로 주문도 할 수 있다. 또한 타임지가 선정한 2015년 가장 뛰어난 발명품 중에 하나인 스마트 프라이팬(Pantelligent)은 손잡이에 온도와 시간을 체크하는 센서가 있어 언제 음식을 뒤집어야 되는지 스마트폰으로 알려주기 때문에 보다 완벽한 요리를 만들 수 있다. 나아가, 주방 전체가 지능화된 '스마트 키친'을 구축하고자하는 움직임도 있다.

인공지능 기술에 로보틱 기술이 더해져서 요리하는 로봇이 개발, 상용화를 눈앞에 두고 있다. 영국의 몰리 로보틱스(Moley Robotics)는 2020년 시판을 목표로 세계 최초 인공지능 로봇 셰프(Robotic Kitchen)를 개발하고 있으며, 현재 프로토 타입에는 촉각 센서, 오븐, 전기 스토브, 식기 세척기 및 터치 스크린 장치가 장착된 로봇 팔이 포함되어 있다. 로봇 셰프는 유명 셰프의 레시피를 토대로 100가지 요리를 만들 수 있으며 설거지까지 자동으로 수행할 수 있다. 또한 빨래 및 청소 등의 집안일과 관련해서도 지능화가 확산되고 있다. 일본의 스타트업 세븐 드리머스(Seven Dreamers)는 세계 최초로 빨래 개는 로봇 런드

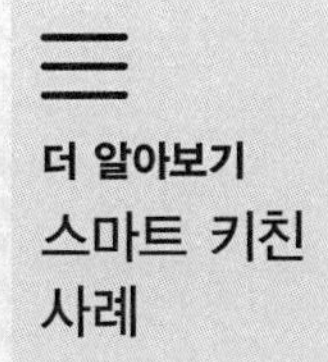

더 알아보기
스마트 키친 사례

이닛(Innit)은 인공지능 비서 구글 어시스턴트와의 협업으로 음성 상호작용을 통한 요리 안내, 정밀한 자동 조리 기능, 개인별 최적화된 음식 추천을 가능하게 하는 최초의 개방형 스마트 키친 플랫폼이다. 또한 이탈리아 디자인회사 티픽(Tipic)은 스마트 키친을 구현하기 위한 최초의 반응형 주방가구(Tulèr)를 선보였다. 독일의 인조대리석 제조회사(Quartzforms)와 공동으로 만든 이 작업대는 모션 센서로 작동하는 개수대, 수전과 아이템을 올려두면 자동으로 작동하는 인덕션, 저울, 무선 충전기를 장착하고 있다(그림 10-6). 이와 유사하게 이케아(IKEA)가 선보인 미래 주방 콘셉트인 Concept Kitchen 2025의 Kitchen Table은 테이블에 재료를 올려두면 재료를 인식하여 재료의 손질방법 및 레시피를 보여주고, 재료를 계량하여 준비를 할 수 있도록 도와준다.

자료: 이닛(Innit) 홈페이지, 티픽(Tipic) 홈페이지, 유튜브(IKEA Concept Kitchen 2025)

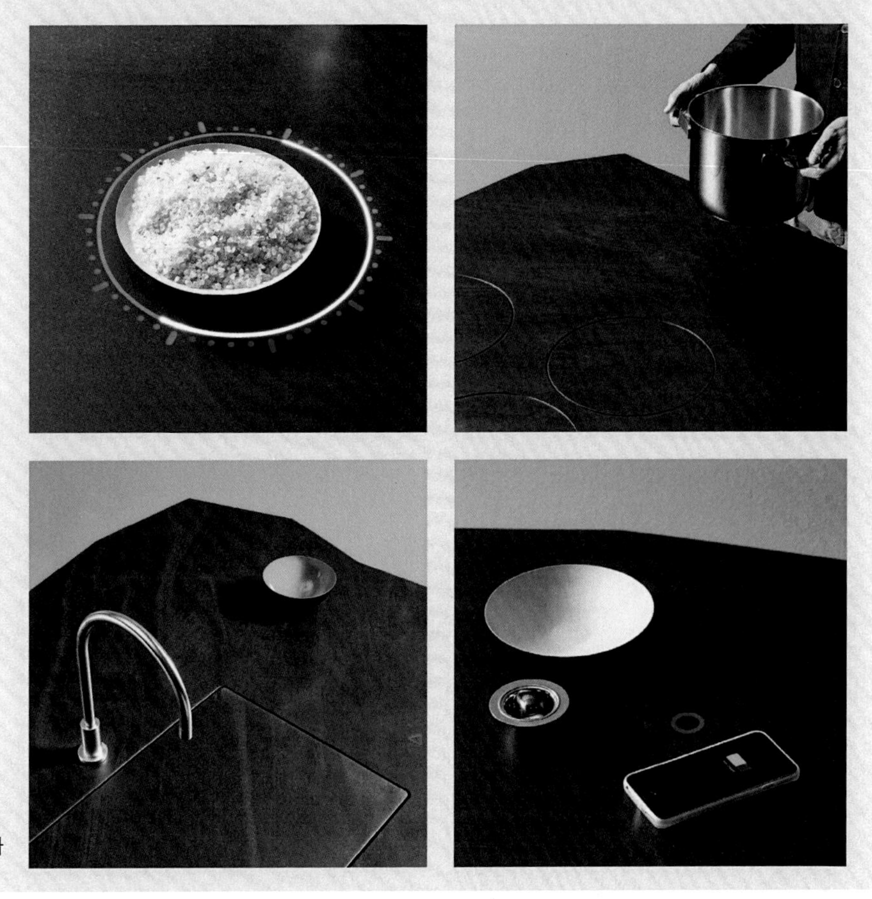

그림 10-6
스마트 키친 Tulèr
사진제공: 티픽(Tipic)사

로이드(Laundroid)를 개발하였다. 인공지능으로 옷 소재, 디자인 등을 인지해서 빨래를 분류하고 접을 수 있으며, 양말의 짝까지 맞춰준다. 방 청소를 자동으로 수행하는 로봇 청소기도 네트워크와 인공지능의 결합을 통해 한 단계 업

그레이드되었다. 음성으로 청소를 명령할 수 있고, 향후에는 청소기의 청소 패턴을 분석하여 집 안에서 가장 지저분한 곳을 파악하는 것도 가능하리라 예상된다.

(2) 스스로 유지·관리

지능화는 가정의 안전을 지키는 보안·감시와 에너지 관리에도 혁신을 가져오고 있다. 기존의 주택 내 보안 서비스는 거주자가 외부에 있는 동안에도 집 안 상황을 시각적으로 확인할 수 있는 홈 CCTV, 원격으로 잠금 상태를 확인하고 이상 발생 시 알람을 제공하는 가스 밸브 등이 주로 제공되었다. 하지만 실시간으로 보안을 확인하는 것보다 효과적인 보안 솔루션이 되기 위해 집의 안전을 위협하는 징후들을 미리 알고 스스로 적절하게 대응할 필요가 있다. 지능형 보안 솔루션은 집 안에 설치된 카메라, 움직임 및 소리 감지 센서 등을 통해 위협 징후들을 미리 파악하고, 이를 인공지능으로 분석함으로써 안전을 지킬 수 있다. 특히 최근 '딥러닝(Deep Learning)'을 기반으로 인공지능 이미지 인식 기술이 급격하게 발전하면서 많은 기업들이 이를 활용한 지능형 CCTV 개발에 나서고 있다. 이 같은 지능형 CCTV는 CCTV에 촬영된 인물의 모습을 인식하여 침입자를 구별해 내고 적절한 조치를 취할 수 있게 해 준다.

독일의 버디가드(Buddy Guard)사의 플레어(Flare)는 기존의 CCTV에서 발전된 스마트 보안기기이다. 플레어는 영상에 촬영된 인물들을 안면인식 기술을 이용해 인식할 뿐 아니라, 음성 센서를 통해 의심스러운 소리를 감지하거나

더 알아보기
딥러닝

딥러닝(Deep Learning)은 컴퓨터가 마치 사람처럼 생각하고 배울 수 있도록 하는 기술을 말하며, 단순히 사람의 지능을 흉내 내는 것을 넘어 인간이 찾기 힘든 패턴을 찾을 수 있다. 딥러닝의 핵심은 분류를 통한 예측이다. 수많은 데이터 속에서 패턴을 찾아내어 미래를 예측하는 것이다.

예를 들어 책을 읽고 학습하여 인간 행동을 예측하는 예측지능도 등장했고, 지진과 태풍과 같은 자연세계를 예측하며, 아미노산 서열만 보고 단백질 구조를 예측하기도 하고, 최근에는 재판을 예측하여 인공지능 재판 시스템을 도입하기 시작했다.

자료: 임영익(2019). pp.10-13.

스마트폰 위치를 통해 제어함으로써 지속적인 모니터링이 필요 없다. 아마존(Amazon)의 알렉사(Alexa)가 설치된 인공지능 스피커 에코(Echo)는 주변을 이해하여 조명을 켜고 끌 수 있으며, 구글의 인공지능 스피커 네스트는 자동온도조절이 가능해 에너지의 효율적 사용을 가능케 한다. 또한 그린 일렉트로닉스(Green Electronics)의 레인머신(RainMachine)은 수분의 증발량을 계산하여 급수 시간을 조정하고, 기상 데이터를 통해 급수 스케줄을 컨트롤하여 인류의 소중한 자원인 물을 보존할 수 있도록 설계되었다.

(3) 환경의 최적화

최근 다양한 종류의 지능형 가전기기들과 함께 집에서 보다 편안한 생활을 위해 인간의 명령에 따라 집 안의 모든 것을 통제하고 관리하는 인공지능 비서가 주목받고 있다. 인공지능 비서는 단 한 번의 명령으로 필요한 기능에 도달할 수 있는 음성 인터페이스의 편의성을 제공할 뿐 아니라 거주자와 지속적인 상호작용을 통해, 집 안의 모든 사물들을 거주자에게 최적화할 수 있다. 2016년 12월 페이스북(Facebook)의 CEO 마크 주커버그(Mark Zuckerberg)가 자신의 페이스북 계정에 인공지능 비서인 자비스(Jarvis)를 공개하였다. 자비스는 주커버그의 집 내부에 있는 토스트 기기와 같은 다양한 가전기기를 제어할 수 있다. 또한 부부의 기분에 맞는 음악을 알아서 골라 재생하고, 안면 인식 기술을 통해 방문객의 신원을 자동으로 파악하며, 주커버그와 간단한 농담을 주고받기도 한다.

큰 인기를 끌고 있는 인공지능 비서 제품 중 하나는 아마존의 에코이다. 에코는 목소리를 통해 다양한 명령을 내릴 수 있으며, 과거의 인공지능 비서들의 역할이 정보 검색, 일정 관리 등에 제한적이지만, 에코는 음악 재생, 가전제품 켜고 끄기, 음식 배달 주문, 홈쇼핑 결제 등 다양한 명령의 수행이 가능하다. 이러한 다양한 기능은 아마존이 기존에 보유하고 있던 전자 상거래 서비스 덕분이다. 또한 인공지능 플랫폼인 알렉사에 누구나 자유롭게 기능을 접목할 수 있도록 하였으며, 이에 화웨이 스마트폰, 삼성의 청소기, LG의 허브 로봇, 포드의 차량까지 다수의 제조사들이 알렉사를 기반으로 구동하는 관련 제품들을 공개하였다. 또한, 인공지능 비서는 아니지만 집 안 곳곳을 돌아다닐 수 있으며 음

그림 10-7
가정용 로봇 큐리(Kuri)
자료: © Collision Conf
(https://www.flickr.com)

성인식 기능으로 사람 목소리에 반응하는 가정용 로봇이 개발되었다. 바로 보쉬(Bosch) 계열사인 로봇 스타트업 메이필드 로보틱스(Mayfield Robotics)의 가정용 로봇 큐리(Kuri)이다(그림 10-7). 큐리는 머리를 쓰다듬어 주면 귀엽게 상대를 올려다보며 반응하고, 거주자를 따라다니며 지속적으로 소통이 가능하여 가정 내의 동반자 관계를 형성할 수 있는 가능성을 보여준다.

3) 외부로 확장된 집

2020년 1월 30일 세계보건기구(WHO)는 코로나바이러스감염증-19에 대해 '국제적 공중보건 비상사태(PHEIC)'를 선포하고 아시아태평양 지역에서의 대중교통 이용과 사무용 공간 출입을 최소화하도록 기업의 재택근무를 권고했다. 한국에서는 2019년 7월부터 주52시간 근무제가 단계적으로 도입되고, 코로나 19까지 확산되면서 사무실이 아닌 곳에서 원격으로 업무를 보는 재택근무, 이른바 '텔레워크(Telework)'가 주목받고 있다. 이러한 텔레워크를 위한 기술은 가상현실(Virtual Reality, VR)의 도입으로 더욱 기능이 혁신적으로 발전하여 사무실 밖 협업이 입체적으로 이루어질 수 있도록 지원하고 있다(신지나 외, 2017). 나아가 집에서 업무를 수행할 뿐 아니라, 의료 및 교육 등의 서비스를 제공받으며, 쇼핑도 할 수 있어 집 안에서 모든 일을 해결할 수 있는 '텔레홈(Telehome)'이 실현되고 있다.

가상현실은 컴퓨터를 통해 실제와 유사한 상황이나 환경을 만드는 기술 및 인간과 컴퓨터 사이의 인터페이스를 말하며, 시각 체험뿐만 아니라 가상의 맛, 냄새, 소리, 촉각도 만들어낼 수 있다(박춘엽 외, 2018). 가상현실과 함께 많이 언급되는 증강현실(Augmented Reality, AR)은 실제 모습에 가상현실의 이미지가 섞여 있는 것을 말한다. 가상·증강현실을 통해 집에서 재택근무, 영화, 게임, 스포츠 관람 뿐만 아니라 제품을 착용해보는 온라인 쇼핑까지 가능한 것이다.

이를 체험하려면 고글과 장갑 형태 등의 별도의 VR기기를 착용해야 한다. 구글은 2013년 안경 형태의 증강현실 기기인 구글 글래스(Google Glass)를 처음 선보였다. 하지만 높은 가격과 사생활 침해 등의 문제로 일반소비자에게 판매를 중단했다. 이후 2017년 산업체에서만 사용할 수 있는 구글 글래스 엔터프라이즈 에디션을 선보였다. 이는 산업현장 교육, 원격 유지 보수, 의료 현장을 타깃으로 하고 있으며, 다양한 현장에 활용이 가능하다.

(1) 원격근무·소통

최근에는 가상·증강현실에 로봇이 융합하여 재택근무에 활용하는 사례도 나타나고 있다. 더블 로보틱스(Double Robotics)사는 움직이는 화상회의 시스템인 텔레프레즌스(Telepresence)로봇을 도입하였다(그림 10-8). 이 로봇은 건물 안을 돌아다니는데, 원격 근무 수행자는 이 로봇을 조종해 사무실에 있는 사람들과의 회의에 참석할 수 있으며, 양측 모두가 원격 근무 중인 경우에는 로봇을 통해 회의를 진행하는 것도 가능하다.

나아가, 가상·증강현실 기술을 통해 시공간을 초월하여 사람을 만날 수 있는 원격 소통이 가능하다. 페이스북은 2012년 대표적 가상현실 하드웨어 및 소프트웨어 업체인 오큘러스 VR(Oculus VR)을 23억 달러에 인수하고, 소셜 가상현실 플랫폼인 '페이스북 스페이스(Facebook Spaces)'를 선보였다. 페이스북 스페이스는 가상현실 헤드셋 오큘러스의 리프트(Rift)와 전용 컨트롤러 터치(Touch)를 활용해 페이스북 친구들과 가상현실 공간에서 만나 의사소통을 할 수 있는 소셜 가상현실 플랫폼이다. 나아가 가상현실 헤드셋 오큘러스 리프트와 퀘스트(Quest)를 기반으로 하는 새로운 소셜 가상현실 플랫폼인 '페이스북 호라이즌(Facebook Horizon)'을 2020년 출시할 예정이다. 페이스북 호라이즌 내에서는 사용자 자신이 하는

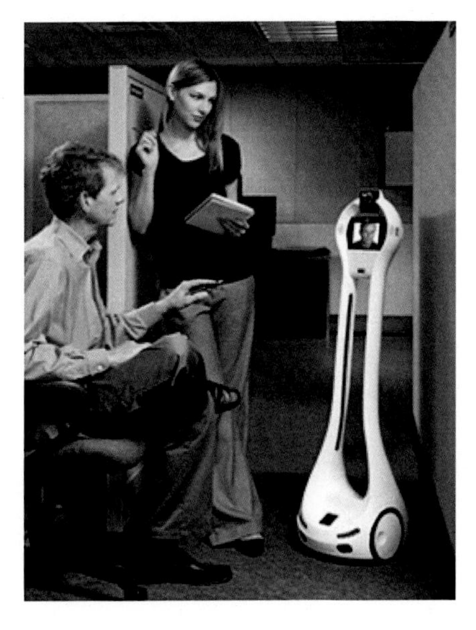

그림 10-8
더블 로보틱스(Double Robotics)사의 텔레프레즌스(Telepresence)
자료: © Aaron Parecki (https://www.flickr.com)

게임이나 섬 등 지형, 아바타 옷, 회화나 무비 등, 다양한 것을 작성해서 공개가 가능하다.

(2) 원격교육·의료

교육분야에서는 가상·증강현실을 통해 교실에서 교과서를 읽는 것이 아닌 교실 밖에서 '보고 느끼는 교육'으로의 진화가 가능하다(신지나 외, 2017). 미국 조지아 공과대(Georgia Institute of Technology)의 수업에 투입된 IBM의 인공지능 조교 '질 왓슨(Jill Watson)'과 미국 톨래로대(The University of Toledo)의 인체 해부학 및 신체 체험 프로그램, 카네기멜론대(Carnegie Mellon University)의 도시 설계 프로그램 등이 그 예이다. 또한 발렌티노의 가상박물관, LA필하모니의 가상현실 오케스트라 콘서트 등의 여러 문화체험 프로그램도 개발되어 집 안에서 문화를 즐길 수 있다.

거주자의 건강을 챙기는 건강 도우미 로봇도 원격의료 분야에서 그 역할이 매우 중요해지고 있다. 미국의 디지털 헬스케어 기업 카탈리아 헬스(Catalia Health)는 가정용 헬스로봇인 마부(Mabu)를 출시하였다. 마부는 환자와 대화를 나누고 질문에 답하며 약물 복용 시점을 알려줌과 동시에, 의료진에게 데이터를 전달하여 적절한 시기에 환자에게 적절한 조치를 할 수 있도록 도와준다.

(3) VR 쇼핑

가상·증강현실 기술로 금융거래, 쇼핑 등도 집에서 가능해질 전망이다. 이미 보편적으로 이용되는 온라인 쇼핑에서 가상·증강현실 기술은 옷을 직접 입어보는 오프라인 쇼핑의 체험이 가능하도록 지원함으로써 기존 온라인 쇼핑의 한계가 극복될 것이다. '바이플러스(Buy+)'는 중국 전자

그림 10-9
IKEA VR Experience 애플리케이션 실행 장면

상거래 업체 알리바바가 구축한 VR 쇼핑 서비스다. VR 기기와 가상 스토어 플랫폼만 있으면 언제 어디서나 원하는 매장을 방문, 가상으로 제품을 경험하고 구매할 수 있다. 이케아가 선보인 VR 익스피리언스도는 가상공간을 돌아다니면서 쇼룸을 둘러보고, 가구를 가상 배치하는 디자인 기능까지 제공한다(그림 10-9).

이와 같이 가까운 미래에 주거 공간은 공상과학 영화에서처럼 보다 지능화될 가능성이 높다. 냉장고, TV, 세탁기, 청소기 등의 가전제품뿐만 아니라 창문, 조명 및 난방 등 집 안의 모든 사물에는 인공지능이 부착될 것이며 이러한 인공지능들은 무선 네트워크로 연결되어 서로 유기적으로 동작할 것이다. 또한 집 외부에서 수행된 많은 일들이 집에서 가능해질 것이다. 그러면 사람들은 가사노동의 해방, 이동에 드는 시간과 비용을 절약하여 보다 창조적인 활동이나 여가에 투자할 수 있을 것이다.

그러나 해킹·보안 등 스마트홈의 실현에서 몇 가지 문제점도 우려되고 있다. 가장 중요한 과제는 보안 위협 문제를 해결하는 것이다. 집 안의 모든 사물이 연결되고 인공지능이 이를 제어하는 환경에서 해킹에 의해 큰 위험이 발생할 수 있기 때문이다. 예를 들어 카메라 및 마이크 센서 등이 해킹되면 사생활이 그대로 노출될 수 있고, 도어록 및 가스 밸브 등이 해킹되면 안전이 심각하게 위협받을 수 있다. 실제로 가정 등에 설치된 수만 대의 CCTV가 해킹되어 한 웹사이트에 실시간 영상이 공유된 사례도 있었고, 해커들이 CCTV를 직접 조작하는 경우도 있었다. 또한 실제 해킹에 이르지 않더라도 스마트홈 내에서 거주자의 사생활이 늘 감시당하고 통제되는 것에 경각심을 가져야할 필요가 있다. 스마트홈 기술은 거주자의 생활 습관과 건강 문제 등을 본인보다 오히려 더 상세하게 파악할 수 있고 이를 객관적으로 데이터화하여 활용할 수 있다. 하지만 이러한 데이터는 다른 의도로 악용될 수 있는 가능성을 배제할 수 없다. 이를 예방하기 위해서 개인 정보의 철저한 비식별화 처리 기술 및 정보수집 수준의 제한을 위한 규제와 정보를 사용하는 방법을 투명하게 하는 규칙이 필요하다(박영숙 외, 2017). 기술의 발전과 함께 이러한 과제가 해결된다면 궁극적으로 스마트홈에 기반을 둔 미래 주거에서 편리하고 안락한 삶이 실현될 것이다.

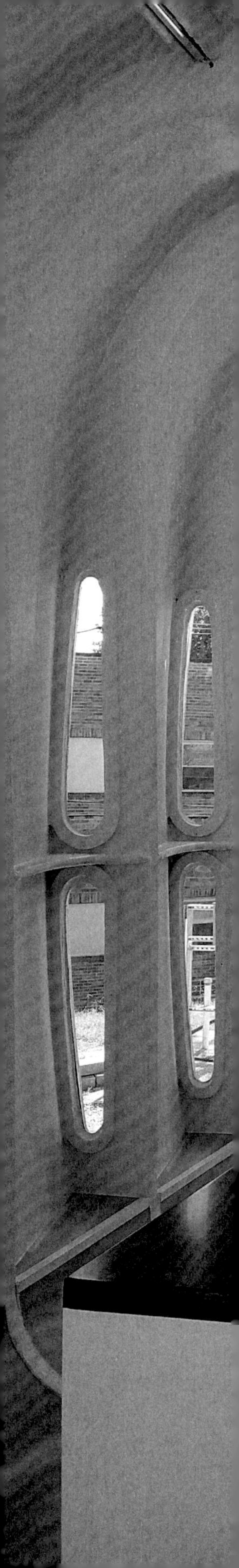

3D 프린팅으로 제작된 AMIE 1.0 주택

CHAPTER 11

신공법, 신소재를 활용한 주거

1. 하루 만에 짓는 3D 프린팅 주택
2. 재해재난을 대비하는 주택
3. 신소재를 활용한 주택

21세기 과학기술의 발전으로 새로운 기술과 재료의 발전이 이루어짐에 따라 주택은 하루가 다르게 변화하고 있다. 3D 프린팅 기술을 활용한 주택이 24시간 만에 지어지고, 주택 내부의 가구는 거주자가 필요한 용도에 맞추어 형태, 색채 및 마감재가 스스로 변형되는 등 신공법과 신소재의 개발로 인해 주거문화의 패러다임에 큰 변혁을 가져올 것으로 전망된다. 이 장에서는 대표적인 신기술을 활용한 주거의 양상을 살펴보고, 이를 통해 변화하는 주거 트렌드에 대해 살펴보기로 한다.

1. 하루 만에 짓는 3D 프린팅 주택

1) 3D 프린팅 건설기술 현황

미래의 주택부족 문제와 환경문제에 대한 해결방안의 하나로, 미국과 중국을 포함한 세계 각국이 3D 프린팅 건설기술에 주목하고 있다.

3D 프린팅 기술은 3차원으로 설계된 데이터를 기반으로 재료를 적층 가공방식으로 쌓아 올려 입체화된 사물로 출력하는 기술을 말한다. 이러한 3D 프린팅 기술이 건설 분야에 적용되면, 공사기간의 단축은 물론 자원, 노동력 등을 상당부분 절감하고, 건축 폐기물 발생이 거의 없어 친환경적인 건설 기술방식이 될 것이다.

건설 분야에서 사용되는 3D 프린팅 기술은 모듈형 출력방식과 일체형 출력방식으로 구분된다. 3D 프린팅 기술에 앞선 국가들은 공사현장에서 바로 출력하는 일체형 방식에 대한 관심이 높다. 중국은 3D 프린팅의 일체형 출력방식 부분에서 두드러진 행보를 보이고 있는데, 2014년 3월 상하이에서 10채의 주택을 하루 만에 건설하는 실증시범을 선보이기도 하였다. 중국 정부에서도 관련 시장의 활성화를 위해 각종 규제를 완화하는 등 많은 지원을 하고 있는 실정이다. 또한, 러시아의 민간 건설사는 건설용 3D 프린터로 넓이 38㎡ 규모의 1층짜리 단독주택을 지었다. 콘크리트 혼합물로 벽과 지붕을 먼저 만들고 공사 인부를 투입해 문과 창틀을 달아 완성하는 데 24시간이 소요되었으며, 건물의 수명도 100년 이상인 것으로 소개되었다. 한국의 국토교통부와 한국건설기술연구원은 3D 프린팅 건축기술을 해외 수준으로 향상시키기 위해 중국, 네덜란드 등이 보유 중인 '실내 모듈출력방식'을 기반으로 기술개발을 진행하고 있으나, 해외에 비하면 아직 초기 단계이다(한국건설기술연구원 보도자료, 2017.2.14). 국내에서 개발중인 3D 프린팅 건설기술이 해외의 기술 수준을 따라잡고, 새로운 공법이 실용화될 수 있도록 관련 연구와 함께 관련 법제도의 정비 등 다양한 지원책이 필요한 실정이다.

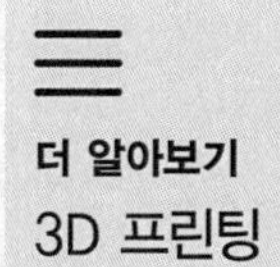

더 알아보기
3D 프린팅

- 3D 프린터 개념
  3차원의 입체물을 만들어 내는 프린터로 기술은 1984년 미국의 찰스 훌(Charles W.Hull)이 설립한 회사 3D시스템즈에서 발명됨
- 3D 프린팅 방법
  - 절삭형: 큰 덩어리를 조각하듯 깎아내는 방법
  - 적층형: 층층이 쌓아 올라가는 방법으로 최근 나오고 있는 프린터는 대부분 이 방법 사용
- 3D 프린팅 주택 출력방식
  - 모듈형 출력방식
    · 공장에서 3D 프린터로 건물의 주요 구조물을 출력해 현장으로 가져가 조립하는 방식
    · 조립한 부분을 통해 물이 새거나, 강도가 약하며 더위와 추위에 취약함
  - 일체형 출력방식
    · 공사 현장에 3D 프린터를 설치하고, 건물 전체를 한꺼번에 찍어내는 방식
    · 3D 프린팅 건설기술을 보유한 선진국에서 관심을 갖고 개발하고 있는 방식
    · 공사기간을 매우 단축하고, 인건비 절감 등 장점이 있음

2) 3D 프린팅 건축의 신재료

그림 11-1
3D 프린터기로 출력되는 주택모형

3D 프린터에 사용되는 재료는 주로 플라스틱이었지만, 최근 들어 금속, 도자기 등 보다 단단한 재료를 사용하는 방향으로 관련 기술이 발전하고 있다. 의료, 식품뿐만 아니라 집까지 만들어내는 단계로 발전하면서, 3D 프린팅 건설기술에서 온도와 습도에 잘 견디는 재료를 발굴하는 일은 무엇보다 중요해졌다(박근태, 2017.5.17).

3D 프린터로 짓는 건물은 미국의 서던캘리포니아대학교(University of Southern California)의 베록 코시네비스(Behrokh Khoshnevis) 교수가 선보인 것으로, 3D 프린터를 이용해 시멘트 잉크로 건물을 찍어내는 등고선 건축술 개발을 발표하였다(박영숙·숀함슨, 2017). 3D 프린팅을 활용한 등고선 건축술은 유리섬유를 섞어 강도가 세고 불에 강하며 빨리

마르는 시멘트를 재료로 사용하여 24시간 안에 제작되는데, 이 기술이 실생활에 적용된다면 싼 값에 주택을 공급할 수 있을 것으로 예상된다.

중국에서는 2016년에 3D 프린터로 제작한 세계 최초의 주택이 약 45일간의 공사 기간을 거쳐 베이징(北京) 퉁저우(通州)구에 들어섰고, 중국의 기업체 '윈선' 사는 실제로 3D 프린팅 기술을 이용하여 한 채당 약 5,000달러의 2~5층짜리 주택 10채를 하루 만에 완성하여 화제가 되기도 하였다. 물론, 아직은 실제 사람이 거주할 만큼 튼튼한 건물은 아니지만, 3D 프린터 한 대로 집을 지을 수 있는 가능성을 보여준다. 현재 중국의 3D 프린팅 건설기술을 주도하는 이 기업체에서는 중국 100여 곳의 건설폐기물을 수집해 변환하는 공장을 중국 전역에 짓고 있다(김민중, 2019.6.9).

이처럼 공사 현장에서 쉽게 조달할 수 있거나 버려진 산업폐기물을 3D 프린터용 건축재료로 활용하는 방법도 개발되고 있다. 이외에도 강도가 높은 티타늄을 출력하는 기술과 항공기용 알루미늄 날개를 출력하는 서비스가 이미 시작되었다. 미국에서는 일반 콘크리트보다 4배 단단하며 수명이 100년에 이르는 바이오콘크리트가 개발되었다.

한편, 4D 프린팅 기술은 인쇄한 물건이 스스로를 특정한 모양으로 변형시킨다는 점에서 3D 프린팅을 한 단계 뛰어넘은 기술이라고 할 수 있다. 4D 프린팅 기술을 활용하면, 스마트 소재를 통해 스스로 조립되는 제품을 제작하는 기술인 자가조립 및 재조립(self assembly & reassembly)이 가능하다. 스마트 소재는 특정 환경에 반응하여 형태를 스스로 변형시킨다. 원료가 물에 닿으면 초기 입력값의 내용대로 변형되면서 스스로 움직여 목적에 맞는 형태로 완성되는 경우를 예로 들 수 있다. 이 기술이 더욱 발전하면 다양한 물질에 반응할 수 있게 하거나, 원격제어에 의해서만 반응하도록 하여 각종 분야에서 편리한 사용이 가능할 것으로 예측된다. 예를 들어 각 부분을 출력해서 달기지로 보낸 후에 지구 관제센터에서 원격으로 해당부분을 작동시켜 건물도 짓고 물건도 만들 수 있다(박영숙 · 숀함슨, 2017).

그러나 4D 프린터가 '4차원 물건'을 만드는 건 아니라, 생산 기계가 3D 프린터라는 점은 동일하다. 주요 차이점은 형상기억합금과 같은 스마트 재료를 쓴다는 것이다. 즉, 기존 3D 프린터로 뽑은 물건을 완성품으로 만들려면 조립, 채색 등 후처리 과정이 반드시 필요한데, 4D 프린팅 기술은 후처리가 어려운 우주공간이나 미세한 공정에서 이용할 수 있다는 점에서 차이가 있다(백철, 2020.5.18).

현재 개발되고 있는 나노기술이 3D, 4D 프린팅 기술과 접목되면, 자가조립이나 재조립 과정을 통해 다양한 분야에서 섬세하고 복잡한 기능을 수행할 수 있을 것이며, 상당부분 인간이 할 수 있는 작업 범위를 대체할 것으로 보인다.

3) 3D 프린팅 건축의 적용

3D 프린팅을 활용한 주택의 유형으로, 현장에서 조립하는 이동식 주택 시장은 트레일러 형태의 이동식 주택이 이미 활성화된 미국에서 대규모 시장을 형성할 것으로 예측된다. 이동식 주택은 공장에서 3D 프린터로 제작해 옮긴 뒤에 현장에서 조립하거나, 현장에서 직접 3D 프린터로 만들어서 조립한다. 이러한 주택은 비용이 저렴하고 신속한 시공이 이루어지며, 에너지 절감이 가능하고 친환경적이어서 미래 주택의 주요한 기술이 될 것으로 보인다.

3D 프린팅을 활용한 건축은 빠르게 주택이 공급되어야 하는 상황에서 효과적으로 사용될 수 있다. 지진, 홍수, 감염병 등 각종 재해재난 상황에서 신속하게 대규모 임시대피소(shelter)나 격리병동을 건설·공급해야 하는 상황에서 큰 기여를 할 수 있으며[1], 해상이나 우주에 거주지를 빠르고 튼튼하게 건설하는데도 효과적으로 사용될 수 있을 것이다.

2. 재해재난을 대비하는 주택

1) 국내외 개발 현황

세계적으로 각종 재해재난이 증가하고 있는 가운데, 대규모 이재민이 발생하

1 중국의 윈선 사는 코로나 19사태로 인해 병상이 부족하자, 모듈형 주택 제작에 사용하던 건축용 3D 프린터를 활용해 조립식 격리병동을 하루에 15개씩 생산하기도 하였다(김형자, 2020.4.6).

는 상황에 대비하여 신속하게 임시주거시설이 계획, 공급되어야 한다.

중국은 2020년 COVID-19 확산으로 병상 등 의료자원이 부족하자 모듈러공법을 적극 활용해 단기간에 응급 전문병원을 건설하였다(그림 11-2). 중국 사례는 재난 대응을 위한 임시시설물의 활용 및 조달을 위한 국가 차원의 전략과 역량의 중요성을 시사한다. 이러한 사례에서 볼 수 있듯이, 세계적으로 증가하는 재해재난에 대비하여 모듈러 건설공법을 적극 활용하면 단기간에 관련 시설물을 계획하고 공급할 수 있다.

각종 재해재난 발생 시, 이재민을 위한 임시주거시설의 공급은 신속하게 재난상황에 대비하고, 이재민의 복구의지를 향상시키기 위한 필수 요소로, 각국 정부와 국제기구, 민간기업 등을 중심으로 이재민 임시주거시설, 의료시설, 중장기 임시주거 등 목적에 따라 다양한 시설물 기준을 수립하고 활용하고 있다.

국내 관련분야의 기술개발 현황은 다음과 같다. 2000년대 초반까지는 이재민 발생 시 지자체에서 컨테이너를 공급하여 임시주거시설로 개조해 사용하였으나, 주거성능을 만족시키지 못하는 문제점이 있었다. 2010년 이재민이 만족할 수 있는 주거환경을 갖춘 임시주거시설을 개발하여 연평도 포격사건 당시 주민을 위한 임시주거시설로 사용하였다. 또한, 소방방재청의 조립식 판넬공법을 적용한 임시주거용 조립주택은 실내에 취사시설과 화장실을 갖추고 단위세대별로 독립적인 생활을 할 수 있도록 개발되었다. 2014년에 발생한 세월호 침몰사건

그림 11-2
중국 임시조립식 병원
(중국 우한, 2020)
자료: 연합뉴스

으로 실종자 수색이 장기화되자 실종자 유가족들을 위한 임시주택이 팽목항에 설치되었다(그림 11-3). 실종자 가족을 위해 제공된 임시주택은 크기 3m×6m의 조립식 주택으로 진도 근방에서 수급이 가능한 주택을 사용하였다(국토교통부, 2014).

이러한 상황 속에서 이재민 임시주거시설에 대한 지침 체계화에 대한 필요성이 대두되었고, 경주 지진(2016)과 포항 지진(2017)을 거치면서 행정안전부(2020)의 '재해구호계획 수립지침'을 통해 관련 지침이 체계화되었다.

2019년 발생한 강원도 산불은 주택과 시설물 1,000곳 가량을 태웠고, 4,000여 명이 대피하는 등 화재로 인한 이재민 발생은 심각한 상황이었다. 작은 컨테이너 박스나 비닐하우스에서 더위와 추위를 피해야 했던 이재민들은 화재로 인해 집뿐 아니라 일상생활의 삶까지 빼앗겨 버렸다. 이 때, 민간연수시설 등 민간시설 6개소를 이재민 임시주거시설로 사용하였고, 원활한 구호활동을 위해 임시주거시설 범위를 확대하여 「재해구호법」을 개정하였다. 이를 통해 대규모 재난이 발생하면 호텔이나 리조트, 종교시설 등 민간소유시설도 시설 소유자와 협의를 거쳐 이재민 임시주거시설로 사용가능하게 되었다(행정안전부, 2020.2.3).

행정안전부의 운영지침에서는 이재민의 임시주거시설 내의 생활을 지원하기 위해 재난발생 흐름에 따라 초기(24시간 이내), 응급기(3~5일 이내) 및 복구기(5일 이상)로 구분하여 시설관리 운영과 구호활동, 생활편의 지원에 대한 내용을 제시하였다. 재난발생 초기에는 시설 내·외부를 점검하고 운영 개시를 안내하는 등 대피가 장기화될 경우를 대비하고, 응급기에는 이재민 등록부를 비치

그림 11-3
국내 구호주택 사례(좌: 연평도, 우:팽목항)
자료: 국토교통부·국토교통과학기술진흥원(2014.8.17). p.98.

하고 임시생활에 필요한 환경을 조성하는 내용을 포함하고 있다. 복구기에는 대피가 장기화 될 경우를 대비하여 필요한 시설 및 설비를 점검하고, 생활지원 서비스를 확장하는 내용 등을 제시하였다. 그러나 대규모 이재민이 발생하거나 대피가 장기화될 경우 또는 최근의 감염병 사태 등을 고려하면, 임시주거시설이나 임시병동시설 등의 계획과 조달 방안에 대한 고려가 필요하다.

2) 모듈러 공법을 활용한 임시주거 개발 사례

저렴하고 신속하며, 안전하게 이재민들을 수용할 수 있는 재해재난 구호주거의 유형으로 조립식 모듈러 주택과 3D 프린팅 기술을 활용한 주택으로 구분하여 살펴보기로 한다.

(1) 국내 사례

모듈러 공법을 활용한 국내의 임시주거 개발 사례로는 대표적으로 국토교통부와 국토교통과학기술진흥원(2014)에서 개발한 재해재난 임시구호주택과 구호주거단지 모델개발 사례가 있다(그림 11-4). 이 사례는 이재민들의 거주성을 최대한 확보하고, 근본적인 건설폐자재 발생의 억제를 위한 목적으로 개발된 주택 모델이다.

2010년에 설치된 연평도 임시주거시설은 단일 평면형으로 개발되었고, 성인 2인이 한 방에 살기에도 비좁은 공간으로 계획되었다. 그러나 이 사례에서는 국토교통부의 최저주거기준을 기반으로 하여 임시주거시설 면적의 최소기준 및 단위유닛 기준을 설정하고 다양한 가족구성원수에 맞추어 합리적으로 적용가능하도록 단위유닛의 구성방식을 제안하였다.

또한 차량을 통해 이동이 용이하도록 기본 유닛을 설정하고 설치가 용이하도록 하여 임시주거시설로써 사용한 후에도 재사용이 가능하도록 하였다. 유닛 내부공간의 가변성을 확보하고, 유닛을 쌓아 올릴 때에도 안전성을 고려하였으며, 경제적인 효율성을 고려하였다. 고령자 및 관리보호가 필요한 이재민 발생시 인근 병원 또는 친인척 집으로의 이동을 고려하여 필요에 따라 재구성할 수

그림 11-4
임시구호주택(좌)과 구호주거단지(우) 개발 사례
자료: 국토교통부·국토교통과학기술진흥원(2014.8.17). p.98.

있도록 고려된 점도 주요 특징이다(국토교통부, 2014).

이외에도 국내 일부 대기업을 중심으로 미국과 유럽의 선진 모듈러 건축업체를 인수하여 해외 시장을 선점한다는 목표를 세우고 있다. 또한 기존보다 튼튼한 철골 구조의 모듈화된 현장사무실 개발과 함께, 설치 후 3회 이상 재활용이 가능하고, 태양광 패널로 에너지 효율을 높이며, 아파트 옥탑과 재활용·자전거 보관소 등에도 모듈러 방식을 확대·적용할 계획이다(권일구, 2020.2.16).

(2) 미국 사례

토네이도·허리케인 등으로 피해가 잦은 미국의 연방재난관리청(FEMA)은 2005년 발생한 허리케인 '카트리나'로 40만 명의 이재민이 발생하자 모듈러 공법을 활용하여 1만호 이상의 임시 또는 영구주택을 공급한 바 있다. 미국의 재해재난 임시주거 계획에 있어서 중요한 고려사항은 좀 더 빠른 시간 내 재해재난 지역에 배송 및 설치될 수 있는지, 이재민들이 머무는 동안 거주성이 확보되는지, 그리고 친환경적 요소들을 고려하고 있는지에 대한 것이다.

FEMA에서 제공하는 트레일러와 모듈러 주택과 같은 임시주거 유형의 주요 특성은 넓은 대지가 필요하다는 것이다. 그러나 뉴욕과 같이 인구밀도가 높고 대지가 부족한 도시 지역의 경우, 많은 수의 이재민을 수용하기 위해서 넓은 대지가 필요한 단층형 임시주거시설의 설치는 불가능하다. 2012년 발생한 허리케인 '샌디'로 인해 많은 이재민이 발생한 이후, 뉴욕시 재난관리사무소와 설계 및 시공 관리부서의 협업으로 도심지역에 적합한 다층, 다세대 조립식 모듈러 아파트의 원형을 개발하고, 이재민들을 위한 임시주거 모델개발에 대한 가능성을 검토하였다(그림 11-5). 이는 이재민들이 기존 거주지역 및 지역사회에서의 생활이 가능하도록 도심지역의 좁은 대지에 더 많은 수의 임시주거를 제공하기 위한 것이었다.

주목할 만한 점은 조립식 모듈러 아파트가 임시주거로 이재민들에게 제공되지만, 건물 수명이 50년 이상으로 영구주거로의 전환이 가능하다는 점이다. 다른 임시주거와는 달리 안전성, 지속가능성, 내구성은 물론 고령자 및 장애인 등을 위한 유니버설 디자인 개념을 중요하게 고려하여 단기간 내 원하는 방식으로 설치가 가능하도록 계획되었다. 뉴욕시 브루클린(Brooklyn)에 위치한 모듈러 임시주거 사례는 1층과 2층에 두 개의 모듈을 연결한 침실 3개 유닛과, 3층에 단일 모듈로 된 침실 1개 유닛으로 구성되어 있다.

각 유닛은 모던한 스타일로 디자인되었고, 내부공간 어디에서도 휠체어 사용이 쉽도록 계획되었으며, 충분한 면적의 거주공간을 제공하였다. 뉴욕대학에서 시행된 거주 후 평가에서 거주자들은 모듈러 임시주택의 외관 디자인 및 실내공간과 가구배치에 매우 만족하는 것으로 나타났다. 또한 생활이 편리하고 안전하며, 환기와 냉난방시설은 물론 거실에서 충분한 일광을 받을 수 있다고 응

그림 11-5
뉴욕시 모듈러 임시주거 정면(좌) 및 실내공간(우)
사진제공: 최선미

답하였다. 다만, 발코니 치수가 휠체어가 접근하기에 충분한 공간을 확보하지 못하고 있고, 수납공간이 너무 높은 곳에 위치하여 비효율적인 측면이 지적되었다(최선미, 2018).

이러한 거주 후 평가결과를 참고하면, 이 사례는 재해재난으로 주거지를 잃은 이재민들이 단기간 거주 이후에 필요한 경우, 영구주거로 전환하여 사용할 수 있을 정도의 높은 거주성을 고려하여 계획되었다는 측면에서 시사점을 준다.

3) 3D 프린팅 기술을 활용한 임시주거 개발 사례

국내의 3D 프린팅 건축기술은 해외 수준에 비하면 아직 초기 단계이다. 관련 기술이 발전한 미국의 임시주거 개발과 관련된 많은 전문가들은 3D 프린팅 기술이 재해재난 지역에 적용되면, 이재민에게 신속하고 안전한 임시거주 환경을 현실적으로 조성할 수 있다고 보고 있다.

현재 3D 프린팅 기술을 현장에서 사용하여 직접 건물을 짓는 방식에 있어 비용, 안전성, 내구성의 문제가 여전히 남아 있지만, 공사기간 단축 및 형태와 구조의 다양성 측면 등 3D 프린팅 기술이 지닌 장점은 미래의 재해재난 임시주거의 계획과 공급에 중요한 역할을 할 것으로 전망된다.

미연방 에너지부서(Department of Energy, DOE)의 오크리지 국립연구소(Oak Ridge National Laboratory, ORNL)는 테네시 대학(The University of Tennessee)의 건축학과와 건축회사 SOM과의 협업을 통해, 2015년 3D 프린팅을 이용한 적층제조 기술로 제작된 AMIE(Additive Manufacturing Integrated Energy) 1.0 임시주거 모델을 소개하였다(그림 11-6).

이 사례는 무선통합 에너지 시스템으로 에너지 효율성을 높인 모델로, 탄소섬유강화 ABS(Acrylonitrile Butadiene Styrene) 플라스틱 복합재료를 사용하여, 3D 프린팅으로 제작된 건물과 자동차가 재생가능한 에너지를 생산하고 저장하여 무선으로 에너지를 공유하는 방식을 적용하였다. 즉, 건물 상부에 부착된 광전지 패널을 통해 축적된 에너지는 건물 내 전력을 공급하고 자동차 배터리를 충전시키는 데 이용되며, 차체 내 천연가스 발전기에 의해 배터리가 충전

그림 11-6
AMIE **1.0 외관(좌) 및 실내 공간(우)**
사진제공: 최선미

된 후, 초과된 에너지는 건물로 전송되어 사용된다.

AMIE 1.0 모델은 일반적인 벽 시스템이 아닌, 구조, 단열재, 공기 및 습기 차단막, 그리고 외장마감재 기능을 갖는 C자 형태의 골조가 포스트텐션(post-tension) 철골로 서로 연결된 모델로, 실면적은 약 19.5㎡ 정도이다. 외관은 20% 정도가 창유리로 되어 있어 충분한 자연광이 유입되도록 디자인되었으며, 천장에는 LED 조명과 냉방장치를 설치하여 에너지 절약이 가능하도록 계획되었다.

실내공간의 중앙에는 마이크로 키친과 접이식 침대가 설치되어 있다. 마이크로 키친은 소규모 주거공간이지만 다양한 주방의 기능성을 충족시켜 주는데, 싱크대, 스토브, 냉장고, 냉동고, 오븐, 식기세척기, 터치 스크린 등이 설치된 캐비닛 형태의 작은 통합형 키친으로 설치되었다.

AMIE 1.0 모델은 재해재난 임시주거용으로 개발된 것이 아니고 3D 프린팅 기술을 사용한 에너지 효율적인 마이크로 하우스 개념으로 제작되었기 때문에, 화장실이 없고, 온수도 공급되지 않으며, 부족한 수납공간과 휠체어 사용에 제한적인 공간 배치 등 보강되어야 할 부분이 많다. 초기 단계에서 소규모 화장실이 계획되었으나, 크기와 미관 측면에서 적합하지 않아 이 모델에서 제외되었다. 이를 해결하기 위해서는 구조물의 길이를 좀 더 확보해야 하며 샤워시설까지 포함한 작은 화장실 계획이 향후 필요하다. 모델의 주요 골조를 프린트하는데 대략 225시간이 걸리며, 비용도 적은 편이 아니므로, 미래의 활용 가능성은 있으나, 현장에 투입하기는 이른 단계인 것으로 보인다(최선미, 2018).

그러나 3D 프린팅 기술을 사용하여 안전성과 내구성이 충족된 거주가능한 크기의 임시주택을 만들었다는 점은 기술의 큰 진보로 볼 수 있을 것이다. 건설 폐기물이 발생하지 않고 재료 소비를 줄일 수 있으며, 재활용되어 다른 형태로 프린팅 가능하다는 점에서 AMIE 1.0은 미래의 친환경 임시주거로서 그 활용 가능성이 크다고 판단된다.

3. 신소재를 활용한 주택

1) 강철보다 강한 그래핀 주택

탄소를 소재로 개발된 그래핀(Graphene)은 2020년 이후 제철과 교체될 수 있는 신소재로 부각되고 있다. 그래핀은 연필심에 사용되어 우리에게 친숙한 소재인 흑연의 한 층으로, 탄소들이 육각형 모양의 벌집구조(honeycomb structure)로 배열된 평면들이 층으로 쌓여 있는 구조를 말한다.

그래핀은 구리보다 100배 이상 전기가 잘 통하고, 반도체로 주로 쓰이는 실리콘보다 100배 이상 전자의 이동성이 빠르다. 강철보다 200배 이상 강한 강도를 갖고 있고, 최고의 열전도성을 자랑하는 다이아몬드보다 2배 이상 열전도성이 높으며, 빛의 98%를 통과시키기 때문에 투명하고 신축성도 뛰어나서 '꿈의 신소재'로 불린다(그림 11-7).

이러한 그래핀의 활용 분야는 매우 다양하다. 초고속 반도체, 투명 전극을 활용한 휘는 디스플레이, 디스플레이만으로 작동하는 컴퓨터, 높은 전도도를 이용한 고효율 태양전지 등이 있는데, 특히 자유롭게 휘어지는 스마트폰, 구부릴 수 있는 디스플레이, 손목에 차는 컴퓨터나 전자종이를 만들 수 있다(홍준의·김태일·최후남·고현덕, 2011).

그래핀 주택은 매우 강하고, 어떤 물질도 투과되지 않는 특성으로 인하여 외관을 페인트로 마감했을 때, 발생하는 녹이나 부식을 막을 수 있는 장점을 지니므로, 극한 기후 지역이나 각종 재해재난에 대비한 주택으로 활용 가능할 것이다.

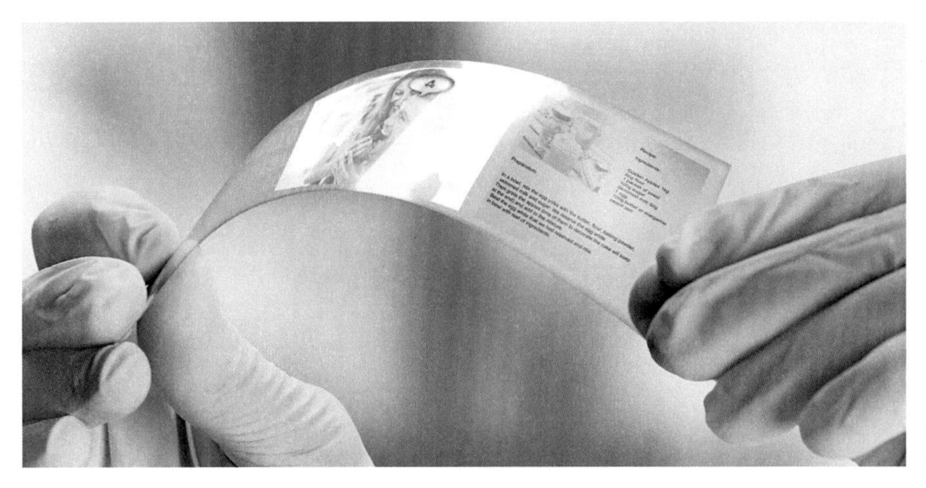

그림 11-7
휘는 디스플레이 화면

2) 소비재 혁명을 가져올 클레이트로닉스

지구상에 있는 모든 물체들을 쪼개다 보면 아주 작은 원자로 이루어지는데, 이 원자들을 자유자재로 조절할 수 있다면 무엇이든 만들어낼 수 있을지도 모른다. 이러한 원리에서 접근한 것이 클레이트로닉스(Claytronics)라는 기술이다.

클레이트로닉스는 찰흙을 뜻하는 '클레이(clay)'와 전자공학을 나타내는 '일렉트로닉스(electronics)'의 합성어이다. 결합하고 해체하면서 마치 찰흙처럼 무엇이든 자유자재로 만들어낼 수 있는 특징을 가지고 있으며, 이러한 특징을 전자소재 나노기술을 활용해서 구현해 내고 있는 기술로, 찰흙의 특징과 나노기술의 융합이라 할 수 있다.

클레이트로닉스의 핵심기술인 캐톰(catoms)이라고 불리는 매우 작은 나노로봇(nano robot)은 정전하와 전기자기장의 힘을 이용해 스스로 움직이고 물질을 재구성해 그 형태 뿐만 아니라 기능마저 근본적으로 변경할 수 있다(박영숙·숀함슨, 2017). 2015년에 국내에서 개봉한 애니메이션 '빅 히어로'의 초반부에서, 주인공이 발명하여 발표회에서 소개한 마이크로 로봇과 가장 비슷한 원리로 쉽게 이해할 수 있을 것이다.

클레이트로닉스가 보편화되면 집 안의 가구를 여러 가지 살 필요 없이 그때그때 필요한 가구로 바꿀 수 있고 색상이나 마감재도 변경 가능하다. 미래의 주거공간은 이동성이 많은 1인 가구 위주의 초소형화된 공간으로 변화할 것이 예상되는 가운데, 이러한 기술의 발달로 거주자 요구나 상황에 맞게 변형되는 가구가 등장할 날이 다가올 것이다. 나노기술을 활용한 가구의 형태를 변형하여 사용가능하므로 밤에는 침대로 사용하다가 아침 식사 때에는 식탁으로도 변경하는 것이 가능하다. 클레이트로닉스의 기술을 활용하여 작은 입자들을 잘 컨트롤할 수만 있으면, 물질을 자유자재로 진흙처럼 제품을 구성할 수 있다는 측면에서 각종 산업제품은 물론, 건축 시장 등 거대한 소비재 혁명이 일어날 것으로 예측된다.

3) 탄소나노튜브로 우주까지

연필심 재료인 흑연이나 다이아몬드 모두 탄소로 이루어지는데, 같은 탄소라도 배열이 달라지면 전혀 다른 물질이 만들어진다. 탄소 6개로 이루어진 육각형들이 서로 연결되어 관모양을 이룬 물질을 탄소나노튜브라고 한다(그림 11-8).

중국에서는 1.6g으로 코끼리 160마리의 무게(800톤 이상)를 견디는 초강력 섬유를 개발했다고 밝힌 바 있다. 이 섬유는 머리카락 두께의 10만분의 1(나노미터)에 해당해 눈에는 보이지 않을 정도인데, 강철보다 100배 강하면서 열과 전기를 전달하는데 뛰어나고 넓은 표면적과 고온도의 열을 견딜 수 있는 특

더 알아보기
마이크로 로봇과 나노기술

마이크로 로봇은 100만분의 1m 크기의 로봇으로 나노기술이 발달하면서 함께 발전하고 있다. 부품을 최소화하기 위해 대부분의 형태가 단순하게 되어 있고, 자기장을 통해 제어된다. 마이크로 로봇은 여러 분야에 활용 가능하지만, 특히 의료 분야에 큰 발전을 가져올 것으로 기대된다. 작은 크기 덕분에 기존의 의료 장비들이 접근하지 못하는 국소 부위까지 접근할 수 있기 때문이다.

건설 분야에서 2050년경이 되면 나노기술을 이용하여 주택이나 사무실을 건축하는 것이 가능하게 될 것이 예측된다. 3D 프린터와 나노기술이 결합된 지능형 기계는 원자 단위로 기초와 기둥, 구조, 바닥, 전기, 문 등 건축요소들을 쌓아나간다. 로봇은 인테리어 디자인을 점검하고 안전을 확인하며 필요한 곳을 수정하기도 한다. 로봇의 역할은 더욱 늘어나 의, 식, 주생활 이외에도 군사작전에 투입되어 전쟁 역시 인간 대신 수행하고, 재난현장이나 우주에서 탐색 등 다양한 역할을 할 것이다.

자료: pmg 지식엔진연구소(n.d.)., 박영숙 · 숀함슨(2017). p.23.

성 덕분에 항공기, 자동차, 2차전지, 반도체 등 다양한 분야에 접목이 가능하다(YTN, 2018.10.26). 영화 스파이더맨의 강하고 탄력성이 우수한 소재의 옷이 현실로 다가올 날이 멀지 않은 것이다.

국내 한 대기업 연구소에서 우수한 순도와 전도성, 강도를 가진 탄소나노튜브를 개발하고 있으며, 분말 형태뿐만 아니라 사용이 편한 압축형태 제품을 출시하기도 했다. 그러나 탄소나노튜브는 연구개발과 설비 투자비용이 상당히 높은 편이기 때문에 대량으로 생산하는 것이 어렵고, 높은 가격에 비해 수요가 많지 않아 해외에 비해 개발이 늦은 편이다.

해외 기업은 탄소나노튜브에 대한 투자를 확대하고 있는데, 러시아와 일본 등이 대표적이다. 특히 일본에서는 2050년 완공 목표로 우주엘리베이터를 개발하고 있다. 일본 도쿄의 초고층 건물 '스카이트리'에 설치된 644m 높이의 전파탑에서 지구와 우주를 이어줄 우주엘리베이터는 2050년에 30명 정도의 일반인을 탑승시켜, 시속 200km로 지상에서 96,000km 떨어진 우주를 향할 것으로 보인다. 이 때 36,000km 지점에 실험시설과 거주공간이 건설될 예정이며, 여기까지 가는데 일주일 정도가 소요될 예정이다(EBS, 2019.3.12).

우주와 지구를 케이블로 이어주려면 가장 중요한 것은 케이블의 소재이다. 탄소나노튜브 2억개를 한다발로 묶으면 머리카락 한 개 굵기 정도가 되는데, 가늘지만 길이는 만배나 더 길고 무게는 상대적으로 가벼워진다. 또한 지상과는 다르게 우주에는 다양한 위험이 존재하는데, 특히 인공위성이나 다른 소행성과의 충돌문제 같은 강도와 관련된 문제가 최우선적 해결과제로서, 높은 강도를 갖는 탄소나노튜브는 이러한 문제를 해결할 수 있는 미래의 신소재라고 할 수 있다(오대석, 2018.11.4).

이러한 개발이 실현되면, 지구에서 우주로의 운송비용이나 이동경비를 혁신적으로 줄일 수 있을 것으로 보이며, 머지않은 미래에 엘리베이터를 타고 우주여행이 가능한 날을 기대해 볼 수 있을 것이다.

그림 11-8
탄소나노튜브의 일부

REFERENCE
참고문헌

1장

강인호·한필원(2000). 주거의 문화적 의미. 서울: 세진사.

김동욱(1996). 퇴계의 건축관과 도산서당. 건축사연구, 5(1), 18-38.

김성하·전봉희(2019). 2000년 이후 서울의 신축한옥에서 보이는 건축적 특징-칸 구성을 중심으로. 대한건축학회논문집 계획계, 35(9), 109-117.

도연정·전봉희(2017). 한국 아파트 평면에서 LDK 형성과정의 특성-1962년~1988년 대한주택공사 아파트 사례를 중심으로. 대한건축학회 논문집 계획계, 33(9), 61-70.

라선아(2018). 소비자 장소에 적용된 레트로 마케팅과 소비자 반응: 장소 노스탤지어와 장소애착을 중심으로. 마케팅 관리 연구, 23(4), 25-58.

박경옥(2009). 주택평면의 변천과 주거생활양식. 주거, 4(2), 43-58.

박경옥·김미경·박지민·신수영·유호정·은난순·이상운·이현정·최유림·최윤정(2016). 사회 속의 주거 주거 속의 사회. 파주: 교문사.

아모스 라포포트(1985). 주거형태와 문화(이규목 역). Amos Rapoport, Housing Form and Culture. 서울: 열화당.

윤정숙·유옥순·김선중·박경옥(2011). 한국 주거와 삶. 파주: 교문사.

임창복(2011). 한국의 주택, 그 유형과 변천사. 파주: 돌베개.

전봉희·권용찬(2012). 한옥과 한국주택의 역사. 파주: 동녘.

조윤설(2020). 언어 이미지 스케일 기반 뉴트로 장소의 감성표상 지표 연구. 홍익대학교 대학원 박사학위논문.

주거학연구회(2017). 넓게 보는 주거학 3판. 파주: 교문사.

주재영(2013). 전통주거문화의 현대적 도입사례 한국토지주택공사 사례를 중심으로, LHI Archives, 11, 57-67.

한스 로슬링·올라 로슬링·안나 로슬링 뢴룬드(2019). 팩트풀니스(이창신 역). Hans Rosling, Ola Rosling, and Anna Rosling Rönnlund, Factfulness. 파주: 김영사(원저 2018 출판).

국가법령정보센터 홈페이지 www.law.go.kr

국립국어원 우리말샘 https://opendict.korean.go.kr

국립민속박물관 한국민속대백과사전 http://folkency.nfm.go.kr

중앙일보(2019.6.23). 규제 하나 풀었더니…아파트단지에 마당·골목길 https://news.joins.com/article/23503940

2장

간자키 노리타케(2003). 습관으로 본 일본인 일본 문화. 서울: 청년사.

김문길(2000). 일본문화 이해. 부산: 부산외국어대학교 출판부.

루빙지에·차이얜씬(2008). 중국문화 7, 건축예술. 서울: 대가.

박선희(2014). 동아시아 전통 인테리어 장식과 미. 파주: 서해문집.

박영순 외(2013). 디자인과 문화. 파주: 교문사.

샨더치(2008). 중국문화 9, 민가. 서울: 대가.

손세관(2002). 넓게 본 중국의 주택. 서울: 열화당.

윤장섭(2000). 일본의 건축. 서울: 서울대학교출판부.

이재정(2011). 의·식·주를 통해 본 중국의 역사. 서울: 가람기획.

장서·장범성(2007). 중국의 의식주 문화산책. 강원도 춘천: 한림대학교 출판부.

하쿠타로 오타(太田博太郎)(1994). 일본 건축사. 서울: 발언.

중국국제텔레비전 https://youtu.be/khbtvGUrd9k. Renovation revitalizes Beijing's hutongs by CGTN

3장

나카무라 요시후미(2012). 다시, 집을 순례하다. 서울: 사이(원저 2010 출판).

노버트 쉐나우어(2004). 집, 6000년 인류주거의 역사(김연홍 역). 서울: 다우(원저 1981 출판).

리차드 웨스턴(2012). 건축을 뒤바꾼 아이디어 100(서울대 건축의장연구실 역). 서울: 시드포스트(원저 2008 출판).

안옥희·정준현·김순경(2002). 개정 주거인간공학. 서울: 기문당.

이민지(2014). 미니멀 건축의 표현특성을 활용한 소형주택의 공간 디자인에 관한 연구. 홍익대학교 대학원 석사학위논문.

프랜시스 D. K. 칭(2009). 건축의 형태공간·규범(3판)(황희준·남수현·김주원 역). 서울: 도서출판 국제(원저 2007 출판).

나무위키 https://namu.wiki

네이버 지식백과 https://terms.naver.com

위키백과, 우리 모두의 백과사전 https://ko.wikipedia.org

Fondation Le Corbusier http://www.fondationlecorbusier.fr

Major Town Houses of the Architect Victor Horta (Brussels) https://whc.unesco. org/en/list/1005

The Moshe Safdie Archive http://cac.mcgill.ca/moshesafdie/index.php

The Moshe Safdie Archive(2015). Habitat '67. McGill University Library. http:// cac.mcgill.ca/moshesafdie/large/cac_habitat_67.pdf

Wikipedia, the free encyclopedia https://www.wikipedia.org

4장

박경옥·김미경·박지민·신수영·유호정·은난순·이상운·이현정·최유림·최윤정(2016). 사회 속의 주거 주거 속의 사회. 파주: 교문사.

발레리 줄레조(2007). 아파트 공화국. 서울: 후마니티스.

윤정숙 외(2011). 한국 주거의 삶. 파주: 교문사.

장림종·박진희(2009). 대한민국 아파트발굴사. 파주: 효형출판.

주거학연구회(2004). 안팎에서 본 주거문화. 파주: 교문사.

대림산업 https://www.daelim.co.kr

롯데건설 https://www.xi.co.kr

삼성건설 https://raemian.co.kr

5장

경기도(2011). 경기도 유니버설 디자인 가이드라인.

박경옥·김미경·박지민·신수영·유호정·은난순·이상운·이현정·최유림·최윤정(2016). 사회 속의 주거 주거 속의 사회. 파주: 교문사.

서울시 디자인정책과(2017). 서울시 유니버설 디자인 통합 가이드라인.

Null, R.(2014). Universal design: Principles and models. Boca Raton, FL, U.S.: CRC Press.

6장

국토교통부·국토교통과학기술진흥원(2013). 이동과 재사용이 가능한 모듈러 건축기술개발 및 실증연구 기획 보고서. 세종: 국토교통부.

김미경(2008). 20세기 주거건축사에 나타난 이동식 주거개념의 발전과정에 관한 연구. 한국실내디자인학회논문집, 17(2), 13-21.

김선동(2010). 이동 가능한 건축의 배경과 특징에 관한 연구, 연세대학교 대학원 석사학위논문.

박경옥·김미경·박지민·신수영·유호정·은난순·이상운·이현정·최유림·최윤정(2016). 사회 속의 주거 주거 속의 사회. 파주: 교문사.

우상민(2011). 日, 지진 나고 캠핑카 수요 급증, 서울: 대한 무역 진흥 공사 연구보고서.

윤자영(2006). 재해·재난민을 위한 임시주거로서의 모듈러 건축의 적용가능성에 관한 연구. 연세대학교 석사학위논문.

월간 더 리빙(2019.10.15). 주택시장 NEW TREND, 모듈러 주택.

이윤지(2012). 땅콩주택의 평면 유형 및 특성에 관한 연구. 서울대학교 대학원 석사학위논문.

Slawik, H., Bergmann, J., Buchmeier, M., & Tinney, S.(2010). Container Atlas; A Practical Guide to Container Architecture, 2nd ed. Berlin: Gestalten.

국가법령정보센터 홈페이지 www.law.go.kr

손동우(2020.4.12). 정부 '프롭테크' 육성 나서, 매일경제신문. https://www.mk.co.kr/news/realestate/view/2020/04/383925

한진주(2014.3.16). 모듈러 공법으로 만든 '공릉동 기숙사' 완공, 아시아경제신문. https://www.asiae.co.kr/article/2014031600355343342

7장

고야베 이쿠코·주총연 컬렉티브하우징 연구위원회 편저(2013). 컬렉티브하우스(지비원 역). 서울: 퍼블리싱 컴퍼니 클.

김기태·조현준(2017). 민달팽이주택동조합의 비영리주거모델 구축 경험. 공간과 사회 27(3), 127-140.

김란수(2019). 공동체주택 커뮤니티공간의 특성과 실태분석; 하우징쿱주택협동조합의 공급주택을 중심으로. 한국협동조합연구, 37(1), 1-20.

박경옥(2013). 중산층을 위한 협동조합주택. 주거, 8(2), 5-12.

박경옥(2016). 현대적 확대가족의 삶. 건축, 60(6), 24-29.

박경옥·최병숙·김도연·조인숙(2018). 청년민간임대주택 셰어하우스 가이드라인 마련을 위한 연구. 연구보고서. 국토교통부.

서울특별시(2017). 함께 살아 좋은 집, 공동체주택 매뉴얼 북(자가소유형).

정지인·박경옥(2017). 코하우징 구축과정 및 거주자의 생활분석을 통한 공급활성화 방안. 주택도시연구, 7(1), 20-37.

조현(2018). 우린 다르게 살기로 했다. 서울: 한겨레출판(주).

주거학연구회(2000). 더불어 사는 이웃 세계의 코하우징. 서울: 교문사.

최정신·홍서정(2017). 코하우징 공동체. 서울: 어문학사.

코린 맥러플린·고든 데이비드슨(2015). 더 나은 삶을 향한 여행, 공동체(황대권 역). Corinne McLaughlin and Gordon Davidson, Builders of the Dawn: Community Llifestyles in the Changing World. 서울: 생각비행·은혜 공동체.

居住者組合森の風編(2014). これがコレクティブハウスだ, コレクティブハウスかんかん森の12 年. 東京:ドメス出版.

국가법령정보센터 홈페이지 www.law.go.kr

민달팽이주택협동조합 https://minsnailcoop.com

소통이 있어 행복한 주택 https://cafe.naver.com/cooperativehousing

하우징쿱주택협동조합 http://cafe.daum.net/housecoop

NPOコレクティブハウジング社 http://www.chc.or.jp/.

The Cohousing Association of the United States https://www.cohousing.org/what-cohousing/cohousing

8장

건축도시공간연구소(2017). 서울시 육아안심 공동주택 인증제 자치구 교육자료.

권터 벨치히(2015). 놀이터 생각. 소나무.

김정옥·고진수(2016). 육아중심 협동조합형 공공임대주택의 주거만족도에 관한 탐색적 연구. 한국감정평가학논집, 15(2), 79-94.

김효정(2019). 주거지 육아커뮤니티 강화를 위한 환경적 지원요소, 충북대학교 대학원 박사학위논문.

김효정·박경옥(2017). 아파트 단지 옥외공간의 친육아환경 요소에 대한 분석. 한국주거학회논문집, 28(1), 95-107.

민병호(2001). 아동을 위한 주거단지계획. 서울: 세진사.

SH도시연구원(2011). 유아를 위한 공동주택 계획기준 연구.

이연숙(2012). 실내환경심리행태론. 서울: 연세대학교 대학출판문화원(구 연세대학교출판부).

이정원·김다은·최소영·변나향(2016). 아동발달 이론을 고려한 보육시설 공간 및 환경계획-해외사례를 중심으로. 대한건축학회논문집, 43(4), 49-58.

이지은(2003). 아동의 놀이행태로 본 놀이치료실 실내디자인에 관한 연구, 건국대학교 건축전문대학원 석사학위논문.

최목화(2013). 아동 친화적인 지역사회환경 디자인. 건축, 57(9), 8-12.

최목화·변혜령·최령(2017). 아동환경디자인. 파주: 교문사.

Coleman & Karraker(1997). Self-efficacy and parenting quality. Developmental Review, 18(1), 47-85.

국가법령정보센터 홈페이지 www.law.go.kr
경찰청 홈페이지 www.police.go.kr
범죄예방디자인 연구정보센터 www.cpted.kr
신혼희망타운 홈페이지 www.신혼희망타운.com

9장

김원 외 13인 공저(2009). 친환경 건축설계 가이드북. 서울: 도서출판 발언.
김종란·정송희·유보영·최윤정(2019.6). 소규모 패시브 주거단지의 거주성 평가: 청주 가온누리마을을 대상으로. 한국가정관리학회지, 37(2), 31–50.
윤정숙·최윤정(2014). 주거실내환경학 개정판. 파주: 교문사.
최윤정·이호연·이현정·김원배(2017a). 그린리모델링 기숙사의 물리적환경 변화와 거주자평가. 한국주거학회 논문집, 28(1), 37–44.
최윤정·전윤주·전혜지(2017b). 태양광발전패널을 설치한 단독주택에 있어서 설치특성 및 사용자 만족도 분석. 한국퍼실리티매니지먼트학회지, 12(2), 63–71.
日 地球環境住居研究會(1994). 環境共生住宅 – 計劃·建築編 –. 小池印刷.

국토교통부 건축물에너지효율등급인증시스템 https://zeb.energy.or.kr
국토교통부 녹색건축인증 홈페이지 http://gseed.greentogether.go.kr
국토교통부 녹색건축포털 http://www.greentogether.go.kr
그린리모델링창조센터 http://www.greenremodeling.or.kr
M.A건축사사무소 ZeeHome자료 http://www.zeehome.co.kr
신은경(2018.2.1). '에너지스마트 건물' 탄소 감축 '핵'. 이코노미 인사이트 2018년 2월호. http://m.economyinsight.co.kr/news/articleView.html?idxno=3903
온실가스종합정보센터 http://www.gir.go.kr
한국에너지공단 신재생에너지센터 http://greenhome.energy.or.kr
(사)한국패시브건축협회 http://www.phiko.kr
IPCC(2013). Fifth Assessment Report. https://www.ipcc.ch
IPCC(2018). Special Report Global Warming of 1.5℃ https://www.ipcc.ch/sr15
Passivhaus Institut http://passiv.de (English version)

10장

박영숙·숀함슨(2017). 주거혁명2030. 파주: 교보문고.
박춘엽·박병연·오점술(2018). 4차산업혁명의 핵심전략. 부천: 책연.
신지나·민준홍·박운정·배현표(2017). 소리없는 연결 공간에서 찾아낸 2018 ICT 트렌드. 서울: 한스미디어.
임영익(2019). "인공지능 : 미래를 보는 프레디쿠스가 출몰하다" : 딥러닝과 예측지능. 국회도서관, 476, 10–13.
한국디자인진흥원(2016). '4차 산업혁명'의 스타트라인 디자인트렌드 2017. 파주: 쌤앤파커스.
Schwab, K.(2017). 제 4차 산업혁명(송경진 역). 서울: 메가스터디(원저 2016 출판).

Jahromi, Z. F., Rajabzadeh, A., & Manashty, A. R.(2011). A multi-purpose scenario-based simulator for smart house environments. arXiv preprint arXiv:1105.2902.

이진우(2020.1.5). 일상속으로 들어온 미래기술...새 10년 키워드는 '디지털전환'(On-line). 매일경제. Available: https://www.mk.co.kr/news/business/view/2020/01/13041

Austin, P. L.(2019.7.25). What Will Smart Homes Look Like 10 Years From Now?. TIME. Available: https://time.com/5634791/smart-homes-future

Gartner(2020). Connected Home, Available: https://www.gartner.com/en/information-technology/glossary/connected-home

11장

국토교통부(2014). 재난·재해대비 임시거주공간 시스템 개발 최종보고서. 연구보고서. 세종: 국토교통부.

김미경·장은혜·김은정·최유라(2018). 국내 이재민 임시주거시설 공간계획지침 개발을 위한 해외지침 사례분석. 한국실내디자인학회논문집, 27(6), 3-13.

박영숙·숀함슨(2017). 주거혁명2030. 파주: 교보문고.

최선미(2018). 미국의 재해재난 임시주거현황 및 새로운 주거유형. 한국주거학회지, 13(1), 12-15.

홍준의·김태일·최후남·고현덕(2011). 살아있는 과학 교과서 1. 서울: 휴머니스트.

권일구(2020.2.16). 재난·재해 대응 시설물, '모듈러 건설' 활용해야, 이코노믹 리뷰. http://www.econovill.com/news/articleView.html?idxno=385691

김민중(2019.6.9). 중국, 6일만에 5층 아파트 뚝딱···3D 프린터 건설시대, 중앙일보. https://news.naver.com/main/read.nhn?oid=025&aid=0002913061

김형자(2020.4.8). 코로나19 사태 구원투수 3D 프린팅의 맹활약, 주간조선. https://weekly.chosun.com/client/news/viw.asp?ctcd=C08&nNewsNumb=002602100018

박근태(2017.5.17). 속도내는 '3D 프린팅 건설'…집 한 채, 24시간이면 '출력', 한국경제신문. https://www.hankyung.com/news/article/2017050721671

백철(2020.5.18). 3D 프린팅, '가능성과 현실 사이'. 주간경향, 1377호. http://weekly.khan.co.kr/khnm.html?mode=view&code=115&artid=201503311012271&pt=nv#csidx09751269577c1a3a4bc6d46ad9e438f

오대석(2018.11.4). 탄소 나노튜브 기반 초강력 섬유 개발, 전자신문. https://www.etnews.com/20181104000043

행정안전부(2020). 재해구호계획 수립지침, 참고자료. http://www.mois.go.kr

행정안전부(2020.2.3). 재해구호법 시행령 일부개정. http://blog.naver.com/mopaspr/221794880574

YTN(2018.10.26). 中, 세계 최강 탄소 나노튜브 섬유 개발. https://www.ytn.co.kr/_ln/0104_201810261142167823

EBS(2019.3.12). 다큐프라임. 과학기획 다섯 개의 열쇠 2부. 신소재. https://www.ebs.co.kr/tv/show?prodId=348&lectId=10109153

pmg 지식엔진연구소(n.d.). 시사상식사전, https://terms.naver.com/list.nhn?searchId=au723

한국건설기술연구원 보도자료(2017.2.14). 3D 프린터로 개인용 맞춤형 집 짓는 시대가 열린다. https://www.kict.re.kr/board.es?mid=a10105060000&bid=pressrls&act=view&list_no=11744

그림 출처

[그림 1-2] 서울역사박물관 서울역사아카이브 https://museum.seoul.go.kr/archive/archiveView.do?type=B&arcvGroupNo=3327&lowerArcvGroupNo=3348&arcvMetaSeq=31165&arcvNo=84305

[그림 1-3] 도산서원 선비문화수련원 http://www.dosansunbi.kr/pubConts.do?conts_seq=13

[그림 1-6] 이헌진(2015). 국가한옥센터 제2차한옥포럼자료집. p.31.

[그림 1-7] 이로재 http://www.iroge.com

[그림 1-8] 금산주택 가온건축 http://www.studio-gaon.com

[그림 2-1] https://commons.wikimedia.org/wiki/File:Siheyuan_model.jpg

[그림 2-2] https://commons.wikimedia.org/wiki/File:Siheyuan_zhengfangchenshe.JPG

[그림 2-3] https://commons.wikimedia.org/wiki/File:Bruxelles_Lit_Qing_02_10_2011.jpg

[그림 2-4] https://commons.wikimedia.org/wiki/File:Horseshoe_back_armchair,_1_of_2,_China,_late_Ming_dynasty,_early_1600s_AD,_wood,_cane_-_Portland_Art_Museum_-_Portland,_Oregon_-_DSC08444.jpg

[그림 2-5] https://commons.wikimedia.org/wiki/File:Yokeback_armchair_and_painting_table,_Ming_dynasty,_Metropolitan_Museum_of_Art.jpg

[그림 2-6] https://commons.wikimedia.org/wiki/File:Nijo_Castle.jpg

[그림 2-7] https://commons.wikimedia.org/wiki/File:Taisehokan.jpg

[그림 2-9] https://commons.wikimedia.org/wiki/File:Maison_Kusakabe.jpg

[그림 2-10] https://commons.wikimedia.org/wiki/File:Sakoshi_daido03s5bs1999.jpg

[그림 2-11] https://commons.wikimedia.org/wiki/File:Kuruma-Nagamochi_at_Saga_Prefectural_Museum.jpg

[그림 3-1] https://flic.kr/p/FDtEqf

[그림 3-2] https://flic.kr/p/9QEvq

[그림 3-3] https://flic.kr/p/bJ5UFk

[그림 3-4] https://commons.wikimedia.org/wiki/File:Unit%C3%A9_d%27habitation_Marseille,_France.jpg#/media/File:Unité_d'habitation_Marseille,_France.jpg

[그림 3-5] https://flic.kr/p/evsa9

[그림 3-6] https://flic.kr/p/nDuXB4

[그림 3-8] https://flic.kr/p/royh89

[그림 3-9] https://flic.kr/p/ghkuhG

[그림 3-10] https://commons.wikimedia.org/wiki/File:Luis_Barrag%C3%A1n_House_and_Studio_Street_view.JPG#/media/File:Luis_Barragán_House_and_Studio_Street_view.JPG

[그림 4-1] https://ko.m.wikipedia.org/wiki/%ED%8C%8C%EC%9D%BC:%EB%8C%80%ED%95%9C%EB%AF%BC%EA%B5%AD_%EC%B5%9C%EC%B4%88_%EC%95%84%ED%8C%8C%ED%8A%B8%EC%9D%B8_%EC%A2%85%EC%95%94%EC%95%84%ED%8C%8C%ED%8A%B8_%EC%A0%84%EA%B2%BD.jpg

[그림 4-2] https://namu.wiki/w/%EB%A7%88%ED%8F%AC%EC%95%84%ED%8C%8C%ED%8A%B8

[그림 5-2] 마이홈포털. https://www.myhome.go.kr/images/portal/myhomeinfo/guideimg/hwd1_1.jpg

[그림 5-3] 경기도 뉴스포털. https://gnews.gg.go.kr/OP_UPDATA/UP_DATA/_FILEZ/201712/2017122012 5916239890319.jpg

[그림 7-3] https://www.geograph.org.uk/photo/5046380, https://commons.wikimedia.org/wiki/File:WeWork_Coworking_Space,_333_Seymour,_Vancouver_(31392420497).jpg

[그림 7-4] https://commons.wikimedia.org/wiki/File:SunwardPanorama2003.jpg, https://www.flickr.com/photos/22039537@N07/2150742576

[그림 10-1] 사물 인터넷(Internet of Things, IoT) https://flic.kr/p/JjjNBf

[그림 10-2] Home IoT https://upload.wikimedia.org/wikipedia/commons/6/6d/Chain_of_home_devices_%28including_IoT%29_with_passwords_or_pin.png

[그림 10-3] 스티커형 비콘, 에스티모트(Estimote) https://flic.kr/p/mFd9eF

[그림 10-4] 애플워치(Apple Watch) https://flic.kr/p/szqHTb

[그림 10-5] MIT미디어랩의 '시티홈(City Home)' https://www.youtube.com/watch?v=ODKaMdrgO8o

[그림 10-6] 스마트 키친 Tulèr https://tipic.it/works/tuler

[그림 10-7] 가정용 로봇 큐리(Kuri) https://flic.kr/p/JD3WZf

[그림 10-8] 더블 로보틱스(Double Robotics)사의 텔레프레즌스(Telepresence) https://flic.kr/p/8Bhryo

INDEX
찾아보기

저자 소개

김미경
충북대학교 주거환경학과 교수

김은정
연세대학교 생활디자인학과 디자인박사
도담디자인앤리서치 대표

김효정
충북대학교 주거환경학과 강사

박경옥
충북대학교 주거환경학과 교수

박지민
충북대학교 주거환경학과 겸임교수
(주)하이츠디자인 이사

이상운
충북대학교 주거환경학과 강사

이현정
충북대학교 주거환경학과 교수

최윤정
충북대학교 주거환경학과 교수

황지현
충북대학교 주거환경학과 강사
연세대학교 심바이오틱라이프텍연구소 전문연구원

하우징 트렌드

2020년 8월 24일 초판 인쇄
2020년 8월 31일 초판 발행

지은이 김미경·김은정·김효정·박경옥·박지민·이상운·이현정·최윤정·황지현
펴낸이 류원식
펴낸곳 **교문사**
편집팀장 모은영
책임진행 이유나
디자인 신나리
본문편집 벽호미디어

주소 (10881) 경기도 파주시 문발로 116
전화 031-955-6111
팩스 031-955-0955
홈페이지 www.gyomoon.com
E-mail genie@gyomoon.com
등록번호 1960.10.28. 제406-2006-000035호
ISBN 978-89-363-2096-6(93590)
값 19,500원